国家出版基金项目

"十三五"国家重点图书出版规划项目

中国水电关键技术丛书

土石坝溃坝数学模型及应用

陈生水　钟启明　著

·北京·

内 容 提 要

本书系国家出版基金项目《中国水电关键技术丛书》之一，介绍了作者研究团队近年来在土石坝溃决机理与溃坝数学模型方面的主要研究成果，收集整理了国内外具有实测资料的溃坝案例，通过挖掘溃坝案例中的溃口几何参数及水力参数等数据，建立了土石坝溃决参数快速评估模型，自主研发了土石坝溃坝离心模型试验系统，建立了土石坝溃坝离心模型试验相似准则，揭示了均质坝、心墙坝、面板坝和堰塞坝的溃决机理，在此基础上建立了土石坝不同坝型的漫顶与渗透破坏溃坝过程数学模型。这些成果为提高溃坝洪水致灾预测精度、制定科学合理的水库大坝应急预案提供了理论和技术支撑。

本书可供从事土石坝工程研究和安全管理的人员以及高等院校水利水电工程专业的师生阅读参考。

图书在版编目（CIP）数据

土石坝溃坝数学模型及应用 / 陈生水，钟启明著
. -- 北京 : 中国水利水电出版社，2019.11
ISBN 978-7-5170-8272-9

Ⅰ. ①土… Ⅱ. ①陈… ②钟… Ⅲ. ①土石坝－溃坝－数值模拟－数学模型－研究 Ⅳ. ①TV641

中国版本图书馆CIP数据核字(2019)第279476号

书　　名	中国水电关键技术丛书 **土石坝溃坝数学模型及应用** TUSHIBA KUIBA SHUXUE MOXING JI YINGYONG
作　　者	陈生水　钟启明　著
出版发行	中国水利水电出版社 （北京市海淀区玉渊潭南路1号D座　100038） 网址：www.waterpub.com.cn E-mail：sales@waterpub.com.cn 电话：(010) 68367658（营销中心）
经　　售	北京科水图书销售中心（零售） 电话：(010) 88383994、63202643、68545874 全国各地新华书店和相关出版物销售网点
排　　版	中国水利水电出版社微机排版中心
印　　刷	北京印匠彩色印刷有限公司
规　　格	184mm×260mm　16开本　13.25印张　322千字
版　　次	2019年11月第1版　2019年11月第1次印刷
定　　价	**128.00**元

《中国水电关键技术丛书》编撰委员会

编委会办公室

《中国水电关键技术丛书》组织单位

中国大坝工程学会
中国水力发电工程学会
水电水利规划设计总院
中国水利水电出版社

丛书序

历经70年发展，特别是改革开放40年，中国水电建设取得了举世瞩目的伟大成就，一批世界级的高坝大库在中国建成投产，水电工程技术取得新的突破和进展。在推动世界水电工程技术发展的历程中，世界各国都作出了自己的贡献，而中国，成为继欧美发达国家之后，21世纪世界水电工程技术的主要推动者和引领者。

截至2018年年底，中国水库大坝总数达9.8万座，水库总库容约9000亿m^3，水电装机容量达350GW。中国是世界上大坝数量最多、也是高坝数量最多的国家：60m以上的高坝近1000座，100m以上的高坝223座，200m以上的特高坝23座；千万千瓦级的特大型水电站4座，其中，三峡水电站装机容量22500MW，为世界第一大水电站。中国水电开发始终以促进国民经济发展和满足社会需求为动力，以战略规划和科技创新为引领，以科技成果工程化促进工程建设，突破了工程建设与管理中的一系列难题，实现了安全发展和绿色发展。中国水电工程在大江大河治理、防洪减灾、兴利惠民、促进国家经济社会发展方面发挥了不可替代的重要作用。

总结中国水电发展的成功经验，我认为，最为重要也是特别值得借鉴的有以下几个方面：一是需求导向与目标导向相结合，始终服务国家和区域经济社会的发展；二是科学规划河流梯级格局，合理利用水资源和水能资源；三是建立健全水电投资开发和建设管理体制，加快水电开发进程；四是依托重大工程，持续开展科学技术攻关，破解工程建设难题，降低工程风险；五是在妥善安置移民和保护生态的前提下，统筹兼顾各方利益，实现共商共建共享。

在水利部原任领导汪恕诚、张基尧的关心支持下，2016年，中国大坝工程学会、中国水力发电工程学会、水电水利规划设计总院、中国水利水电出版社联合发起编撰出版《中国水电关键技术丛书》，得到水电行业的积极响应，数百位工程实践经验丰富的学科带头人和专业技术负责人等水电科技工作者，基于自身专业研究成果和工程实践经验，精心选题，着手编撰水电工程技术成果总结。为高质量地完成编撰任务，参加丛书编撰的作者，投入极大热情，倾注大量心血，反复推敲打磨，精益求精，终使丛书各卷得以陆续出版，实属不易，难能可贵。

21世纪初叶，中国的水电开发成为推动世界水电快速发展的重要力量，形成了中国特色的水电工程技术，这是编撰丛书的缘由。丛书回顾了中国水电工程建设近30年所取得的成就，总结了大量科学研究成果和工程实践经验，基本概括了当前水电工程建设的最新技术发展。丛书具有以下特点：一是技术总结系统，既有历史视角的比较，又有国际视野的检视，体现了科学知识体系化的特征；二是内容丰富、翔实、实用，涉及专业多，原理、方法、技术路径和工程措施一应俱全；三是富于创新引导，对同一重大关键技术难题，存在多种可能的解决方案，并非唯一，要依据具体工程情况和面临的条件进行技术路径选择，深入论证，择优取舍；四是工程案例丰富，结合中国大型水电工程设计建设，给出了详细的技术参数，具有很强的参考价值；五是中国特色突出，贯彻科学发展观和新发展理念，总结了中国水电工程技术的最新理论和工程实践成果。

与世界上大多数发展中国家一样，中国面临着人口持续增长、经济社会发展不平衡和人民追求美好生活的迫切要求，而受全球气候变化和极端天气的影响，水资源短缺、自然灾害频发和能源电力供需的矛盾还将加剧。面对这一严峻形势，无论是从中国的发展来看，还是从全球的发展来看，修坝筑库、开发水电都将不可或缺，这是实现经济社会可持续发展的必然选择。

中国水电工程技术既是中国的，也是世界的。我相信，丛书的出版，为中国水电工作者，也为世界上的专家同仁，开启了一扇深入了解中国水电工程技术发展的窗口；通过分享工程技术与管理的先进成果，后发国家借鉴和吸取先行国家的经验与教训，可避免少走弯路，加快水电开发进程，降低开发成本，实现战略赶超。从这个意义上讲，丛书的出版不仅能为当前和未来中国水电工程建设提供非常有价值的参考，也将为世界上发展中国家的河流开发建设提供重要启示和借鉴。

作为中国水电事业的建设者、奋斗者，见证了中国水电事业的蓬勃发展，我为中国水电工程的技术进步而骄傲，也为丛书的出版而高兴。希望丛书的出版还能够为加强工程技术国际交流与合作，推动“一带一路”沿线国家基础设施建设，促进水电工程技术取得新进展发挥积极作用。衷心感谢为此作出贡献的中国水电科技工作者，以及丛书的撰稿、审稿和编辑人员。

中国工程院院士 马洪琪

2019年10月

丛书前言

水电是全球公认并为世界大多数国家大力开发利用的清洁能源。水库大坝和水电开发在防范洪涝干旱灾害、开发利用水资源和水能资源、保护生态环境、促进人类文明进步和经济社会发展等方面起到了无可替代的重要作用。在中国，发展水电是调整能源结构、优化资源配置、发展低碳经济、节能减排和保护生态的关键措施。新中国成立后，特别是改革开放以来，中国水电建设迅猛发展，技术日新月异，已从水电小国、弱国，发展成为世界水电大国和强国，中国水电已经完成从“融入”到“引领”的历史性转变。

迄今，中国水电事业走过了70年的艰辛和辉煌历程，水电工程建设从“独立自主、自力更生”到“改革开放、引进吸收”，从“计划经济、国家投资”到“市场经济、企业投资”，从“水电安置性移民”到“水电开发性移民”，一系列改革开放政策和科学技术创新，极大地促进了中国水电事业的发展。不仅在高坝大库建设、大型水电站开发，而且在水电站运行管理、流域梯级联合调度等方面都取得了突破性进展，这些进步使中国水电工程建设和运行管理技术水平达到了一个新的高度。有鉴于此，中国大坝工程学会、中国水力发电工程学会、水电水利规划设计总院和中国水利水电出版社联合组织策划出版了《中国水电关键技术丛书》，力图总结提炼中国水电建设的先进技术、原创成果，打造立足水电科技前沿、传播水电高端知识、反映水电科技实力的精品力作，为开发建设和谐水电、助力推进中国水电“走出去”提供支撑和保障。

为切实做好丛书的编撰工作，2015年9月，四家组织策划单位成立了“丛书编撰工作启动筹备组”，经反复讨论与修改，征求行业各方面意见，草拟了丛书编撰工作大纲。2016年2月，《中国水电关键技术丛书》编撰委员会成立，水利部原部长、时任中国大坝协会（现为中国大坝工程学会）理事长汪恕诚，国务院南水北调工程建设委员会办公室原主任、时任中国水力发电工程学会理事长张基尧担任编委会主任，中国电力建设集团有限公司总工程师周建平、水电水利规划设计总院院长郑声安担任丛书主编。各分册编撰工作实行分册主编负责制。来自水电行业100余家企业、科研院所及高等院校等单位的500多位专家学者参与了丛书的编撰和审阅工作，丛书作者队伍和校审专家聚集了国内水电及相关专业最强撰稿阵容。这是当今新时代赋予水电工作者的一项重要历史使命，功在当代、利惠千秋。

丛书紧扣大坝建设和水电开发实际，以全新角度总结了中国水电工程技术及其管理创新的最新研究和实践成果。工程技术方面的内容涵盖河流开发规划，水库泥沙治理，工程地质勘测，高心墙土石坝、高面板堆石坝、混凝土重力坝、碾压混凝土坝建设，高坝水力学及泄洪消能，滑坡及高边坡治理，地质灾害防治，水工隧洞及大型地下洞室施工，深厚覆盖层地基处理，水电工程安全高效绿色施工，大型水轮发电机组制造安装，岩土工程数值分析等内容；管理创新方面的内容涵盖水电发展战略、生态环境保护、水库移民安置、水电建设管理、水电站运行管理、水电站群联合优化调度、国际河流开发、大坝安全管理、流域梯级安全管理和风险防控等内容。

丛书遵循的编撰原则为：一是科学性原则，即系统、科学地总结中国水电关键技术和管理创新成果，体现中国当前水电工程技术水平；二是权威性原则，即结构严谨，数据翔实，发挥各编写单位技术优势，遵照国家和行业标准，内容反映中国水电建设领域最具先进性和代表性的新技术、新工艺、新理念和新方法等，做到理论与实践相结合。

丛书分别入选"十三五"国家重点图书出版规划项目和国家出版基金项目，首批包括50余种。丛书是个开放性平台，随着中国水电工程技术的进步，一些成熟的关键技术专著也将陆续纳入丛书的出版范围。丛书的出版必将为中国水电工程技术及其管理创新的继续发展和长足进步提供理论与技术借鉴，也将为进一步攻克水电工程建设技术难题、开发绿色和谐水电提供技术支撑和保障。同时，在"一带一路"倡议下，丛书也必将切实为提升中国水电的国际影响力和竞争力，加快中国水电技术、标准、装备的国际化发挥重要作用。

在丛书编写过程中，得到了水利水电行业规划、设计、施工、科研、教学及业主等有关单位的大力支持和帮助，各分册编写人员反复讨论书稿内容，仔细核对相关数据，字斟句酌，殚精竭虑，付出了极大的心血，克服了诸多困难。在此，谨向所有关心、支持和参与编撰工作的领导、专家、科研人员和编辑出版人员表示诚挚的感谢，并诚恳欢迎广大读者给予批评指正。

《中国水电关键技术丛书》编撰委员会

2019年10月

序一

中国拥有水库大坝近10万座，其中土石坝占比超过95%。这些水库大坝大多兴建于20世纪50—70年代，受当时经济和技术条件限制，我国病险水库问题突出。据水利部大坝安全管理中心统计，1954—2018年，中国共有3541座水库大坝发生溃决。中国也是自然灾害频发的国家，由于地震、降雨、滑坡、泥石流阻塞河道形成堰塞坝的现象古而有之，有文献记载的就有400余处，在山川与河流上广泛分布。其中，2008年“5·12”汶川地震就形成了256处堰塞坝；2018年10—11月，金沙江和雅鲁藏布江连续发生滑坡事件，形成了白格和加拉堰塞坝，引起国内外广泛关注。据统计，86%的堰塞坝寿命不超过1年，34%的堰塞坝寿命不超过1天。由此可以看出，堰塞坝的溃决风险远高于人工土石坝，一旦发生溃坝将对下游人民生命财产安全造成重大威胁。因此，有必要针对土石（堰塞）坝的物质组成、结构和形态特点，深入研究其溃决机理，揭示水土耦合条件下土石（堰塞）坝的溃口演化规律，建立合理模拟其漫顶溃决过程的数学模型及数值计算方法，提升土石（堰塞）坝溃决洪水流量过程的预测精度，为溃坝致灾后果评价和应急预案的编制提供理论和技术支撑。

陈生水教授研究团队围绕土石（堰塞）坝溃决机理与溃坝灾害预测理论进行了十余年的研究，取得了系列创新成果：创建了土石（堰塞）坝溃坝离心模型试验系统和方法，揭示了100m级高心墙坝与高面板坝溃决机理及其与均质坝溃坝过程的显著差别；构建了国内外最大的溃坝案例数据库，建立了土石坝溃决参数快速评估模型，对溃口峰值流量、溃口最终宽度和溃坝历时等参数进行快速预测；建立了土石（堰塞）坝溃决过程模拟理论，自主研发了动态模拟均质坝、心墙坝、面板坝、堰塞坝漫顶与渗透破坏溃坝过程的软件平台。研究成果可进一步提升土石（堰塞）坝溃坝洪水灾害预测精度，以及溃坝应急预案编制的科学合理性。

作者长期从事土石坝建设和管理科学研究与技术咨询工作，工作勤奋，学风严谨，在土石坝建设与安全保障理论与技术研究领域有较高的学术水平和丰富的工程实践经验，相信本书的出版有助于进一步提高我国水库大坝的安全管理水平。我与作者团队有多年的合作经历，对其研究成果较为熟悉，因此乐于为序。

中国科学院院士 陈祖煜

2019年5月

序二

水是经济社会可持续发展的重要战略资源。水库大坝是调控水资源时空分布、优化水资源配置最重要的工程措施，也是江河防洪工程体系的重要组成部分。中国已建成各类水库大坝近10万座，是当今拥有水库大坝数量最多的国家。这些大坝在防洪保安、保障供水与发电等方面发挥着无可替代的重要作用，是促进经济社会可持续发展的重要基础设施。但是我们还要清醒地认识到，水库大坝给人类带来巨大效益的同时，也存在着溃决的风险。全世界每年都有水库失事溃决、造成重大灾害和影响的报道，据统计，90%以上的失事大坝为土石坝。近年来，极端气候现象和地震灾害频发，使得土石坝出险甚至失事的风险增加。因此，深入研究土石坝以及因暴雨和地震等灾害形成的堰塞坝的溃决机理，建立能合理预测其溃坝过程和致灾后果的方法，对提高土石坝和堰塞坝溃坝应急管理水平，减轻或避免因土石坝和堰塞坝溃决所造成的损失，有着重要的科学意义和显著的应用价值。

《土石坝溃坝数学模型及应用》一书详细介绍了作者研究团队近年来在土石坝溃决机理与溃坝数学模型方面的主要研究成果，其土石坝溃坝离心模型试验系统及相应试验方法所揭示的高心墙堆石坝和高面板堆石坝溃决机理，以及均质坝、心墙坝、面板堆石坝、堰塞坝漫顶溃坝和土石坝渗透破坏溃坝过程数学模型等成果，是近些年来该研究领域的创新性成果。这些成果将进一步提高土石坝溃坝致灾后果评价的精度，从而提升土石坝溃坝洪水应急预案的科学性。

作者长期从事土石坝建设和管理的科学研究与技术咨询工作，在该研究领域具有较高的学术造诣和丰富的工程实践经验。我相信本书的出版将对我国土石坝的设计、建设和运行管理以及该学科的发展起到积极的推动作用。

中国工程院院士
英国皇家工程院外籍院士

2019年5月

前言

中国拥有水库大坝近10万座，绝大部分为土石坝。这些水库大坝在带来巨大经济和社会效益的同时也存在着溃坝的风险。自1954年至2018年，中国有3541座水库大坝发生溃决，造成重大生命财产损失和生态环境破坏。进入21世纪以后，随着病险水库大坝除险加固工作的持续推进和大坝安全管理水平的提高，我国大坝溃决率大幅降低，但近年来受极端气候的影响，水库大坝溃决事故也时有发生。中国也是地质灾害频发的国家，山洪、暴雨或地震等灾害时常导致山体滑坡而形成堰塞坝，这类特殊的土石坝如不及时采取除险措施，绝大部分将会溃决致灾。因此，有必要深入研究各类人工土石坝和堰塞坝的溃决机理，建立可合理模拟其溃坝过程的数值计算方法，为大坝溃决致灾后果评价以及应急预案的制定提供理论与技术支撑。

近年来，作者在国家重点研发计划项目“复杂条件下特高土石坝建设与长期安全保障关键技术”（2017YFC0404800）、国家自然科学基金重点项目“尾矿库安全评价与灾害预测理论研究”（51539006）、国家重点研发计划课题“堰塞湖致灾风险评估技术研究”（2018YFC1508604）、国家973计划课题“土石坝-水库耦合系统动力学机理”（2007CB714103）以及水利行业公益性科研专项经费项目“土石坝溃决致灾后果评价方法和技术研究”（201001034）等项目的资助下，研发了高土石坝溃坝离心模型试验系统，提出了溃坝离心模型试验分析方法，利用模型对均质坝、心墙坝、面板堆石坝和堰塞坝等坝型的溃决机理进行了系统深入的研究，在此基础上提出了模拟土石坝漫顶与渗透破坏溃决过程的数学模型，编制了相应的计算机程序，用于模拟和计算分析土石坝与堰塞坝的漫顶与渗透破坏溃坝过程。

本书是作者团队在该研究领域成果的总结，全书由陈生水、钟启明主笔，霍家平、傅中志参与了第1章至第8章的编写，郑澄锋参与了第1章至第3章的编写，钱亚俊参与了第4章与第5章的编写，任强、曹伟参与了第6章至第8章的编写，徐光明、顾行文、任国峰参与了土石坝溃坝离心模型试验系统的研制和试验工作。

本书可供从事土石坝溃坝工程研究和安全管理的人员以及高等院校水利水电工程专业师生参考。希望本书的出版有助于提高我国土石坝和堰塞坝溃坝致灾后果的预测精度及溃坝应急预案编制的科学性，减轻或避免因土石坝和堰塞坝溃决所造成的灾害损失。

本书的出版得到了南京水利科学研究院出版基金的支持；中国科学院院士陈祖煜，中国工程院院士、英国皇家工程院外籍院士张建云欣然为本书作序，使作者深受鼓舞；中国电力建设集团有限公司总工程师周建平，全国工程勘察设计大师、水电水利规划设计总院副总工程师杨泽艳对全书进行了审核，在此一并致以衷心感谢和敬意。

土石坝和堰塞坝的溃决机理与溃坝过程模拟研究工作涉及水力学、岩土力学以及泥沙运动理论等多门学科，受作者学识水平和工程实践经验所限，书中难免存在不足甚至错误之处，恳请广大读者不吝指教。

作者

2019年5月

目录

第 1 章

绪论

1.1 概述

据《第一次全国水利普查公报》[1]，截至2011年年底，全国共有水库98002座（不含港澳台地区），总库容9323.12亿m^3，其中已建水库97246座，在建水库756座；大型水库756座，中型水库3938座，小型水库93308座。我国水库工程大多兴建于20世纪50—70年代，其中50年代、60年代和70年代分别修建约28800座、19400座和31300座水库，分别约占现有水库总数（2011年年底统计数据）的29.4%、19.8%和31.9%，30年累计建成各类水库79500座，约占水库总数的81.7%[2]。受当时经济技术条件限制和“大跃进”“文化大革命”等影响，导致“三边”工程和“半拉子”工程多，大坝建设标准低、质量差，加上管理经费长期投入不足，维修养护不到位，工程老化失修严重，“先天不足、后天失调”导致我国病险水库大量存在[3]。

据水利部大坝安全管理中心普查资料统计[4]，1954—2018年，我国有3541座水库大坝发生溃决，年均54.5座，且溃决大坝中90%以上是土石坝。年平均溃坝率达到5.6×10^{-4}，这不仅远高于发达国家的年平均溃坝率（例如：日本年平均溃坝率仅为0.4×10^{-4}），也明显高于2.0×10^{-4}的世界年平均溃坝率。1963年河北“63·8”洪水导致刘家台、佐村等5座中型水库和314座小型水库发生溃决，造成1467人死亡和重大财产损失[5]；1975年河南“75·8”洪水导致板桥、石漫滩2座大型水库，田岗、竹沟2座中型水库和58座小型水库发生溃决，造成26000余人死亡的重大灾难[5]；1993年青海沟后水库坝高71.0m的混凝土面板砂砾石坝因渗透破坏发生溃决，造成320人死亡[6]；2001年四川大路沟水库坝高44.0m的均质土坝因渗透破坏发生溃决，导致26人死亡，10人失踪[2,7]；2010年，我国多个地区出现特大暴雨，又导致11座土石坝发生溃决[7]。

1.2 水库大坝溃坝调查

我国自1954年有较系统的溃坝记录以来[4]，到2018年的65年间，共溃决水库大坝3541座，年均溃坝54.5座，年平均溃坝率5.6×10^{-4}。其中，1954—1965年溃坝779座，年均溃坝64.9座，年平均溃坝率6.6×10^{-4}；1966—1976年溃坝1678座，年均溃坝152.5座，年平均溃坝率15.6×10^{-4}；1977—1999年溃坝1000座，年均溃坝43.5座，年平均溃坝率4.4×10^{-4}；2000—2018年溃坝84座，年均溃坝4.4座，年平均溃坝率0.47×10^{-4}。我国1954—2018年溃坝数量年际分布见图1.2-1。

由图1.2-1可以看出，有数据统计的65年间，我国出现了2次水库大坝溃决的高峰期：一个是1959—1961年间，共计464座水库大坝发生溃决，处于我国“三年困难时期”；另一个是1973—1975年间，共计1242座水库大坝发生溃决，仅1973年就有556座

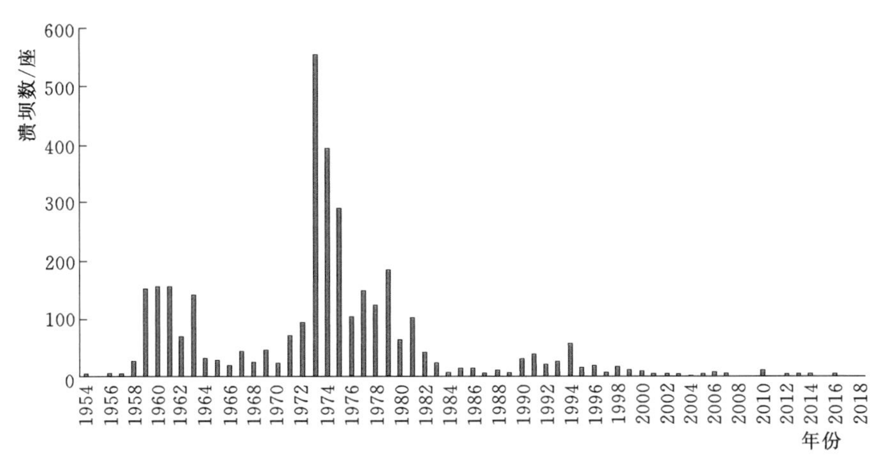

图 1.2-1 我国 1954—2018 年水库溃坝数量年际分布

水库大坝发生溃决。进入 21 世纪以来，溃坝数量明显减少，年平均溃坝 4.8 座，是历史的最好时期，应归功于大坝安全管理水平的提升与水库除险加固工作取得的成效。

表 1.2-1 给出全国已发生溃决的不同坝型的溃坝数量和百分比，从表中可以看出，绝大部分已溃决的大坝为土石坝，所占比例高达 94.10%，混凝土坝的溃坝比例仅为 1.33%。表 1.2-2 给出了土石坝中各种坝型的溃坝数和百分比，从表中可以看出，均质土坝溃坝占总数的 93.04%，所占比例最大。值得指出的是，如果以每种坝型的溃坝数与总溃坝数的比值和每种坝型的已建坝数与总建坝数的比值比较，二者大致接近。也就是说，各种坝型的溃坝数占其已建坝数的比例大体相同。

表 1.2-1 全国各类坝型溃坝情况

序　号	坝　型	溃坝数/座	百分比
1	混凝土坝	47	1.33%
2	土石坝	3332	94.10%
3	不详	162	4.57%
合　计		3541	100%

表 1.2-2 土石坝中各坝型溃坝情况

序　号	坝　型	溃坝数/座	百分比
1	均质土坝	3100	93.04%
2	黏土心墙坝	195	5.85%
3	混凝土面板堆石坝	1	0.03%
4	不详	36	1.08%
合　计		3332	100%

表 1.2-3 给出了大坝的溃决原因及占比。但无论何种致灾因子，土石坝最终的破坏模式均表现为漫顶或渗透破坏[7]。

表 1.2-3　　大坝溃决原因及其百分比统计

序号	溃坝原因	溃坝原因细项	溃坝数/座	百分比
1	漫顶	超标准洪水	465	13.13%
		泄洪能力不足	1232	34.79%
2	质量问题	坝体渗漏	676	19.09%
		接触渗漏	353	9.97%
		涵洞（管）质量差	194	5.48%
		坝体滑坡	127	3.59%
		其他质量问题	106	2.99%
3	管理不当		166	4.69%
4	其他		187	5.28%
5	原因不详		35	0.99%
合　计			3541	100%

1.3　土石坝溃决特征

调查分析显示[8]，混凝土坝一般表现为瞬时溃决。在数秒或数十秒内，混凝土坝整体结构或部分坝体将发生移动，库水突然释放产生的洪水波以立波形式向大坝下游传播，同时在大坝上游产生一个负波，沿着水库向上游传播，破裂的大坝断面成为泄放水体的中心。土石坝溃坝过程与混凝土坝的溃坝过程有着显著的差别，但溃坝事件均表现为逐步发展的过程[7,9]。

1.3.1　溃坝历时分析

通过对有实测溃坝历时的土石坝溃坝案例统计（表 1.3-1）进行分析发现[8,10-14]，土石坝溃决的持续时间从 15min 至 7.3h 不等，但大多数溃坝案例的溃坝历时小于 3h。

表 1.3-1　　土石坝溃坝历时统计

编号	名　称	国别	坝型	库容/m³	坝高/m	溃坝模式	溃坝历时/h
1	Apishapa	美国	均质坝	2.25×10^7	34.14	渗透破坏	2.5
2	Baldwin Hills	美国	均质坝	1.10×10^6	47.2	渗透破坏	1.3
3	Buffalo Creek	美国	均质坝	4.84×10^5	14.02	渗透破坏	0.5
4	Castlewood	美国	堆石坝	6.17×10^6	21.34	漫顶破坏	0.33
5	Cheaha Creek	美国	堆石坝	6.90×10^4	7.01	漫顶破坏	5.5
6	Davis Reservoir	美国	分区土坝	5.80×10^7	11.89	渗透破坏	7
7	Euclides de Cunha	巴西	面板坝	1.36×10^7	53.04	漫顶破坏	7.3
8	Frankfurt	德国	均质坝	3.50×10^5	9.75	渗透破坏	0.25
9	French Landing	美国	均质坝	2.19×10^7	12.19	渗透破坏	0.58
10	Goose Creek	美国	均质坝	1.06×10^7	6.7	漫顶破坏	0.5

续表

编号	名　称	国别	坝型	库容/m^3	坝高/m	溃坝模式	溃坝历时/h
11	Hatchtown	美国	分区土坝	1.48×10^7	19.2	渗透破坏	3
12	Hebron	美国	均质坝	—	11.58	渗透破坏	2.25
13	Hell Hole	美国	堆石坝	3.10×10^7	67.06	渗透破坏	5
14	Johnstown	美国	分区堆石坝	1.89×10^7	38.1	漫顶破坏	3.5
15	Lake Frances	美国	均质坝	8.65×10^5	15.24	渗透破坏	1
16	Little Deer Creek	美国	均质坝	1.73×10^6	26.21	渗透破坏	0.33
17	Lower Otay	美国	心墙坝	4.93×10^7	41.15	漫顶破坏	0.33
18	Lynde Brook	美国	心墙坝	2.52×10^6	12.5	渗透破坏	3
19	Salles Oliveira	巴西	均质坝	7.15×10^7	38.4	漫顶破坏	2
20	Schaeffer	美国	心墙坝	3.92×10^6	30.5	漫顶破坏	0.5
21	Sinker Creek	美国	均质坝	3.33×10^6	21.34	渗透破坏	2
22	Swift	美国	面板堆石坝	3.70×10^7	57.61	漫顶破坏	0.25
23	Teton	美国	心墙坝	3.58×10^8	93	渗透破坏	4
24	Wheatland No. 1	美国	均质坝	1.15×10^7	13.6	渗透破坏	1.5
25	Winston	美国	心墙坝	6.64×10^5	7.32	漫顶破坏	5

表1.3-1中25个溃坝案例的平均溃坝历时为2.38h，为了研究各溃坝案例溃坝历时的离散程度，采用式（1.3-1）计算各溃坝案例的溃坝历时相对于平均溃坝历时的均方根误差E_{rms}：

$$E_{rms}=\sqrt{\frac{1}{n}\sum_{i=1}^{n}\left[\lg\left(\frac{A_{i,溃坝历时}}{A_{平均溃坝历时}}\right)\right]^2} \tag{1.3-1}$$

式中：n为样本数；$A_{i,溃坝历时}$为第i个样本的溃坝历时；$A_{平均溃坝历时}$为所有样本溃坝历时的平均值。

通过计算可得，表1.3-1中25个溃坝案例溃坝历时的均方根误差为0.531。

1.3.2 初始溃口位置及溃口峰值流量出现时间

土石坝初始溃口的位置也与其溃坝模式有关[7,15]。对于漫顶破坏，土石坝的初始溃口位置一般在坝顶中部或者填筑质量存在缺陷的部位；而堰塞坝坝顶一般凹凸不平，存在天然凹槽，其初始溃口位置一般为天然凹槽处。对于坝基渗透破坏，初始溃口位置一般出现在大坝下游坝趾处，坝底通道一般在黏性土层与砂层的接触部位或者坝下埋管部位；对于坝体渗透破坏，初始溃口位置一般发生在坝体不同结构物的接触部位，堰塞坝坝体内大多存在明显架空带，这些明显架空带一般为初始溃口位置。

调查资料显示[7,16]，溃口峰值流量出现时间与土石坝坝体材料与结构型式相关。一般来说，漫顶溃坝的峰值流量在溃口发展至最大之前已经出现，渗透破坏的峰值流量一般出现在渗透通道垮塌之后。

1.3.3 溃口最终形状

调查资料显示，土石坝的最终溃口一般呈矩形或者倒梯形[17-22]，表 1.3－2 给出了 99 个具有实测溃口最终尺寸的溃坝案例[4,8,10-14]。

表 1.3－2　　土石坝最终溃口顶宽与底宽统计

编号	名　称	国别	坝型	库容 /m³	坝高 /m	溃坝模式	溃口顶宽 /m	溃口底宽 /m	溃口深度 /m
1	Apishapa	美国	均质坝	2.25×10^7	34.14	渗透破坏	91.5	81.5	31.1
2	Baldwin Hills	美国	均质坝	1.10×10^6	47.2	渗透破坏	23	10	12.2
3	板桥	中国	心墙坝	4.92×10^8	24.5	漫顶破坏	372	210	29.5
4	八一	中国	均质坝	3.00×10^7	30	渗透破坏	45	35	30
5	Bearwallow Lake	美国	均质坝	—	10	漫顶破坏	21.4	3	6.4
6	Bennett Lake Ⅱ	美国	不明	—	9.1	漫顶破坏	21.4	9.1	9.1
7	Buckhaven No. 2	美国	不明	—	—	漫顶破坏	9.2	0.2	6.1
8	Buffalo Creek	美国	均质坝	4.84×10^5	14.02	渗透破坏	153	97	14
9	Bullock Draw Dike	美国	均质坝	1.13×10^6	5.79	渗透破坏	13.6	11	5.79
10	Butler	美国	均质坝	—	—	漫顶破坏	68.6	56.4	7.16
11	Castlewood	美国	堆石坝	6.17×10^6	21.34	漫顶破坏	54.9	33.5	21.3
12	Caulk Lake	美国	均质坝	7.00×10^5	20	渗透破坏	51.9	18.3	12.2
13	Clearwater Lake Dam	美国	均质坝	—	—	漫顶破坏	26.7	18.9	3.78
14	Coedty	英国	心墙坝	3.10×10^5	10.97	漫顶破坏	67	18.2	11
15	党河	中国	心墙坝	1.56×10^7	46	漫顶破坏	96	20	25
16	Davis Reservoir	美国	分区土坝	5.80×10^7	11.89	渗透破坏	21.336	15.4	11.9
17	East Fork Pond River	美国	不明	—	13.4	渗透破坏	22.2	12.2	11.4
18	East Lemmon	美国	不明	—	9.1	漫顶破坏	85.3	30.5	7.6
19	Elk City	美国	心墙坝	7.40×10^5	9.14	漫顶破坏	45.5	27.7	9.14
20	Emery	美国	均质坝	5.00×10^5	16	渗透破坏	13.7	7.9	8.23
21	二郎庙	中国	均质坝	1.96×10^5	12.1	漫顶破坏	36	1.6	9
22	冯庄	中国	均质坝	6.25×10^5	10	漫顶破坏	40	30	8
23	Frankfurt	德国	均质坝	3.50×10^5	9.75	渗透破坏	9.2	4.6	9.75
24	French Landing	美国	均质坝	2.19×10^7	12.19	渗透破坏	41	13.8	14.2
25	Frenchman Creek	美国	均质坝	2.10×10^7	12.5	渗透破坏	67	54.4	12.5
26	Goose Creek	美国	均质坝	1.06×10^7	6.7	漫顶破坏	30.48	26.37	4.1
27	沟后	中国	面板坝	3.30×10^6	71	渗透破坏	138	61	48
28	Grand Rapids	美国	心墙坝	2.20×10^5	7.62	漫顶破坏	12.2	9.1	6.4
29	郭林	中国	均质坝	3.20×10^6	16.5	漫顶破坏	106.6	41.2	9
30	Haas Pond	美国	均质坝	—	4	渗透破坏	180	140.4	3.96

续表

编号	名　称	国别	坝型	库容 /m^3	坝高 /m	溃坝模式	溃口顶宽 /m	溃口底宽 /m	溃口深度 /m
31	Hart	美国	均质坝	—	—	渗透破坏	61	30.4	10.8
32	Hatchtown	美国	分区土坝	1.48×10^7	19.2	渗透破坏	175.1	66.9	18.3
33	Hebron	美国	均质坝	—	11.58	渗透破坏	59.4	35	15.3
34	Hell Hole	美国	堆石坝	3.10×10^7	67.06	渗透破坏	175.1	66.9	56.4
35	Herrin	美国	分区土坝	—	8.2	漫顶破坏	59.4	35	10.7
36	Horse Creek	美国	面板坝	2.10×10^7	12.19	渗透破坏	76.2	51.82	12.8
37	黄帝岭	中国	不明	1.95×10^5	15	渗透破坏	15.7	9.5	11.6
38	火石山	中国	均质坝	2.20×10^5	13	漫顶破坏	45	15	16
39	胡其塘	中国	均质坝	7.34×10^5	9.9	渗透破坏	12	3	9
40	Hutchinson Lake Dam	美国	均质坝	—	—	漫顶破坏	37.7	29.1	3.75
41	Iowa Beef Processors	美国	均质坝	3.33×10^5	4.572	渗透破坏	18.3	15.3	4.57
42	Ireland No. 5	美国	均质坝	—	5.2	渗透破坏	15.5	11.5	5.18
43	Jacobs Creek	美国	不明	—	—	渗透破坏	30.5	4.5	21.3
44	Johnson Lake	美国	均质坝	—	7.6	漫顶破坏	30.5	10.7	7.6
45	Johnston City	美国	均质坝	5.75×10^5	4.27	渗透破坏	13.4	3	5.18
46	Johnstown	美国	分区堆石坝	1.89×10^7	38.1	漫顶破坏	128	61	24.4
47	Kelly Barnes	美国	均质坝	5.05×10^5	11.58	渗透破坏	35	18	12.8
48	Kraftsmen's Lake Dam	美国	均质坝	—	—	漫顶破坏	19.2	9.8	3.2
49	La Fruta	美国	均质坝	—	—	渗透破坏	63	54.6	14
50	Lake Avalon	美国	均质坝	7.75×10^6	14.64	渗透破坏	137.6	122.4	14.6
51	Lake Frances	美国	均质坝	8.65×10^5	15.24	渗透破坏	30	10.4	17.1
52	Lake Genevieve	美国	均质坝	—	7.6	渗透破坏	29	4.6	7.92
53	Lake Latonka	美国	均质坝	4.59×10^6	13	渗透破坏	49.5	28.9	8.69
54	Lake Philema Dam	美国	均质坝	—	—	漫顶破坏	50	44.4	8.53
55	Lambert Lake	美国	均质坝	—	16.5	渗透破坏	10.6	4.6	14.3
56	Laurel Run	美国	均质坝	3.85×10^5	12.8	漫顶破坏	68	2.2	13.7
57	Lawn Lake	美国	均质坝	9.87×10^5	7.9	渗透破坏	29.57	14.9	7.62
58	Lily Lake	美国	均质坝	—	—	渗透破坏	11.3	10.3	3.66
59	Little Deer Creek	美国	均质坝	1.73×10^6	26.21	渗透破坏	49.9	9.3	27.1
60	Long Branch Canyon	美国	不明	—	—	渗透破坏	10.6	7.7	3.66
61	Lower Latham	美国	均质坝	7.08×10^6	8.2	渗透破坏	123.4	35	7.01
62	Lower Otay	美国	心墙坝	4.93×10^7	41.15	漫顶破坏	172.2	93.8	39.6
63	Lower Two Medicine	美国	均质坝	2.96×10^7	11.28	渗透破坏	84	50	11.3
64	Lyman	美国	分区土坝	4.95×10^7	19.81	渗透破坏	107	87	19.8
65	Lynde Brook	美国	心墙坝	2.52×10^6	12.5	渗透破坏	45.7	15.3	12.5

续表

编号	名　称	国别	坝型	库容/m^3	坝高/m	溃坝模式	溃口顶宽/m	溃口底宽/m	溃口深度/m
66	Melville	美国	分区土坝	—	10.97	渗透破坏	40	25.6	9.75
67	Merimac Lake Dam	美国	均质坝	—	—	漫顶破坏	15.5	12.9	3.05
68	Mossy Lake Dam	美国	均质坝	—	—	漫顶破坏	45.8	37.2	3.44
69	Nahzille	美国	均质坝	—	5.4864	漫顶破坏	6.7056	6.7056	5.0292
70	New Shoal Creek	美国	均质坝	—	13.7	漫顶破坏	61	22.9	10.7
71	牛角峪	中国	心墙坝	1.60×10^5	10	渗透破坏	20	6	7.2
72	Oros	巴西	分区堆石坝	6.50×10^8	35.36	漫顶破坏	200	130	35.5
73	Otter Lake	美国	均质坝	1.50×10^5	6.1	渗透破坏	17.1	1.5	6.1
74	Pierce Reservoir	美国	均质坝	—	—	渗透破坏	37.2	23.8	8.69
75	Potato Hill Lake	美国	均质坝	—	—	漫顶破坏	26.2	6.8	7.77
76	Prospect	美国	均质坝	—	—	渗透破坏	91.4	85.4	4.42
77	Quail Creek	美国	均质坝	5.00×10^7	24	渗透破坏	72.1	67.9	21.3
78	Rainbow Lake	美国	均质坝	—	14	漫顶破坏	62.9	14.9	9.54
79	Rito Manzanares	美国	均质坝	2.47×10^4	7.32	渗透破坏	19	7.6	7.32
80	Schaeffer	美国	心墙坝	3.92×10^6	30.5	漫顶破坏	210	64	30.5
81	Scott Farm Dam No. 2	加拿大	不明	—	—	渗透破坏	15	15	11.9
82	山湖	中国	均质坝	2.15×10^6	11.5	渗透破坏	58	24	13
83	Sheep Creek	美国	均质坝	1.43×10^6	17.07	渗透破坏	30.5	13.5	17.1
84	石漫滩	中国	均质坝	9.44×10^7	25	漫顶破坏	446	288	25.8
85	Sinker Creek	美国	均质坝	3.33×10^6	21.34	渗透破坏	92	49.2	21.3
86	Spring Lake	美国	均质坝	1.35×10^5	5.49	渗透破坏	20	9	5.49
87	Statham Lake Dam	美国	均质坝	—	5.5	漫顶破坏	23.8	18.2	5.12
88	Swift	美国	面板坝	3.70×10^7	57.61	漫顶破坏	225	225	57.6
89	Teton	美国	心墙坝	3.58×10^8	93	渗透破坏	237.9	61.4	86.9
90	Trial Lake	美国	均质坝	—	9.5	渗透破坏	25.2	7.6	5.18
91	Trout Lake	美国	均质坝	—	7.6	漫顶破坏	41.5	10.9	8.53
92	Upper Pond	美国	均质坝	—	5.2	漫顶破坏	25.4	7.6	5.18
93	USDA - ARS E1S1	美国	均质坝	5.30×10^3	2.29	漫顶破坏	6.9	6.9	2.3
94	Vance Lake	美国	均质坝	—	7.3	渗透破坏	15.3	7.6	7.3
95	万山岗	中国	均质坝	1.50×10^6	13	漫顶破坏	50	30	12
96	Wilkinson Lake Dam	美国	心墙坝	—	3.2	渗透破坏	35.5	22.5	3.72
97	Winston	美国	心墙坝	6.64×10^5	7.32	漫顶破坏	21.3	18.3	6.1
98	桎木	中国	均质坝	1.24×10^6	25.5	漫顶破坏	41	30	25.5
99	竹沟	中国	心墙坝	1.54×10^7	23.5	漫顶破坏	159	110	23.5

图 1.3-1 给出了土石坝溃坝案例溃口最终顶宽与底宽分布图，生成通过坐标轴 0 点的线性趋势线，其中趋势线的斜率，即溃口最终顶宽与底宽之比的平均值，为 1.53。

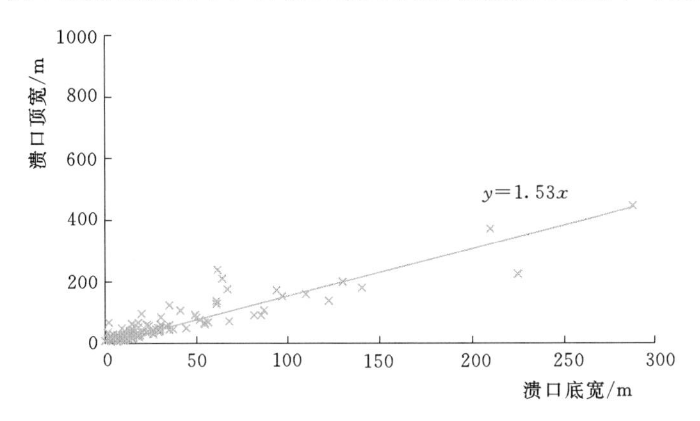

图 1.3-1　土石坝溃坝案例溃口最终顶宽与底宽分布图

为了研究各溃坝案例溃口最终顶宽与底宽之比的离散程度，采用式（1.3-2）计算各溃坝案例溃口最终顶宽与底宽之比相对于最终平均顶宽与底宽比的均方根误差 E_{rms}：

$$E_{\mathrm{rms}}=\sqrt{\frac{1}{n}\sum_{i=1}^{n}\left[\lg\left(\frac{A_{i,\text{溃口最终顶宽与底宽之比}}}{A_{\text{溃口平均最终顶宽与底宽之比}}}\right)\right]^{2}} \tag{1.3-2}$$

式中：n 为样本数；$A_{i,\text{溃口最终顶宽与底宽之比}}$ 为第 i 个样本的溃口最终顶宽与底宽之比；$A_{\text{溃口平均最终顶宽与底宽之比}}$为所有样本溃口最终顶宽与底宽之比的平均值，此处选取为 1.53。

通过计算可得，表 1.3-2 中 99 个溃坝案例溃口最终顶宽与底宽之比的均方根误差为 0.332，数据的离散程度较低。因此，依据统计数据，作者建议土石坝溃口最终顶宽与底宽之比大约为 1.5。

通过调查发现，对于坝体高度较低的土石坝，可能会发生坝基冲蚀，如板桥水库溃坝后在坝基形成巨大冲坑；对于坝高较大、坝料级配宽泛的土石坝，如唐家山堰塞坝，溃坝过程中可能有大块石阻塞溃口，阻碍溃口深度进一步扩展，溃坝结束后存在残留坝高。因此，有必要分析溃口最终深度与溃口最终顶宽与底宽之比的关系，选择溃口最终深度与溃口最终平均宽度之比来衡量（图 1.3-2），生成通过坐标轴 0 点的线性趋势线，其中趋势线的斜率为 0.20。

为了研究各溃坝案例的溃口最终深度与最终平均宽度之比的离散程度，采用式（1.3-3）计算各溃坝案例的溃口最终深度与最终平均宽度之比相对于溃口最终深度与平均宽度之比的平均值的均方根误差 E_{rms}：

$$E_{\mathrm{rms}}=\sqrt{\frac{1}{n}\sum_{i=1}^{n}\left[\lg\left(\frac{A_{i,\text{溃口最终深度与平均宽度之比}}}{A_{\text{溃口平均最终深度与平均宽度之比}}}\right)\right]^{2}} \tag{1.3-3}$$

式中：n 为样本数；$A_{i,\text{溃口最终深度与平均宽度之比}}$ 为第 i 个样本的溃口最终深度与平均宽度之比；$A_{\text{溃口平均最终深度与平均宽度之比}}$ 为所有样本溃口最终深度与平均宽度之比的平均值，此处选取为 0.2。

通过计算可得，表 1.3-2 中 99 个溃坝案例溃口最终顶宽与底宽之比的均方根误差为

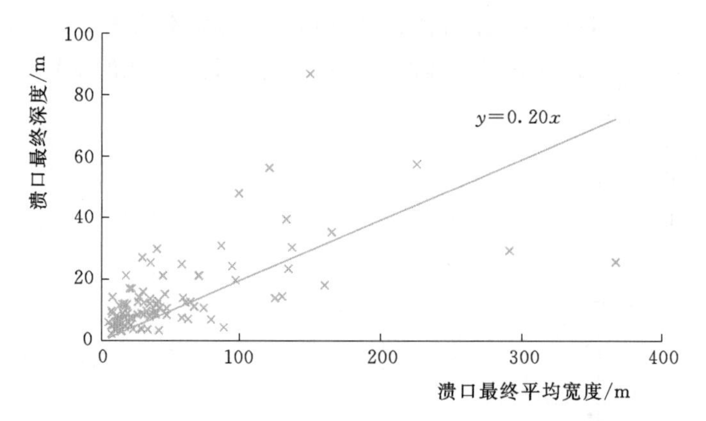

图 1.3-2　土石坝溃坝案例溃口最终深度与最终平均宽度分布图

0.377，数据的离散程度也较低。因此，依据统计数据，作者建议土石坝溃口最终深度与最终平均宽度的比值约为 0.2。

1.4　本章小结

本章通过对我国 1954—2018 年溃坝案例资料的调查研究，分析了土石坝不同坝型的溃坝数量、大坝的溃决原因及比例。基于对有实测资料的国内外溃坝案例的统计，分析研究了土石坝的溃决特征，得出了土石坝溃决的持续时间、初始溃口的位置及溃口峰值流量可能出现的时间。通过对具有实测溃口最终形状的国内外土石坝溃坝案例进行分析，研究了溃口最终顶宽与底宽的相互关系和溃口最终深度与最终平均宽度的关系，给出了溃口最终顶宽与底宽之比和溃口最终深度与最终平均宽度之比的统计值，从而为土石坝溃坝机理与溃坝数学模型等研究工作的开展奠定了基础。

参 考 文 献

[1] 中华人民共和国水利部，中华人民共和国国家统计局. 第一次全国水利普查公报 [M]. 北京：中国水利水电出版社，2013.

[2] 张建云，杨正华，蒋金平，等. 水库大坝病险和溃坝研究与警示 [M]. 北京：科学出版社，2013.

[3] 张建云，杨正华，蒋金平. 我国水库大坝病险及溃决规律分析 [J]. 中国科学：E 辑 技术科学，2017，47 (12)：1313-1320.

[4] 水利部大坝安全管理中心. 全国水库垮坝登记册 [R]. 南京：水利部大坝安全管理中心，2018.

[5] 汝乃华，牛运光. 大坝事故与安全·土石坝 [M]. 北京：中国水利水电出版社，2001.

[6] 李君纯. 沟后面板坝溃决的研究 [J]. 水利水运科学研究，1995 (4)：425-434.

[7] 陈生水. 土石坝溃决机理与溃决过程模拟 [M]. 北京：中国水利水电出版社，2012.

[8] SINGH V P，Scarlatos P D. Analysis of gradual earth dam failure [J]. Journal of Hydraulic Engineering，1988，114 (1)：21-42.

[9] 谢亚军，朱勇辉，国小龙. 土坝溃决研究进展及存在问题 [J]. 长江科学院院报，2013，30 (4)：29-33.

[10] WAHL T L. Prediction of embankment dam breach parameters: A literature review and needs assessment [M]. Denver: Bureau of Reclamation, 1998.
[11] O'CONNOR J E, BEEBEE R A. Megaflooding on Earth and Mars: Floods from natural rock - material dams [M]. Cambridge: Cambridge University Press, 2009.
[12] XU Y. Analysis of dam failures and diagnosis of distresses for dam rehabilitation [D]. Hong Kong: Hong Kong University of Science and Technology, 2010.
[13] WANG M. Development of parametric dam breach models [D]. Mississippi: University of Mississippi, 2013.
[14] WU W M. Simplified physically based model of earthen embankment breaching [J]. Journal of Hydraulic Engineering, 2013, 139 (8): 837 - 851.
[15] 刘宁，杨启贵，陈祖煜. 堰塞湖风险处置 [M]. 武汉：长江出版社，2016.
[16] FROEHLICH D C. Predicting peak discharge from gradually breached embankment dam [J]. Journal of Hydrologic Engineering, 2016, 21 (11): 04016041.
[17] 梅世昂，陈生水，钟启明，等. 土石坝溃坝参数模型研究 [J]. 工程科学与技术，2018，50 (2)：60 - 66.
[18] MOHAMED M A A, SAMUELS P G, MORRIS M W, et al. Improving the accuracy of prediction of breach formation through embankment dams and flood embankments [C] // Proc. Int. Conf. on Fluvial Hydraulics (River Flow 2002), Louvain - la - Neuve, Belgium, 2002.
[19] MORRIS M W, HASSAN M A A M, Vaskinn K A. Breach formation technical report (WP2) [R]. Oxfordshire: HR Wallingford Ltd., 2005.
[20] HUNT S L, HANSON G J, COOK K R, et al. Breach widening observations from earthen embankment tests [J]. Transactions of ASAE, 2005, 48 (3): 1115 - 1120.
[21] 张建云，李云，宣国祥，等. 不同黏性均质土坝漫顶溃决实体试验研究 [J]. 中国科学：E辑 技术科学，2009，39 (11)：1881 - 1886.
[22] CHINNARASRI C, JIRAKITLERD S, WONGWISES S. Embankment dam breach and its outflow characteristics [J]. Civil Engineering and Environmental Systems, 2004, 21 (4): 247 - 264.

第 2 章

土石坝溃坝参数模型

土石坝溃坝数学模型大致可分为两类[1-3]：第一类是参数模型，是对收集得到的溃坝案例数据进行统计回归，得出计算溃坝相关参数的表达式，模型主要采用经验公式直接计算出相关溃坝参数，如溃口峰值流量、溃口最终平均宽度和溃坝历时等；第二类是基于物理过程的溃坝模型，即通过综合水力学、土力学、泥沙侵蚀与输移理论等各学科知识建立起来的模型。

虽然参数模型大多无法考虑土石坝筑坝材料的物理力学特性及水库大坝的特征，且无法获取溃口流量过程，但由于参数模型公式简单、计算快速，因此也常用于溃坝致灾后果的预测。

本章主要介绍了国内外常用的溃坝参数模型，并通过收集整理国内外溃坝案例的相关数据，选择较为可靠的信息，遴选出 154 个土石坝溃坝案例，构建了相关的溃坝数据库。依托该数据库，采用统计回归方法，分别建立了溃口峰值流量、溃口最终平均宽度和溃坝历时等相关参数的表达式，并与国内外常用的参数模型进行比较，以验证模型的合理性和先进性。

2.1 国内外溃坝参数模型简介

自 Kirkpatrick[4] 于 1977 年基于 13 个溃坝案例和 6 个数值分析案例提出了第一个溃口峰值流量公式以来，国内外学者基于收集得到的溃坝案例数据进行统计回归，得出了一系列可计算溃坝峰值流量的数学表达式[1,5-6]。随着溃坝数据库案例的不断充实发展及研究的深入，溃坝参数模型由最初的单参数模型逐渐发展为多参数模型，输出结果由原来的溃口峰值流量增加到最终溃口平均宽度、溃坝历时等参数，并可考虑坝体形状、水库库容及坝料特性等特点[1,5]。

溃口峰值流量对致灾后果的评价至关重要，因此国内外学者研究较多。目前，国内外常用的溃口峰值流量 Q_p 参数模型见表 2.1-1，典型的溃口形状见图 2.1-1。

表 2.1-1　溃口峰值流量参数模型

模　型	案例数		表 达 式
	实际	模拟	
Kirkpatrick (1977)[4]	13	6	$Q_p=1.268\ (h_w+0.3)^{2.5}$
Soil Conservation Service (1981)[7]	13	0	$Q_p=16.6h_w^{1.85}$
Hagen (1982)[8]	6	0	$Q_p=0.54(h_dS)^{0.5}$
Singh 与 Snorrason (1984)[9]	20	8	$Q_p=13.4h_d^{1.89}$ 或 $Q_p=1.776S^{0.47}$
MacDonald 与 Langridge - Monopolis (1984)[10]	23	0	$Q_p=1.154(V_wh_w)^{0.412}$

续表

模型	案例数		表达式
	实际	模拟	
Costa (1985)[11]	31	0	$Q_p=0.981(h_dS)^{0.42}$
Evans (1986)[12]	29	0	$Q_p=0.72V_w^{0.53}$
USBR (1988)[13]	21	0	$Q_p=19.1h_w^{1.85}$
Froehlich (1995)[14]	22	0	$Q_p=0.607V_w^{0.295}h_w^{1.24}$
Walder 与 O'Connor (1997)[15]	18	0	$Q_p=0.031g^{0.5}V_w^{0.47}h_w^{0.15}h_b^{0.94}$
Xu 与 Zhang① (2009)[16]	75	0	$Q_p=0.175g^{0.5}V_w^{5/6}(h_d/h_r)^{0.199}(V_w^{1/3}/h_w)^{-1.274}e^{B_4}$
Pierce 等 (2010)[17]	87	0	$Q_p=0.0176(Vh)^{0.606}$，或 $Q_p=0.038V^{0.475}h^{1.09}$
Thornton 等 (2011)[18]	38	0	$Q_p=0.1202L^{1.7856}$ 或 $Q_p=0.863V^{0.335}h_d^{1.833}W_{ave}^{-0.663}$ 或 $Q_p=0.012V^{0.493}h_d^{1.205}L^{0.226}$
De Lorenzo 与 Macchione (2014)[19]	14	0	$Q_p=0.321g^{0.258}(0.07V_w)^{0.485}h_b^{0.802}$（漫顶） $Q_p=0.347g^{0.263}(0.07V_w)^{0.474}h_b^{-2.151}h_w^{2.992}$（渗透破坏）
Hooshyaripor 等 (2014)[20]	93	0	$Q_p=0.0212V^{0.5429}h^{0.8713}$ 或 $Q_p=0.0454V^{0.448}h^{1.156}$
Azimi 等 (2015)[21]	70	0	$Q_p=0.0166(gV)^{0.5}h$
Froehlich② (2016)[6]	41	0	$Q_p=0.0175k_Mk_H(gV_wh_wh_b^2/W_{ave})^{0.5}$

注　Q_p 为溃口峰值流量；h_w 为溃坝时溃口底部以上水深；h_d 为坝高；S 为水库库容；V_w 为溃坝时溃口底部以上水库库容；g 为重力加速度；h_b 为溃口深度；h_r 为参考坝高，取 15m；V 为溃坝时库容；h 为溃坝时水位；L 为坝体长度；W_{ave} 为坝体平均宽度。

① 参数 B_4 的表达式为 $B_4=b_3+b_4+b_5$，对于心墙坝、混凝土面板堆石坝、均质坝，b_3 分别取 −0.503、0.591、−0.649；对于漫顶、渗透破坏，b_4 分别取 −0.705、−1.039；对于冲蚀率高、中、低的坝料，b_5 分别取 −0.007、−0.375、−1.362。

② k_M、k_H 为系数。对于漫顶溃坝，$k_M=1.85$；对于渗透破坏溃坝，$k_M=1$。当 $h_b\leqslant 6.1$m 时，$k_H=1$；当 $h_b>6.1$m 时，$k_H=(h_b/6.1)^{1/8}$。

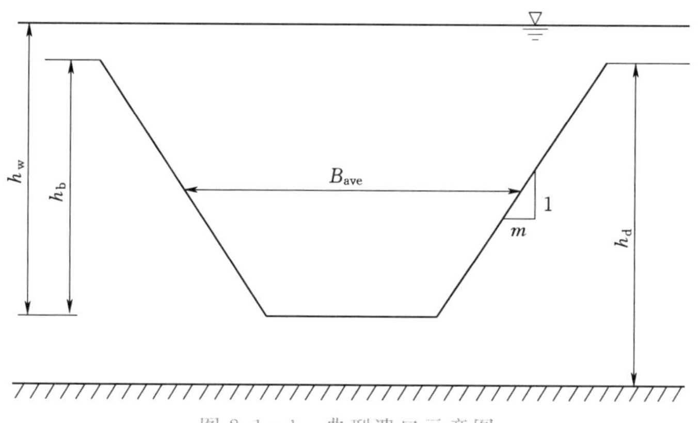

图 2.1-1　典型溃口示意图

1988 年，美国垦务局（U. S. Bureau of Reclamation，USBR）[13] 提出了第一个预测溃口最终平均宽度 B_{ave} 的经验公式。随后，各国学者又提出了一系列的模型。常用的溃口最终平均宽度参数模型见表 2.1-2。

表 2.1-2　溃口最终平均宽度参数模型

模　型	案例数		表　达　式
	实际	模拟	
USBR (1988)[13]	21	—	$B_{ave}=3h_w$
Vonthun 与 Gillette① (1990)[22]	57	—	$B_{ave}=2.5h_w+C_b$
Froehlich② (1995)[23]	22	—	$B_{ave}=0.1803K_0V_w^{0.32}h_b^{0.19}$
Xu 与 Zhang③ (2009)[16]	75	—	$B_{ave}=0.787h_b(h_d/h_r)^{0.133}(V_w^{1/3}/h_w)^{0.652}e^{B_3}$
Froehlich④ (2016)[6]	41	—	$B_{ave}=0.27k_MV_w^{1/3}$

① 当 $S<1.2335\times10^6\text{m}^3$ 时，$C_b=6.096$；当 $1.2335\times10^6\text{m}^3\leqslant S<6.1676\times10^6\text{m}^3$ 时，$C_b=18.288$；当 $6.1676\times10^6\text{m}^3\leqslant S<1.2335\times10^7\text{m}^3$ 时，$C_b=42.672$；当 $S\geqslant1.2335\times10^7\text{m}^3$ 时，$C_b=54.864$。

② 对于漫顶溃坝，$K_0=1.4$；对于渗透破坏溃坝，$K_0=1.0$。

③ h_r 表示参考坝高，取 15m；参数 B_3 的表达式为 $B_3=b_3+b_4+b_5$，对于心墙坝、混凝土面板堆石坝、均质坝，b_3 分别取 -0.041、0.026、0.226；对于漫顶、渗透破坏，$b_4=$ 分别取 0.149、-0.389；对于冲蚀率高、中、低的坝料，b_5 分别取 0.291，0.14、0.391。

④ 对于漫顶溃坝，$k_M=1.3$；对于渗透破坏溃坝，$k_M=1.0$。

1984 年，MacDonald 与 Langridge - Monopolis[10] 提出了第一个预测溃坝历时的经验公式，随后各国学者又提出了一系列的模型。常用的溃坝历时参数模型见表 2.1-3。

表 2.1-3　溃坝历时参数模型

模　型	案例数		表　达　式
	实际	模拟	
MacDonald 与 Langridge - Monopolis (1984)[10]	23	—	$T_f=0.0179[0.0261(V_wh_w)^{0.769}]^{0.364}$
USBR (1988)[13]	21	—	$T_f=0.011B_{ave}$
Froehlich (1995)[23]	22	—	$T_f=0.00254(V_w)^{0.53}(h_b)^{-0.9}$
Xu 与 Zhang① (2009)[16]	75	—	$T_f=0.304T_r(h_d/h_r)^{0.707}(V_w^{1/3}/h_w)^{1.228}e^{B_5}$
Froehlich (2016)[6]	41	—	$T_f=63.2[V_w/(gh_b^2)]^{0.5}$

① T_r 表示参考溃坝历时，取 1h；参数 B_5 的表达式为 $B_5=b_3+b_4+b_5$，对于心墙坝、混凝土面板堆石坝、均质坝，b_3 分别取 -0.327、-0.674、-0.189；对于漫顶、渗透破坏，b_4 分别取 -0.579、-0.611；对于冲蚀率高、中、低的坝料，b_5 分别取 -1.205、-0.564、0.579。

通过以上统计可以看出，采用参数模型进行溃坝洪水计算较为简便，且对资料要求较少。由于参数模型大多使用回归统计方程来估计溃坝参数，因此溃坝数据库的信息至关重要，需要确保溃坝案例的信息可靠。

2.2　土石坝溃坝参数模型

本节对国外土石坝文献中溃坝案例数据信息进行校验整理，并补充收集到的相关国内溃坝案例，在此基础上，对模型输入变量进行无量纲化处理，选择库容形状参数、水位比参数及坝高参数等作为自变量进行回归分析，建立了可模拟土石坝溃口峰值流量、溃口最终平均宽度和溃坝历时的数学表达式。该溃坝参数经验模型可反映坝型，溃坝方式，溃坝时库容、水位、坝高、溃口深度等参数对溃口峰值流量、溃口最终平均宽度和溃坝历时的影响。本节选择具有实测资料的溃坝案例，并与国内外常用的溃坝参数模型进行比较，研究模型的合理性。

2.2.1　国内外溃坝案例收集整理

通过对国内外文献中已有的溃坝数据[16,24-28]进行核实，并根据水利部大坝安全管理中心的资料补充了相关的国内溃坝案例[29]，形成了一个包含154个具有较为翔实溃坝实测资料的溃坝案例基础数据库，其中中国溃坝案例83例，国外71例（其中美国59例）。值得一提的是，国内外已溃土石坝基本上为均质坝与心墙坝，混凝土面板堆石坝的数量极少。截至2018年年底，国内外共发生过5例有文献记载的面板堆石坝溃坝事故[30]，其中美国3例、阿根廷1例、中国1例，且有3例年代久远。为了充分考虑样本的数量与可靠性，未对混凝土面板堆石坝溃坝案例进行统计。该数据库主要包括如下信息（表2.2-1）：国别、溃坝模式、坝型、坝高（h_d）、溃坝时溃口底部以上水深（h_w）、溃口最终深度（h_b）、水库库容（S）、溃坝时溃口底部以上水库库容（V_w）、溃口峰值流量（Q_p）、溃口最终平均宽度（B_{ave}）和溃坝历时（T_f）。其中，溃坝模式包括漫顶和渗透破坏，坝型包括均质坝和心墙坝，最多的是均质坝的漫顶破坏，占到总数的67.5%；而且这些溃决的坝主要集中在最大坝高小于40m的中低坝，高坝的溃决案例相对较少。

表2.2-1　国内外土石坝溃坝案例数据库

编号	大坝名称	国别	溃坝模式	坝型	h_d/m	h_w/m	h_b/m	S/m³	V_w/m³	Q_p/(m³/s)	B_{ave}/m	T_f/h
1	Apishapa	美国	渗透	均质坝	34.14	28	31.1	2.25×10^7	2.22×10^7	6850	86.5	2.5
2	坳子背	中国	漫顶	均质坝	6.6	6.7	6.6	1.00×10^5	1.00×10^5	150	—	—
3	白水际	中国	漫顶	心墙坝	27	27.75	27	1.06×10^6	1.38×10^6	9790	—	—
4	白水寺	中国	漫顶	均质坝	9	9.35	9	9.80×10^5	1.70×10^6	438	—	—
5	Baldwin Hills	美国	渗透	均质坝	71	12.2	21.3	1.10×10^6	9.10×10^5	1130	25	1.3
6	板桥	中国	漫顶	心墙坝	24.5	31	29.5	4.92×10^8	6.08×10^8	78100	291	5.5
7	八一	中国	渗透	均质坝	30	28	30	3.00×10^7	2.30×10^7	5000	40	—
8	Bearwallow Lake	美国	渗透	均质坝	10	5.79	6.4	—	4.93×10^4	—	12.2	—
9	Big Bay Dam	美国	渗透	均质坝	15.64	13.59	15.64	—	1.75×10^7	4160	70	1
10	Bot	南非	漫顶	均质坝	2.7	2.7	2.7	3.00×10^7	3.00×10^7	330	—	—
11	Bradfield	英国	渗透	均质坝	28.96	24	28.96	3.20×10^6	2.96×10^6	1150	—	0.75
12	Break Neck Run	美国	漫顶	均质坝	7	7	7	4.90×10^4	4.90×10^4	9.2	30.5	3
13	Buffalo Creek	美国	渗透	均质坝	14.02	14.02	14.02	4.84×10^5	4.84×10^5	1420	125	0.5
14	Bullock Draw Dike	美国	渗透	均质坝	5.79	3.05	5.79	1.13×10^6	7.40×10^5	—	12.5	—
15	仓山	中国	漫顶	均质坝	23.4	24.4	23.4	1.10×10^5	1.30×10^5	74	—	—
16	Castlewood	美国	漫顶	均质坝	21.34	21.6	21.3	4.23×10^6	6.17×10^6	3570	44.2	—
17	Caulk Lake	美国	渗透	均质坝	20	11.1	12.2	7.00×10^5	6.98×10^5	—	35.1	—

续表

编号	大坝名称	国别	溃坝模式	坝型	h_d /m	h_w /m	h_b /m	S /m³	V_w /m³	Q_p /(m³/s)	B_{ave} /m	T_f /h
18	Centralia	美国	漫顶	均质坝	5.2	5.2	5.2	1.33×10^4	1.33×10^4	71	—	—
19	长风高	中国	漫顶	均质坝	4	4.3	4	2.00×10^5	2.20×10^5	73	—	—
20	朝阳	中国	漫顶	均质坝	7	7.3	7	1.50×10^5	2.00×10^5	20	—	—
21	Cheaha Creek	美国	漫顶	均质坝	7.01	7.01	7.01	6.90×10^4	6.90×10^4	—	—	5.5
22	陈郢	中国	漫顶	均质坝	12	13	12	4.25×10^6	5.00×10^6	1200	—	1.83
23	川山沟	中国	漫顶	均质坝	7	7.2	7	3.60×10^5	3.80×10^5	30	—	—
24	Coedty	英国	漫顶	心墙坝	11	11.03	11	3.10×10^5	3.11×10^5	—	42.7	—
25	大冲山	中国	漫顶	均质坝	11.2	11.5	11.2	1.70×10^5	1.90×10^5	98	—	—
26	大河	中国	漫顶	心墙坝	23	24.3	23	3.72×10^6	5.22×10^6	—	120	0.5
27	大栗沟	中国	漫顶	均质坝	6	6	6	1.70×10^5	1.70×10^5	182	—	—
28	大岭	中国	漫顶	均质坝	7.3	7.9	7.3	6.30×10^5	7.40×10^5	136	—	—
29	达林布力格	中国	漫顶	均质坝	9	9.9	9	4.70×10^5	5.00×10^5	78	—	—
30	党河	中国	漫顶	心墙坝	46	24.5	25	1.56×10^7	1.07×10^7	2500	58	3
31	大水箐	中国	漫顶	均质坝	20	20.3	20	1.64×10^5	1.70×10^5	446	—	—
32	大坞山	中国	漫顶	心墙坝	12	12	12	1.20×10^5	1.20×10^5	600	—	—
33	Dells	美国	漫顶	均质坝	18.3	18.3	18.3	1.30×10^7	1.30×10^7	5440	—	0.67
34	DMAD	美国	漫顶	均质坝	8.8	8.8	8.8	1.97×10^7	1.97×10^7	793	—	—
35	东川口	中国	漫顶	均质坝	31	31	31	2.70×10^7	2.70×10^7	2100	—	—
36	东吉八队	中国	漫顶	均质坝	6	6	6	5.70×10^5	5.70×10^5	50	—	—
37	杜朗	中国	漫顶	均质坝	16	16	16	1.20×10^5	1.20×10^5	79	—	—
38	Elk City	美国	漫顶	心墙坝	9.1	9.44	9.14	7.40×10^5	1.18×10^6	610	36.6	0.83
39	Emery	美国	渗透	均质坝	16	6.55	8.23	5.00×10^5	4.25×10^5	—	10.8	—
40	Fafum	德国	漫顶	均质坝	0.22	0.16	0.16	6.95	4.55	0.024	—	—
41	Fred Burr	美国	渗透	均质坝	10.4	10.2	10.4	7.52×10^5	7.50×10^5	654	—	—
42	French Landing	美国	渗透	均质坝	12.19	8.53	14.2	2.19×10^7	3.87×10^6	929	27.4	—
43	Frenchman Creek	美国	渗透	均质坝	12.5	10.8	12.5	2.10×10^7	1.60×10^7	1420	54.6	3
44	Frias	阿根廷	漫顶	均质坝	15	15	15	2.50×10^5	2.50×10^5	400	—	0.25
45	福巨公	中国	漫顶	均质坝	4	4.2	4	5.00×10^5	5.30×10^5	23	—	—
46	Grand Rapids	美国	漫顶	心墙坝	7.6	7.5	6.4	2.20×10^5	2.55×10^5	—	19	0.5
47	Haas Pond	美国	渗透	均质坝	4	2.99	3.96	—	2.34×10^4	—	10.7	—
48	Hatfield	美国	漫顶	均质坝	6.8	6.8	6.8	1.23×10^7	1.23×10^7	3400	91.5	2
49	哈庄	中国	漫顶	均质坝	17.8	18.2	17.8	6.70×10^5	7.00×10^5	264	—	—
50	黑牛沟	中国	漫顶	均质坝	25	25	25	5.00×10^5	5.00×10^5	320	—	—
51	郝家台	中国	漫顶	均质坝	14	15.4	14	2.80×10^5	6.00×10^5	200	—	—

续表

编号	大坝名称	国别	溃坝模式	坝型	h_d /m	h_w /m	h_b /m	S /m³	V_w /m³	Q_p /(m³/s)	B_{ave} /m	T_f /h
52	宏飞	中国	漫顶	心墙坝	9	10	9	1.10×10^6	2.30×10^6	400	—	—
53	Horse Creek	美国	漫顶	均质坝	12.2	12.5	12.2	—	4.80×10^6	311	—	—
54	后槽	中国	漫顶	均质坝	10	10.3	10	1.20×10^5	1.30×10^5	73	—	—
55	后沟	中国	漫顶	均质坝	8	8	8	2.40×10^5	2.40×10^5	—	20	—
56	侯家街	中国	漫顶	均质坝	3	3	3	1.00×10^5	1.00×10^5	20	—	—
57	后林子	中国	漫顶	均质坝	6	6	6	6.40×10^4	6.40×10^4	50	—	—
58	黄土坎	中国	漫顶	均质坝	20	20	20	3.60×10^5	3.60×10^5	2123	—	—
59	回龙	中国	漫顶	均质坝	7.6	8.58	7.6	3.72×10^5	6.46×10^5	550	—	—
60	火石山	中国	漫顶	均质坝	13	16	16	2.20×10^5	2.20×10^5	—	30	—
61	湖其塘	中国	渗透	均质坝	9.9	5.1	9	7.34×10^5	4.24×10^5	50	7.5	4
62	IMPACT① Lab 5-1	英国	漫顶	均质坝	0.5	0.5	0.5	1.80×10^2	1.80×10^2	0.78	—	—
63	Ireland No. 5	美国	渗透	均质坝	5.2	3.81	5.18	—	1.60×10^5	110	13.5	—
64	鸡公山	中国	漫顶	均质坝	12	12.5	12	1.40×10^5	1.60×10^5	158	—	—
65	Johnstown	美国	漫顶	均质坝	38.1	24.6	24.4	1.89×10^7	1.89×10^7	8500	94.5	0.75
66	Kaddam	印度	漫顶	均质坝	12.5	15.2	15.2	2.14×10^8	2.14×10^8	—	137.2	1
67	Knife Lake	美国	漫顶	均质坝	6.1	6.1	6.1	9.86×10^6	9.86×10^6	1100	—	5
68	Kodaganar	印度	漫顶	均质坝	11.5	11.5	11.5	1.23×10^6	1.23×10^7	1280	—	—
69	库洪其	中国	漫顶	均质坝	8	8	8	2.40×10^6	2.40×10^6	1000	—	—
70	Lake Avalon	美国	渗透	均质坝	14.64	13.7	14.6	7.75×10^6	3.15×10^6	2320	130	2
71	Lake Frances	美国	渗透	均质坝	15.24	14	17.1	8.65×10^5	7.89×10^5	—	18.9	1
72	Lake Genevieve	美国	渗透	均质坝	7.6	6.71	7.92		6.80×10^5	—	16.8	—
73	Lake Latonka	美国	渗透	均质坝	13	6.25	8.69	4.59×10^6	4.09×10^6	290	39.2	3
74	Lambert Lake	美国	渗透	均质坝	16.5	12.8	14.3	—	2.96×10^5	—	7.62	—
75	Laurel Run	美国	漫顶	均质坝	12.8	14.1	13.7	3.85×10^5	5.55×10^5	1050	35.1	—
76	Lawn Lake	美国	渗透	均质坝	7.9	6.71	7.62	9.87×10^5	7.98×10^5	510	22.2	—
77	李家咀	中国	漫顶	均质坝	25	25	25	1.14×10^6	1.14×10^6	2950	—	—
78	凌八	中国	漫顶	均质坝	5.9	6.3	5.9	8.40×10^5	1.09×10^6	42	—	—
79	Little Deer Creek	美国	渗透	均质坝	26.21	22.9	27.1	1.73×10^6	1.36×10^6	1330	29.6	0.33
80	刘家台	中国	漫顶	心墙坝	35.9	35.9	35.9	4.05×10^7	4.05×10^7	2800	—	—
81	笠竹塘	中国	漫顶	均质坝	8	8.4	8	1.90×10^5	2.40×10^5	75	—	—
82	Lower Two Medicine	美国	漫顶	均质坝	11.28	11.3	11.3	1.96×10^7	1.96×10^7	1.800	67	—
83	Lyman	美国	渗透	均质坝	19.81	16.2	19.8	4.95×10^7	3.58×10^7	—	97	—
84	Machhu Ⅱ	印度	漫顶	均质坝	60.05	60	60	1.10×10^8	1.10×10^8	7690	—	2

续表

编号	大坝名称	国别	溃坝模式	坝型	h_d /m	h_w /m	h_b /m	S /m³	V_w /m³	Q_p /(m³/s)	B_{ave} /m	T_f /h
85	马河	中国	漫顶	均质坝	19.5	19.5	19.5	2.34×10^7	2.34×10^7	4950	—	—
86	马家冲	中国	漫顶	均质坝	22	22.5	22	3.80×10^5	4.80×10^5	1140	—	—
87	Mammoth	美国	漫顶	心墙坝	21.3	21.3	21.3	1.36×10^7	1.36×10^7	2520	9.2	3
88	Melville	美国	渗透	均质坝	10.97	7.92	9.75	—	2.47×10^7	—	32.8	—
89	Mhlanga	南非	漫顶	均质坝	2.5	2.5	2.5	7.50×10^5	7.50×10^5	210	30	—
90	Mill River	美国	渗透	均质坝	13.1	13.1	13.1	2.50×10^6	2.50×10^6	1650	—	—
91	南流水	中国	漫顶	心墙坝	20	20	20	1.90×10^5	1.90×10^5	80	—	—
92	泥巴寨	中国	漫顶	均质坝	12	12.3	12	1.30×10^5	1.78×10^5	609	—	—
93	牛角峪	中国	渗透	心墙坝	10	7.2	7.2	1.60×10^5	1.44×10^5	—	13	3
94	North Branch Trib	美国	漫顶	均质坝	5.5	5.5	5.5	2.20×10^4	2.20×10^4	29.4	—	—
95	Oros	巴西	漫顶	心墙坝	35.36	35.8	35.5	6.50×10^8	6.60×10^8	58000	200	—
96	Otter Lake	美国	渗透	均质坝	6.1	5	6.1	1.50×10^5	1.09×10^5	—	9.3	—
97	Otto Run	美国	漫顶	均质坝	5.8	5.79	5.8	—	7.40×10^3	60	—	—
98	Overholser	美国	漫顶	均质坝	16.5	18.6	18.6	1.80×10^7	1.80×10^7	—	91.5	—
99	平原	中国	漫顶	均质坝	3.5	3.7	3.5	5.00×10^5	6.50×10^5	20	—	—
100	Potato Hill Lake	美国	漫顶	均质坝	7.77	7.77	7.77	—	1.05×10^5	—	16.5	—
101	Puddingstone	美国	漫顶	均质坝	15.2	15.2	15.2	6.17×10^5	6.17×10^5	480	—	3
102	切岭沟	中国	漫顶	均质坝	18	18	18	7.00×10^5	7.00×10^5	200	—	0.17
103	庆胜口队	中国	漫顶	均质坝	7	7	7	2.50×10^5	2.50×10^5	30	—	—
104	齐心	中国	漫顶	均质坝	4.4	4.4	4.4	2.70×10^5	2.70×10^5	85.6	—	—
105	Quail Creek	美国	渗透	均质坝	24	16.7	21.3	5.00×10^7	3.08×10^7	3110	70	—
106	全胜	中国	漫顶	均质坝	8.6	9.2	8.6	1.16×10^5	8.00×10^5	100	—	—
107	Rainbow Lake	美国	漫顶	均质坝	14	10	9.54	—	6.78×10^6	—	38.9	—
108	Renegade Resort Lake	美国	漫顶	均质坝	3.66	3.66	3.66	—	1.39×10^4	—	2.29	—
109	Sandy Run	美国	漫顶	均质坝	8.53	8.53	8.53	5.68×10^4	5.68×10^4	435	—	—
110	Schaeffer	美国	漫顶	心墙坝	30.5	30.5	30.5	3.92×10^6	3.92×10^6	4500	137	0.5
111	山湖	中国	渗透	均质坝	11.5	12.5	13	2.15×10^6	1.78×10^6	—	41	—
112	少海	中国	漫顶	均质坝	1.2	1.2	1.2	4.00×10^5	4.00×10^5	24	—	—
113	沙子塘	中国	漫顶	均质坝	6.8	7.4	6.8	1.20×10^5	1.50×10^5	123	—	—
114	蛇地	中国	漫顶	均质坝	11.2	11.8	11.2	3.70×10^5	4.50×10^5	72	—	—
115	Sheep Creek	美国	渗透	均质坝	17.07	14.02	17.1	1.43×10^6	9.10×10^5	—	22	—
116	圣水	中国	漫顶	均质坝	8.7	9.7	8.7	2.00×10^6	2.63×10^6	1200	—	—
117	十八垅	中国	漫顶	均质坝	29	30.98	29	6.64×10^5	7.00×10^5	4500	—	—

续表

编号	大坝名称	国别	溃坝模式	坝型	h_d /m	h_w /m	h_b /m	S /m^3	V_w /m^3	Q_p /(m^3/s)	B_{ave} /m	T_f /h
118	石漫滩	中国	漫顶	均质坝	25	27.4	25.8	9.44×10^7	1.17×10^8	30000	367	5.5
119	石马塘	中国	漫顶	均质坝	6	6	6	1.00×10^5	1.00×10^5	43	—	—
120	曙光湖	中国	漫顶	均质坝	6	6	6	6.70×10^5	6.70×10^5	50	—	—
121	水响	中国	漫顶	均质坝	8	8	8	2.80×10^5	2.80×10^5	866	—	—
122	四方山	中国	漫顶	均质坝	7.5	8.26	7.5	1.35×10^7	2.37×10^7	605	—	—
123	Sinker Creek	美国	漫顶	均质坝	21.34	21.34	21.34	3.33×10^6	3.33×10^6	—	70.6	2
124	Spring Lake	美国	渗透	均质坝	5.49	5.49	5.49	1.35×10^5	1.35×10^5	—	14.5	—
125	太康	中国	漫顶	均质坝	6	6.5	6	4.45×10^5	1.05×10^6	140	—	—
126	Teton	美国	渗透	心墙坝	93	77.4	86.9	3.56×10^8	3.10×10^8	65120	151	4
127	Trial Lake	美国	渗透	均质坝	9.5	5.18	5.18	—	1.48×10^6	—	21	—
128	Trout Lake	美国	漫顶	均质坝	7.6	8.53	8.53	—	4.93×10^5	—	26.2	—
129	Upper Pond	美国	漫顶	均质坝	5.2	5.18	5.18	—	2.22×10^5	—	16.5	—
130	Utica Reservoir	美国	漫顶	均质坝	21.3	21.3	21.3	7.00×10^5	7.00×10^5	—	38.1	—
131	瓦厂沟	中国	漫顶	均质坝	16.9	17	16.9	1.10×10^5	1.16×10^5	200	—	—
132	Wamberal	南非	漫顶	均质坝	2.8	2.8	2.8	1.38×10^6	1.38×10^6	105	—	—
133	文赞	中国	漫顶	均质坝	6	6	6	1.00×10^5	1.00×10^5	140	—	—
134	Wilkinson Lake Dam	美国	渗透	心墙坝	3.2	3.57	3.72	—	5.33×10^5	—	29	—
135	Winston	美国	漫顶	心墙坝	7.32	6.4	6.1	6.64×10^5	6.62×10^5	—	19.8	5
136	五人班	中国	漫顶	均质坝	6.5	6.5	6.5	1.00×10^6	1.00×10^6	50	—	—
137	先进	中国	漫顶	均质坝	4	5	4	3.83×10^6	4.75×10^6	450	—	—
138	小河西	中国	漫顶	均质坝	12	13	12	1.09×10^7	2.00×10^7	3550	—	—
139	小湄港	中国	漫顶	心墙坝	11	11.14	11	1.40×10^5	1.46×10^5	530	—	—
140	小太平河	中国	漫顶	均质坝	3	3	3	1.00×10^5	1.00×10^5	20	—	—
141	西丰稔	中国	漫顶	均质坝	10	10	10	1.40×10^5	1.40×10^5	30	—	—
142	西沟	中国	漫顶	均质坝	12	12	12	1.30×10^5	1.30×10^5	40	—	—
143	杨宝沟	中国	漫顶	均质坝	11	11.5	11	1.80×10^5	2.00×10^5	98	—	—
144	岩口	中国	漫顶	均质坝	18	18	18	2.01×10^5	2.01×10^5	800	—	—
145	伊和敖	中国	漫顶	均质坝	7.5	7.7	7.5	2.50×10^5	2.70×10^5	20	—	—
146	永发	中国	漫顶	均质坝	8.9	9.4	8.9	2.82×10^5	8.60×10^5	110	—	—
147	油菜口	中国	漫顶	心墙坝	20	20.33	20	1.30×10^5	1.40×10^5	120	—	—
148	袁门	中国	漫顶	均质坝	19.2	19.2	19.2	6.40×10^5	6.40×10^5	—	—	0.5
149	雨水岭	中国	漫顶	均质坝	9	9	9	1.10×10^5	1.10×10^5	21	—	—
150	张家街	中国	漫顶	均质坝	5	5	5	1.50×10^5	1.50×10^5	15	—	—

续表

编号	大坝名称	国别	溃坝模式	坝型	h_d /m	h_w /m	h_b /m	S /m³	V_w /m³	Q_p /(m³/s)	B_{ave} /m	T_f /h
151	赵里溪	中国	漫顶	均质坝	16	16.6	16	5.52×10^5	6.10×10^5	1479	—	—
152	中华咀	中国	漫顶	均质坝	16	16	16	1.40×10^5	1.40×10^5	—	—	0.4
153	竹沟	中国	漫顶	心墙坝	23.5	23.5	23.5	1.54×10^7	1.54×10^7	1120	135	0.43
154	佐村	中国	漫顶	心墙坝	35	35	35	4.00×10^7	4.00×10^7	2360	—	1

① IMPACT 代表"特大洪水过程及其不确定性的研究"(Investigation of ExtreMe Flood Processes And Un-CertainTy).

2.2.2 土石坝溃坝参数模型

通过土石坝溃坝数据库可以发现，溃决的土石坝主要为均质坝或心墙坝，最终破坏模式一般表现为漫顶或者渗透破坏。为了充分考虑坝型、溃坝模式、水库特征和溃口特征，选取溃坝时溃口底部以上水库库容（V_w）、溃坝时溃口底部以上水深（h_w）、坝高（h_d）、溃口最终深度（h_b）等参数，并对各参量进行无量纲化处理，采用统计回归的方法，获取溃口峰值流量、溃口最终平均宽度及溃坝历时等结果。

对于坝型，模型基于溃坝数据库，采用不同的表达式分别模拟均质坝与心墙坝的溃决；对于溃坝模式，模型利用溃坝时溃口底部以上水深（h_w）这一参数统一考虑了漫顶与渗透破坏。为了体现溃坝时水库的特征和溃口的特征，并实现各参数的无量纲化，选取 $V_w^{1/3}/h_w$ 作为库容形状参数，表征溃坝时的库容与水位关系；选取 h_w/h_b 作为水位比参数，表征溃口溃坝时的水位与溃口最终深度的关系，间接体现了坝料的抗冲蚀能力与溃坝模式；选取 h_d/h_0 表征土石坝的坝高，其中 h_0 为单位高度，设定为1m。溃口峰值流量、溃口最终平均宽度和溃坝历时均采用上述3个参数构建表达式。

对溃口峰值流量 Q_p 也采用同样的方法进行无量纲化处理，即选取 $Q_p/(V_w g^{0.5} h_w^{-0.5})$ 表征土石坝溃口峰值流量与溃坝时溃口以上库容与水位关系。则土石坝溃口峰值流量可表示为

$$\frac{Q_p}{V_w g^{0.5} h_w^{-0.5}}=\begin{cases}\left(\frac{V_w^{1/3}}{h_w}\right)^{-1.58}\left(\frac{h_w}{h_b}\right)^{-0.76}\left(\frac{h_d}{h_0}\right)^{0.10}e^{-4.55},\text{均质坝}\\\left(\frac{V_w^{1/3}}{h_w}\right)^{-1.51}\left(\frac{h_w}{h_b}\right)^{-1.09}\left(\frac{h_d}{h_0}\right)^{-0.12}e^{-3.61},\text{心墙坝}\end{cases}\tag{2.2-1}$$

对溃口最终平均宽度 B_{ave} 也进行无量纲化处理，即选取（B_{ave}/h_b）表征土石坝溃口最终平均宽度与最终深度之间的关系。则土石坝溃口最终平均宽度可表示为

$$\frac{B_{ave}}{h_b}=\begin{cases}\left(\frac{V_w^{1/3}}{h_w}\right)^{0.84}\left(\frac{h_w}{h_b}\right)^{2.30}\left(\frac{h_d}{h_0}\right)^{0.06}e^{-0.90},\text{均质坝}\\\left(\frac{V_w^{1/3}}{h_w}\right)^{0.55}\left(\frac{h_w}{h_b}\right)^{1.97}\left(\frac{h_d}{h_0}\right)^{-0.07}e^{-0.09},\text{心墙坝}\end{cases}\tag{2.2-2}$$

对溃坝历时 T_f 也进行无量纲化处理，即选取（T_f/T_0）表征土石坝溃口历时，其中 T_0 为单位时间，取值为1h。则土石坝溃口历时可表示为

$$\frac{T_{\mathrm{f}}}{T_0}=\begin{cases}\left(\dfrac{V_{\mathrm{w}}^{1/3}}{h_{\mathrm{w}}}\right)^{0.56}\left(\dfrac{h_{\mathrm{w}}}{h_{\mathrm{b}}}\right)^{-0.85}\left(\dfrac{h_{\mathrm{d}}}{h_0}\right)^{-0.32}\mathrm{e}^{-0.20}, \text{均质坝}\\ \left(\dfrac{V_{\mathrm{w}}^{1/3}}{h_{\mathrm{w}}}\right)^{1.52}\left(\dfrac{h_{\mathrm{w}}}{h_{\mathrm{b}}}\right)^{-11.36}\left(\dfrac{h_{\mathrm{d}}}{h_0}\right)^{-0.43}\mathrm{e}^{-1.57}, \text{心墙坝}\end{cases} \tag{2.2-3}$$

选择表2.2-1中具有相关实测参数的案例对模型各表达式进行验证，见表2.2-2。对于作者建立的参数模型，可用于计算溃口峰值流量的案例共计119个，可用于计算溃口最终平均宽度的案例共计63个，可用于计算溃坝历时的案例共计39个。

选择均方根误差（E_{rms}）和可决系数（R^2）2个指标衡量作者建立的参数模型计算结果的误差，2个指标的表达式分别为

$$E_{\mathrm{rms}}=\sqrt{\frac{1}{n}\sum_{i=1}^{n}\left[\lg\left(\frac{A_{i,\text{计算值}}}{A_{i,\text{实测值}}}\right)\right]^2} \tag{2.2-4}$$

$$R^2=1-\frac{\sum_{i=1}^{n}\left[\lg\left(\dfrac{A_{i,\text{计算值}}}{A_{i,\text{实测值}}}\right)\right]^2}{\sum_{i=1}^{n}\left[\lg\left(\dfrac{A_{i,\text{实测值}}}{A_{\text{平均值}}}\right)\right]^2} \tag{2.2-5}$$

式中：n为样本数；$A_{i,\text{计算值}}$为第i个样本的计算值；$A_{i,\text{实测值}}$为第i个样本的实测值；$A_{\text{平均值}}$为所有样本实测值的平均值。

均方根误差是用于衡量模型计算值与实测值之间的偏差，均方根误差越小，模型计算精度越高；可决系数用于衡量模型计算值与实测值的拟合程度，可决系数越大，模型拟合程度越高。

再利用F检验和P值判定回归模型显著性：

$$F=\frac{\dfrac{1}{k}\sum_{i=1}^{n}(A_{i,\text{计算值}}-A_{\text{平均值}})^2}{\dfrac{1}{n-k-1}\sum_{i=1}^{n}(A_{i,\text{实测值}}-A_{i,\text{计算值}})^2} \tag{2.2-6}$$

式中：k代表回归模型自变量个数。

P值为计算得到的检验统计量小于或等于实际观测样本数据的概率，表示为

$$P=P(F\leqslant F_{\mathrm{critical}}\mid\mu=\mu_0) \tag{2.2-7}$$

式中：F_{critical}为显著性水平0.05时的F值。若$F>F_{\mathrm{critical}}$，且$P<0.05$，则此回归方程在显著性水平0.05上是显著的，则参数选取合理，样本具有代表性。

模型的各输出参数计算结果统计见表2.2-2，各输出参数的计算值与实测值的对比见图2.2-1。

表2.2-2　　模型输出结果统计

输出参数	案例数	E_{rms}	R^2	F	P
溃口峰值流量（Q_{p}）	119	0.419	0.929	107	0
溃口最终平均宽度（B_{ave}）	63	0.227	0.770	19.6	0
溃坝历时（T_{f}）	39	0.331	0.460	6.4	0

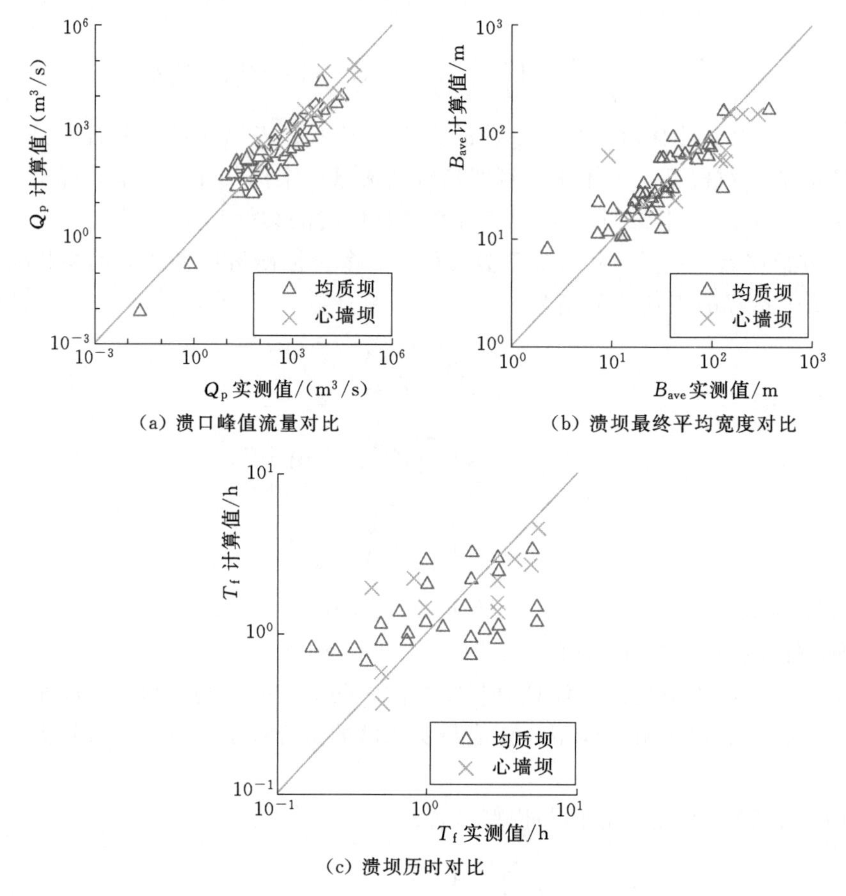

(a) 溃口峰值流量对比

(b) 溃坝最终平均宽度对比

(c) 溃坝历时对比

图 2.2-1 模型计算结果与实测值对比

由表 2.2-2 和图 2.2-1 可以看出：

(1) 对于溃口峰值流量 Q_p [图 2.2-1 (a)]，可决系数较大，表明模型的拟合程度较高；均方根误差偏大，表明模型计算值与实测值之间存在一定的偏差。究其原因，应为少数案例的溃口峰值流量偏差较大所致。

(2) 对于溃口最终平均宽度 B_{ave} [图 2.2-1 (b)]，均方根误差较小，表明模型计算值与实测值之间的偏差较小，但溃口最终平均宽度的可决系数较峰值流量的可决系数有所降低。

(3) 对于溃坝历时 T_f [图 2.2-1 (c)]，均方根误差介于溃口峰值流量与溃口最终平均宽度的均方根误差之间，但可决系数偏低，表明模型计算结果的拟合效果较差。究其原因，一方面在于溃坝时极少有亲历者，因此溃坝历时的统计可能存在较大误差；另一方面，样本数偏少也是导致拟合程度偏低的一个因素。

另外，3 个参数的 $F_{critical}$ 分别为 2.68、2.76 和 2.87，均远小于其相应的 F 值，且其相应的 P 值均为 0 (表 2.2-2)，满足 $P<0.05$。所以，3 个参数的拟合样本均在 0.05 水平上显著，选取符合统计规律。

2.2.3 与国内外常用溃坝参数模型比较

为了进一步研究作者模型的合理性，针对收集到的溃坝案例，利用国内外常用的溃坝模型进行计算，并与作者模型计算得到的溃口峰值流量、溃口最终平均宽度和溃坝历时进行了比较，结果见表2.2-3～表2.2-5。

表2.2-3 不同参数模型溃口峰值流量计算结果比较

模　　型	案例数	E_{rms}	R^2
Kirkpatrick (1977)[4]	119	0.619	0.845
SCS (1981)[7]	119	0.809	0.735
Singh 与 Snorrason (1984)[9]	119/116*	0.798/0.792	0.743/0.756
MacDonald 与 Langridge-Monopolis (1984)[10]	119	0.664	0.822
Costa (1985)[11]	116	0.661	0.830
Evans (1986)[12]	119	0.821	0.751
USBR (1988)[13]	119	0.850	0.708
Froehlich (1995)[14]	119	0.527	0.888
Walder 与 O'Connor (1997)[15]	119	0.536	0.884
Xu 与 Zhang (2009)[16]	43	0.425	0.817
Pierce 等 (2010)[17]	119/119*	0.465/0.429	0.913/0.926
De Lorenzo 与 Macchione (2014)[19]	119	0.556	0.875
Hooshyaripor 等 (2014)[20]	119/119*	0.449/0.432	0.918/0.925
Azimi R 等 (2015)[21]	119	0.456	0.916
作者模型	119	0.419	0.929

* 对应表2.1-1中的模型包含两种溃口峰值流量计算公式的情况。

表2.2-4 不同参数模型溃口最终平均宽度计算结果比较

模　　型	案例数	E_{rms}	R^2
USBR (1988)[13]	63	0.305	0.585
Vonthun 与 Gillette (1990)[22]	63	0.296	0.609
Froehlich (1995)[23]	63	0.240	0.742
Xu 与 Zhang (2009)[16]	47	0.326	0.514
Froehlich (2016)[6]	63	0.246	0.730
作者模型	63	0.227	0.770

表2.2-5 不同参数模型溃坝历时计算结果比较

模　　型	案例数	E_{rms}	R^2
MacDonald 与 Langridge-Monopolis (1984)[10]	39	0.566	−0.581
USBR (1988)[13]	39	0.689	−1.34
Froehlich (1995)[23]	39	0.575	−0.627
Xu 与 Zhang (2009)[16]	34	0.295	0.591
Froehlich (2016)[6]	39	0.541	−0.441
作者模型	39	0.331	0.460

由表 2.2-3 可以看出，对于溃口峰值流量，作者模型的均方根误差最小，可决系数最大，说明该模型的模拟误差最小，拟合程度最高，比其他模型更具优越性。

由表 2.2-4 可以看出，对于溃口最终平均宽度，作者模型的均方根误差最小，可决系数最大，验证了该模型在计算溃口最终平均宽度方面的优越性。表 2.2-5 是常见溃坝历时模型对作者构建的数据库数据计算效果的比较。

由表 2.2-5 可以看出，对于溃坝历时，Xu 与 Zhang[16] 的计算结果比作者模型要好，但数据库中可用于此模型的溃坝案例数为 34，需要对坝料的冲蚀特性进行判断（冲蚀率高、中、低的坝料选取的参数不同），该模型也没有给出相应的判别标准，因此其可靠性还有待于进一步验证，在应用中也存在一定的困难。而对于其他模型，溃坝历时都不能得到很好的反映，均方根误差较大，拟合效果也很差，可决系数都出现负数，相对而言，作者模型更为合理。

下面针对不同坝型及溃坝方式，选取 Elk City 坝、Frenchman Creek 坝、Lower Two Medicine 坝和 Teton 坝对作者模型进行验证，具体计算结果及在 95%置信区间的结果预测范围见表 2.2-6。其中，Lower Two Medicine 水库没有溃坝历时的记录，故未进行讨论，利用作者模型可以计算出其溃坝历时为 2.23h。

表 2.2-6　　典型溃坝案例模型预测结果

案例名称	溃坝模式	坝型	坝高/m	$Q_p/(m^3/s)$			B_{ave}/m			T_f/h		
				实测值	计算值	95%置信区间	实测值	计算值	95%置信区间	实测值	计算值	95%置信区间
Elk City	漫顶	心墙坝	24.5	610	616	79～4777	36.6	28.8	6.4～201.4	0.83	2.19	0.67～7.05
Frenchman Creek	渗透	均质坝	12.5	1420	1571	230～10726	54.6	59.2	23.0～152.6	3.0	2.4	0.42～14.2
Lower Two Medicine	漫顶	均质坝	11.3	1800	1608	234～11034	67.0	75.9	29.7～193.5	—	—	—
Teton	渗透	心墙坝	93.0	65100	72433	14718～356285	151	151.7	52.8～766.5	4.0	3.0	1.00～8.82

从表 2.2-6 中可以看出：Elk City 坝溃坝历时的计算结果虽然也在预测范围中，但计算结果较文献记录的值偏大很多，这可能是由于溃坝时极少有亲历者，溃坝历时的统计可能存在较大误差，且溃坝历时样本数偏少，得出模型对于某个案例可能会出现较大偏差。对于其他案例参数，作者模型能较好反映溃坝各输出参数，相对误差基本都在±25%以内。

另外，针对这 4 个溃坝案例，利用国内外常用的溃坝模型进行分析计算，各模型的计算误差对比见图 2.2-2～图 2.2-4。由于可用于计算溃口峰值流量的模型较多，图 2.2-2 仅列出计算效果较好且较新的 5 种模型与作者模型进行对比。

从图 2.2-2 中可以看出，作者模型计算 Elk City 坝时溃口峰值流量的相对误差仅为 1%，对于其他 3 个案例，相对误差也都保持在 10%左右，计算结果优于其他模型。同样的，对于溃口最终平均宽度，作者模型计算效果误差也保持在合理范围内，总体上优于其他 5 个模型，见图 2.2-3。对于溃坝历时的模拟（图 2.2-4），作者模型在计算 Elk City 水库案例时误差较大，超过了 100%，这在一定程度上受限于溃坝历时获取困难和具有溃坝

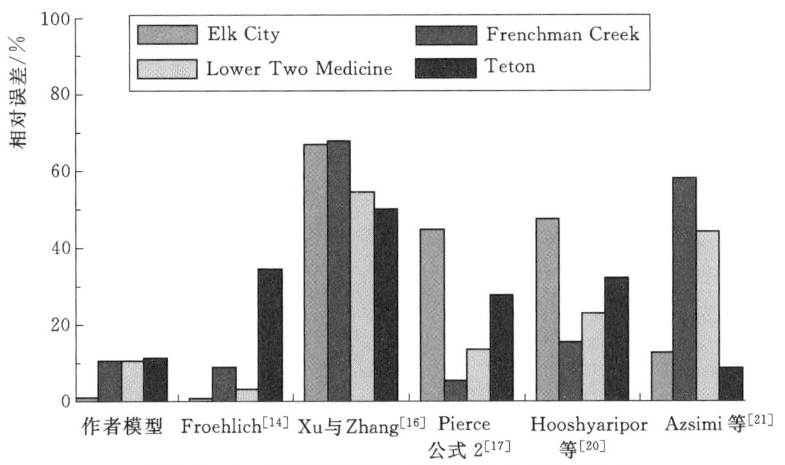

图 2.2-2　不同模型溃口峰值流量计算误差比较

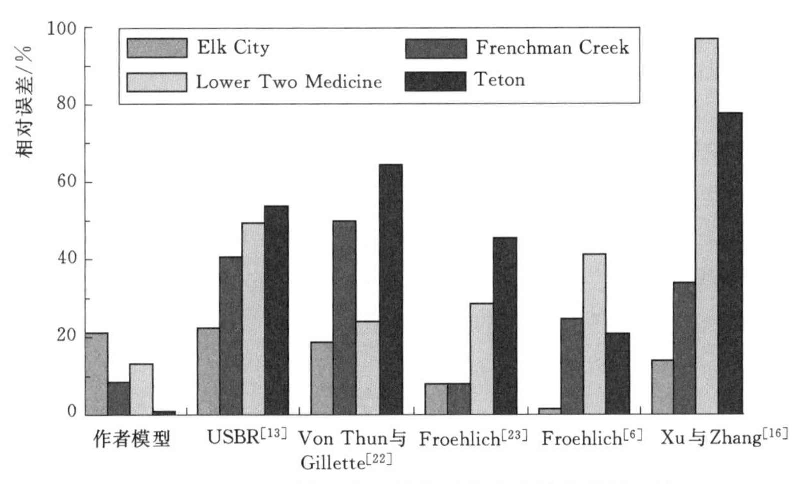

图 2.2-3　不同模型溃口最终平均宽度计算误差比较

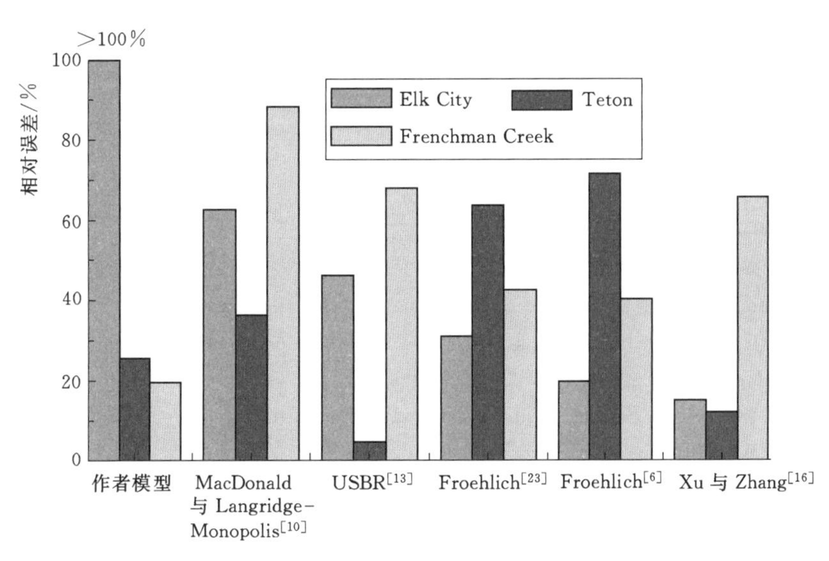

图 2.2-4　不同模型溃坝历时计算误差比较

历时统计的案例数较少，使得个别案例具有较大偏差。上述 4 个溃坝案例的计算结果表明，作者模型除了在计算 Elk City 坝溃坝历时时计算值偏大外，其他案例的溃坝参数计算结果均优于其他参数模型。

通过上述比较可以看出，作者提出的模型具有一定的先进性和适用性，仅在少量案例计算时出现较大误差，这需要进一步收集整理具有实测资料的溃坝案例，尤其是新近发生的案例，继续增加数据库案例数，进一步完善参数模型，减小个别数据偏差对模型整体计算结果的影响。

2.3　本章小结

本章介绍了国内外的溃坝参数模型，基于国内外溃坝案例，构建了包含 154 个具有较为翔实溃坝实测资料的溃坝案例数据库，在此基础上提出了可模拟溃口峰值流量、溃口最终平均宽度和溃坝历时的溃坝参数模型，并与国内外常用的溃坝模型参数进行比较，结果表明，作者的模型计算结果上具有更小的均方根误差和更大的可决系数，即与实测数据更为接近；另外，选取 4 个国内外典型溃坝案例对模型进行验证，发现除了 Elk City 坝溃坝历时计算结果与实际值相差较大外，作者模型在整体上具有更准确的计算结果，从而验证了作者模型的合理性和先进性。

由于溃坝历时存在获取困难、数据准确性相对较低、样本数较少等问题，使得溃坝历时模型在个别案例的计算中存在较大偏差。所以，还需进一步对溃坝数据进行收集整理，以减小个别数据偏差对模型拟合结果的影响。

参考文献

[1] ASCE/EWRI Task Committee on Dam/Levee Breaching. Earthen embankment breaching [J]. Journal of Hydraulic Engineering, 2011, 137 (12): 1549 - 1564.

[2] 谢亚军，朱勇辉，国小龙. 土坝溃决研究进展及存在问题 [J]. 长江科学院院报，2013，30 (4)：29 - 33.

[3] 霍家平，钟启明，梅世昂. 土石坝溃决过程数值模拟研究进展 [J]. 人民长江，2018，49 (2)：98 - 103.

[4] KIRKPATRICK G W. Evaluation guidelines for spillway adequacy [C]// The Evaluation of Dam Safety, Engineering Foundation Conf., New York, 1977.

[5] PIERCE M W, THORNTON C I, Abt S R. Predicting peak outflow from breached embankment dams [J]. Journal of Hydrologic Engineering, 2010, 15 (5): 338 - 349.

[6] FROEHLICH D C. Predicting peak discharge from gradually breached embankment dam [J]. Journal of Hydrologic Engineering, 2016, 04016041.

[7] SCS (Soil Conservation Service). Simplified dam - breach routing procedure [R]. Washington DC: US Dept. of Agriculture, 1981.

[8] HAGEN V K. Re - evaluation of design floods and dam safety [C]// Proc. 14th Congress of Int. Comm. on Large Dams, Paris.

[9] SINGH K P, SNORRASON A. Sensitivity of outflow peaks and flood stages to the selection of dam

breach parameters and simulation models [J]. Journal of Hydrology, 1984, 68: 295 - 310.
[10] MACDONALD T C, LANGRIDGE - MONOPOLIS J. Breaching characteristics of dam failure [J]. Journal of Hydraulic Engineering, 1984, 110 (5): 567 - 586.
[11] COSTA J E. Floods from dam failures [R]. Denver: Open - File Rep. No. 85 - 560, USGS.
[12] EVANS S G. The maximum discharge of outburst floods caused by the breaching of man - made and natural dams [J]. Canadian Geotechnical Journal, 1986, 23 (3): 385 - 387.
[13] U. S. Bureau of Reclamation (USBR). Downstream hazard classification guidelines [R]. Denver: ACER Tech. Memorandum No. 11, U. S. Department of the Interior, 1988.
[14] FROEHLICH D C. Peak outflow from breached embankment dam [J]. Journal of Water Resources Planning and Management, 1995, 121 (1): 90 - 97.
[15] WALDER J S, O'CONNOR J E. Methods for predicting peak discharge of floods caused by failure of natural and constructed earthen dams [J]. Water Resources Research, 1997, 33 (10): 2337 - 2348.
[16] XU Y, ZHANG L M. Breaching parameters for earth and rockfill dams [J]. Journal of Geotechnical and Geoenvironmental Engineering, 2009, 135 (12): 1957 - 1969.
[17] PIERCE M W, THORNTON C I, ABT S R. Predicting peak outflow from breached embankment dams [J]. Journal of Hydrologic Engineering, 2010, 15 (5): 338 - 349.
[18] THORNTON C I, PIERCE M W, ABT S R. Enhanced predictions for peak outflow from breached embankment dams [J]. Journal of Hydrologic Engineering, 2011, 16 (1): 81 - 88.
[19] DE LORENZO G, MACCHIONE F. Formulas for the peak discharge from breached earthfill dams [J]. Journal of Hydraulic Engineering, 2014, 140 (1): 56 - 67.
[20] HOOSHYARIPOR F, TAHERSHAMSI A, GOLIAN S. Application of copula method and neural networks for predicting peak outflow from breached embankments [J]. Journal of Hydro - environment Research, 2014, 8 (3): 292 - 303.
[21] AZIMI R, VATANKHAH A R, KOUCHAKZADEH S. Predicting peak discharge from breached embankment dams [C]//E - Proc. 36th IAHR World Congress, Hague, 2015.
[22] VONTHUN J L, GILLETTE D R. Guidance on breach parameters [R]. Denver: Internal Memorandum, Bureau of Reclamation, U. S. Dept. of the Interior, 1990.
[23] FROEHLICH D C. Embankment dam breach parameters revisited [C]//Proc. 1995 Conf. On Water Resources Engineering, New York, 1995.
[24] WAHL T L. Prediction of embankment dam breach parameters: A literature review and needs assessment [M]. Denver: U. S. Department of the Interior, Bureau of Reclamation, Dam Safety Office, 1998.
[25] COURIVAUD J R. Analysis of the dam breaching database [R]. CEATI Rep. No. T032700 - 0207B, CEATI International, Dam Safety Interest Group, Montreal, 2007.
[26] PIERCE M W. Predicting peak outflow from breached embankment dams [D]. Fort Collins: Colorado State University, 2008.
[27] O'CONNOR J E, BEEBEE R A. Megaflooding on Earth and Mars: Floods from natural rock - material dams [M]. Cambridge: Cambridge University Press, 2009.
[28] XU Y. Analysis of dam failures and diagnosis of distresses for dam rehabilitation [D]. Hong Kong: the Hong Kong University of Science and Technology, 2010.
[29] 水利部大坝安全管理中心. 全国水库垮坝登记册 [R]. 南京：水利部大坝安全管理中心，2018.
[30] 梅世昂，陈生水，钟启明，等. 土石坝溃坝参数模型研究 [J]. 工程科学与技术，2018，50 (2)：60 - 66.

第 3 章

土石坝溃坝离心模型试验系统

与混凝土坝不同，土石坝的溃决是一个渐进的过程，溃坝致灾后果在很大程度上取决于溃坝的速度和程度。因此，深入研究土石坝的溃决机理，揭示水动力条件下的溃坝过程显得尤为重要。物理模型试验是揭示土石坝溃决机理最有效的手段，土石坝溃决机理的研究主要采用不同尺度的模型试验，其中小尺度的室内模型试验坝高一般不超过 1m，大尺度的野外模型试验的最大坝高一般为 1m 到数米[1]。

法国是全世界最早开展溃坝水工模型试验的国家，早在 1892 年就通过试验获得了溃坝水力学问题的 Ritter 解[2]。20 世纪 50 年代，美国和奥地利学者针对土石坝溃决问题进行了大量的小尺度室内水工模型试验[3]，但研究重点在于溃坝洪水波的模拟。20 世纪 90 年代以来，随着土石坝溃决问题研究的深入，各国将溃坝研究重点逐渐转移到溃坝机理的研究分析上，主要包括美国国家大坝安全计划（National Dam Safety Program，NDSP)[4]，欧盟 CADAM（Concerted Action on Dambreak Modelling）项目[5]，欧盟 IMPACT 项目[6]和随后启动的 FLOODsite 项目[7]，美国农业部（U. S. Department of Agriculture，USDA)[8-10]开展的土石坝溃坝模型试验，以及近年来各国开展的不同尺度的土石坝溃决机理研究工作[11-27]。其中国外最具代表性的是欧盟 IMPACT 项目开展的 5 组大尺度（坝高 4～6m）现场溃坝模型试验，美国农业部开展的 7 组大尺度（坝高 1.5～2.3m）现场溃坝模型试验。值得一提的是，上述试验的主要研究对象是均质土坝。

我国也是较早开展溃坝水工模型试验的国家，1958—1959 年，林秉南[28]结合长江三峡工程设计，开展了水平比尺为 1：30000、垂直比尺为 1：300 的三峡小尺度变态模型溃坝试验。其后，国内学者也陆续开展了相关的溃坝模型试验[3]，但研究重点仍着眼于洪水演进路线、下游淹没范围、灾害损失评估等方面。21 世纪以来，土石坝溃决的研究重点逐步转向溃决机理与抢护技术方面。其中，最具代表性的是张建云等[29]利用安徽省滁州市大洼水库，开展了 5 组最大坝高 9.7m、坝顶宽 3m、黏粒含量 11.5%～33%的大尺度均质土坝漫顶溃坝试验。

综上可知，目前国外最大尺度的溃坝模型试验为欧盟 IMPACT 项目开展的最大坝高 6.0m 的溃坝试验，南京水利科学研究院（NHRI）在安徽滁州大洼水库开展了世界上坝高最大的溃坝模型试验（最大坝高 9.7m），且大多针对均质土坝，因此土石坝其他坝型及高土石坝的溃决机理仍值得深入研究。

为有效解决小尺度溃坝模型试验模型与原型应力水平相差过大，大尺度溃坝模型试验场地难寻、耗时长、成本高、随着坝高增加风险难以控制等问题，作者研究团队利用离心机高速旋转形成的超重力场具有的显著“时空压缩”效应，成功研发了一套基于 NHRI－400gt 离心机的土石坝溃坝离心模型试验系统，建立了溃坝离心模型试验相似准则，在较短时间内重现各类坝型、不同坝高的土石坝的溃坝过程。

3.1　土石坝溃坝离心模型试验系统介绍

离心机高速旋转所产生的超重力场可大幅提高试验模型的应力水平，因此离心模型试验不失为一种开展土石坝溃坝试验的有效方法。开展土石坝溃坝离心模型试验需解决以下三个关键技术问题：一是需在现有离心机中增设一套水流控制系统，持续提供足够的溃坝水流；二是需建立溃坝水流离心模型试验相似准则；三是应能准确测量土石坝溃坝洪水流量过程。

土石坝溃坝离心模型试验系统主要由离心机大流量水流控制系统、溃坝试验专用模型箱以及数据采集与视频监控系统组成。

3.1.1　离心机大流量水流控制系统

作者研究团队于2010年制作了一套如图3.1-1所示的以环形接水槽为核心的离心机大流量水流控制系统[30]。它具有以下特点：①溃坝水流由离心机室外水箱提供，解决了如果在离心机大臂上设置贮水箱，贮水箱中水体重量显著变化而影响离心机平衡，从而严重威胁离心机安全这一问题；②环形接水槽与离心机旋转轴同轴，有利于高速旋转条件下环形接水槽结构安全，且入水口与高速旋转的环形接水槽之间无硬件接触，有效解决了固定件与旋转件之间的磨损和渗漏问题，输水流量也不受接触限制；③在下游端设置了集水和排水系统，溃坝水流可直接下泄至离心机室地面，通过地面槽口汇流至下层机坑中的集水箱，再由潜水泵自动排出。该水流控制系统可在100倍超重力场条件下正常工作，可持续稳定提供溃坝水流，最大流量达3000L/min。

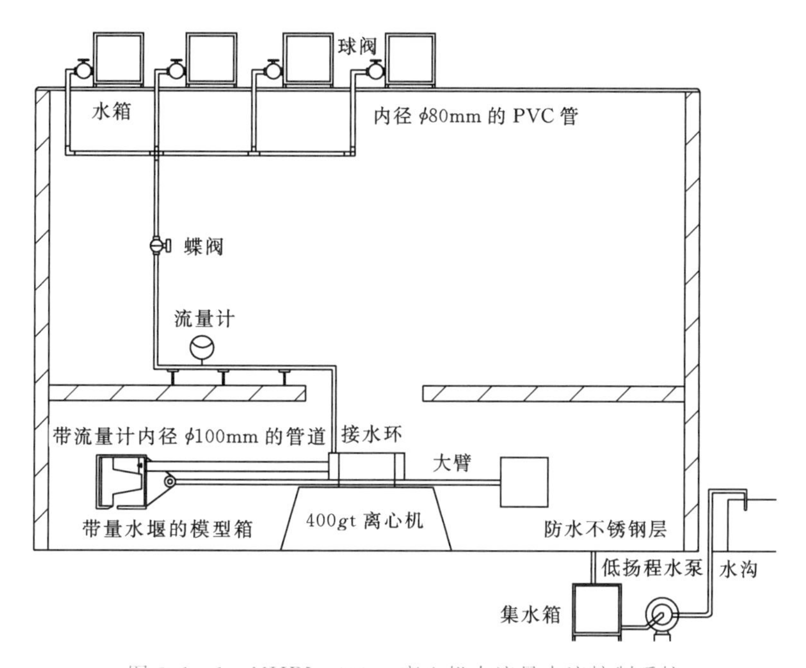

图3.1-1　NHRI-400gt离心机大流量水流控制系统

需要指出的是，该水流系统蝶阀的控制是手动的，只有一种模式：开启—稳定—关闭。蝶阀的开启过程在每次试验中很难保持完全一致，导致溃坝模型试验上游来水条件控制精度较低，增加了溃坝模型试验结果的不确定性。

为了提高土石坝溃坝离心模型试验上游来水条件的控制精度，2017 年又研发一套伺服水阀流量控制装置，以代替原水流控制系统中的蝶阀，如图 3.1 - 2 所示。该装置的核心部件为一只电机驱动的伺服水阀和一套基于自动反馈原理的控制系统，系统工作原理如图 3.1 - 3 所示。控制系统负责实时检测流量计信号，并给伺服水阀发出信号，控制水阀增大或缩小开度。

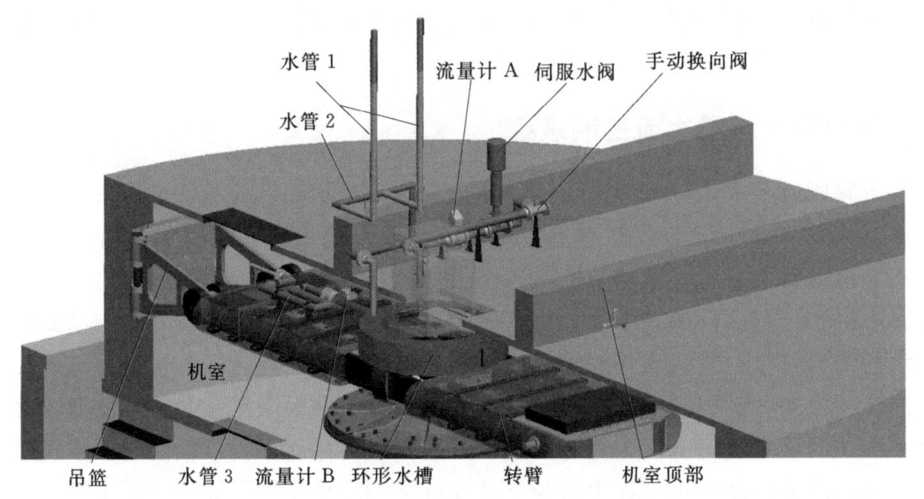

图 3.1 - 2　伺服水阀流量控制装置示意图

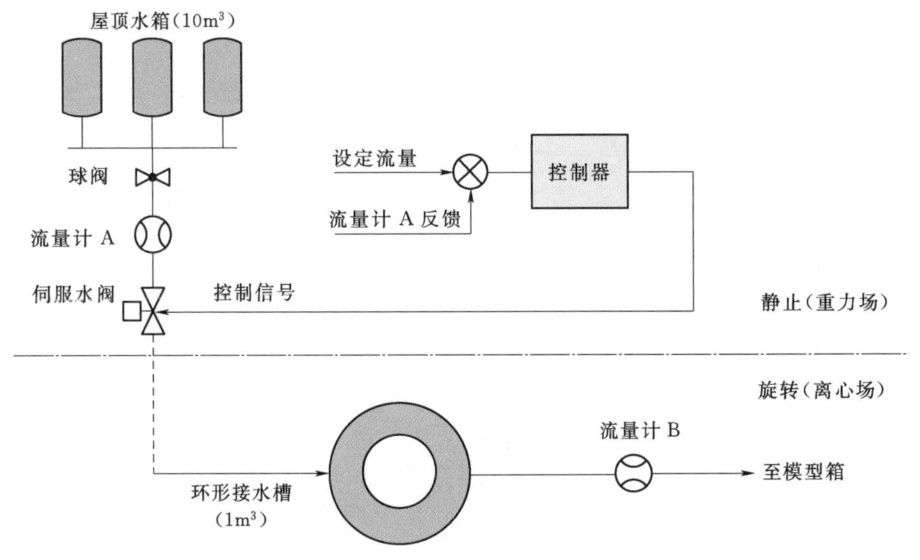

图 3.1 - 3　伺服水阀流量控制系统工作原理

为检验该伺服水阀流量控制装置的有效性，通过放水试验，比较分析了实际流量过程与设计目标流量过程的相关性。

首先考察目标峰值流量的跟踪情况。从图3.1-4中伺服水阀开度过程曲线可知，伺服水阀在接受控制器指令后，阀门开度在28s内迅速从零增大至80%，设定的目标峰值流量为14L/s；而该时刻实测峰值流量为12L/s，约10s后实测峰值流量才达到14L/s。分析发现，实测流量达到12L/s后，流量增速放缓与蝶阀前供水流量和水头有关，如想进一步缩短伺服水阀响应时间，可考虑增大蝶阀前供水流量值和水头值。

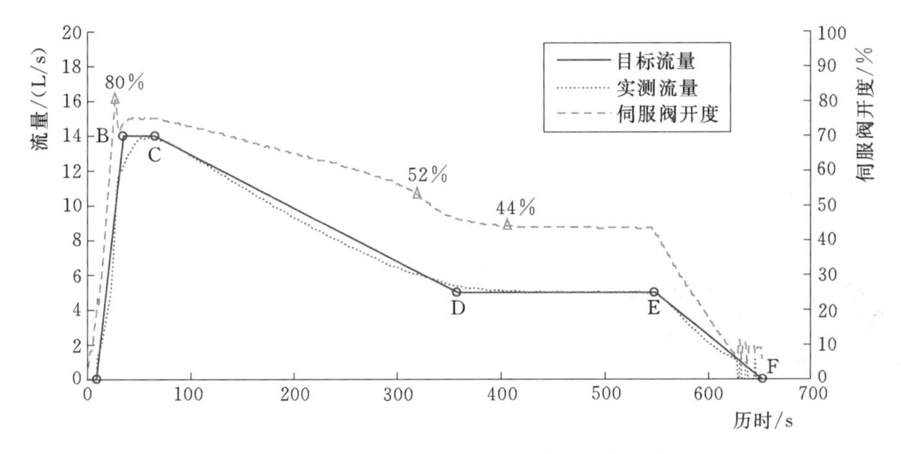

图3.1-4 目标流量过程和实测流量过程对比

再来考察残余流量过程的跟踪情况。由于残余流量数值较小，伺服水阀在跟踪目标残余流量时，阀门开度并没有直接缩小至44%，而有一个缓和的调整过程，用时约80s，开度从52%逐渐调整至44%，这样使得该时段的流量过程避免了大的起伏，实测流量过程曲线与目标流量过程曲线吻合较好。可见，跟踪目标峰值流量时，要求伺服水阀快速响应；而跟踪残余流量时，要求伺服水阀缓和响应，平缓过渡而避免大的起伏。

从图3.1-4所给出的目标流量过程与实测流量过程对比可以发现，通过在离心机大流量水流控制系统增设伺服水阀流量控制装置，溃坝离心模型试验上游来水条件的控制精度得到显著提高，有效降低了溃坝离心模型试验结果的不确定性。

3.1.2 溃坝试验专用模型箱

土石坝溃坝试验除了揭示其溃坝机理外，另一个很重要的目的是获得溃坝形成的洪水流量过程，为计算分析溃坝洪水演进致灾过程提供初始输入，从而提高溃坝应急预案的科学性。然而，溃坝形成的洪水不仅是非恒定流、流量变幅大，而且含有大量的土石料，给溃坝洪水流量过程测量带来了很大的困难。作者研究团队[30]曾采用管道型电磁式流量计测量溃坝洪水流量过程，结果发现，不仅管道不能始终保持为有压流，而且溃坝洪水中夹带的土石料曾导致流量计一度不能正常工作。后来采用水泥土模拟下游河道，引导溃坝洪水集中顺畅地通过流量计的办法，较好解决了这一问题。王秋生[31]在其溃坝离心模型试验中，设置了一种夹角为45°的三角薄壁量水堰，但是由于离心机吊篮尺寸的限制，离心机在目标离心加速度的稳定时间过短，加上风场作用等原因，导致在离心机中采用三角量水堰测量溃坝洪水流量存在较大误差。为此，作者研究团队研发了一种带薄壁矩形量水堰的模型箱，将薄壁量水堰内嵌于模型箱端板，使得模型布置与测量有机融为一体，有效地解决了管道流量计在坝体溃口流量变幅大、泥石与水混流情况下无法正常工作的难题，实现了溃坝全过程溃口流量的精确测量。

3.1.2.1 模型箱总体结构

溃坝离心模型试验专用模型箱内部有效尺寸为1.2m×0.4m×0.8m（长×宽×高）。模型箱一侧面板为高透明度有机玻璃材料，便于试验过程中的图像采集，其他侧面板、顶盖及底板为厚度65mm的6061T6状态高强铝合金板。面板通过螺栓连接固定，可进行拆卸，螺栓孔设有高强内螺套，面板之间的接触部位设有密封条，确保试验过程中箱体不发生漏水。图3.1-5为溃坝离心模型试验专用模型箱。

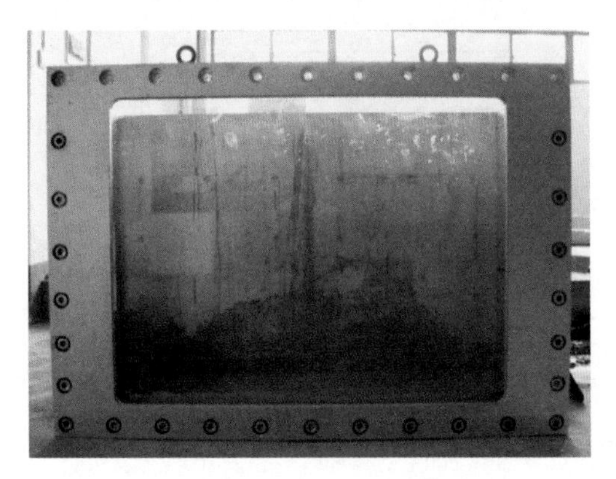

图3.1-5 溃坝离心模型试验专用模型箱

3.1.2.2 薄壁矩形量水堰

薄壁矩形量水堰内置于模型箱端板上（图3.1-6），薄壁堰口下游面与上游直立面成30°夹角，堰口宽度为280mm，堰顶至模型箱底的距离为200mm。为了在超重力环境中测量堰前水头，在模型箱中放置了水压传感器（图3.1-7）。根据水流能量守恒定律可得到薄壁矩形量水堰的流量公式：

$$Q=m_0 B\sqrt{2Ng}H^{1.5} \tag{3.1-1}$$

式中：Q为流量；B为矩形堰宽度；N为离心机加速度与重力加速度g之比，当$N=1$时，式（3.1-1）即为普通重力场下薄壁矩形堰的流量计算公式；H为不包括行近流速水头的堰前水头；m_0为包含行近流速影响在内的薄壁矩形堰流量系数。

(a) 模型箱照片

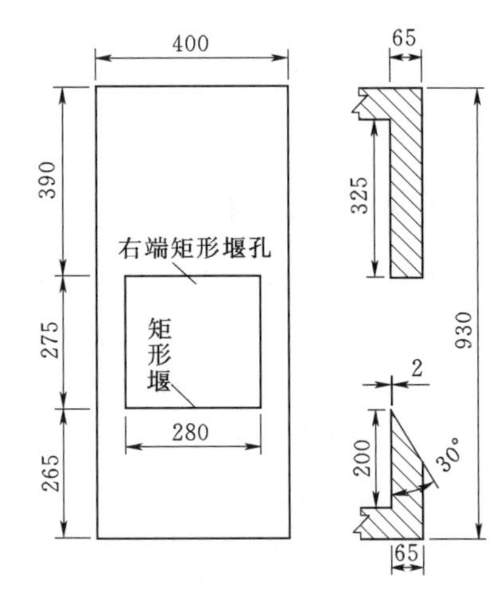

(b) 矩形量水堰尺寸

图3.1-6 带薄壁矩形量水堰的模型箱（单位：mm）

3.1.2.3 薄壁矩形量水堰流量系数率定

为了率定模型箱内置的薄壁矩形量水堰的流量系数，在超重力场中进行了放水试验，试验时在模型箱中安装了两只水压力传感器，用以测量堰前水头 H_1 和 H_2。另外，分别在伺服水阀的阀前和环形接水槽至模型箱之间安装两只电磁式流量计，分别用以测量水流控制系统的调节水流流量 Q_A 和实际进入模型箱的水流流量 Q_B。

图 3.1-7 水压传感器的布置

其中一组小流量放水试验的离心加速度设定在 $50g$，设定恒定水流的流量为 3.7L/s。在模型被加速至 $50g$ 时，开启伺服水阀流量控制装置和数据采集系统，对试验水流进行流量控制，同时测定堰前水体深度，扣除堰高后计算出堰前水头。图 3.1-8 为 $50g$ 超重力场下放水试验过程中堰前水头 H 和流量 Q 随时间的变化曲线。

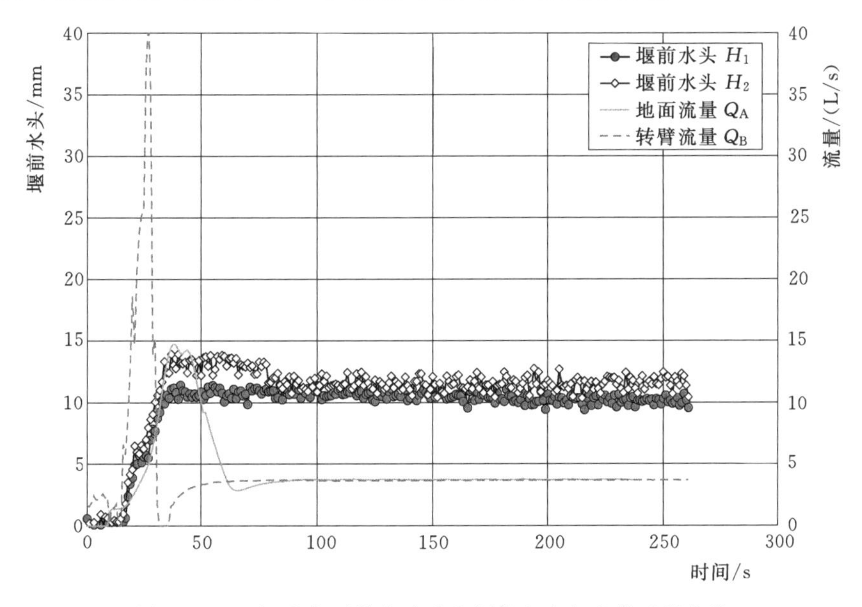

图 3.1-8 超重力下放水试验中堰前水头和流量过程曲线

从图 3.1-8 中可以发现，流量 Q_A 和 Q_B 在开始阶段都有强烈波动，这是开阀瞬间信号干扰所致，并非有真实的流量波动；约 60s 后，流量计工作正常，所给出的测量值才是真实的流量值。从图中两条流量过程曲线可知，Q_A 和 Q_B 很快接近，至 90s 时已完全重合，说明通过流量控制装置调节的水流，已经完全进入模型箱中成为堰前水流。

同时从图 3.1-8 给出的两个测点处的堰前水头变化曲线看，堰前水头在 30s 左右达到最大值，但由于初始涌浪影响，尤其是水压传感器 2 距离入流处较近，影响更为明显。但在 80s 后两个测点处测得堰前水头均趋于平稳，两个测点测得的堰前水头均值分别为 11.5mm 和 10.5mm，取 $H_m=0.0105\text{m}$，计算出的水流速度 $v_m=1.26\text{m/s}$；根据前述水流运动相似律，换算至原型尺度，堰前水头为 $H_p=0.55\text{m}$，流速 $v_p=1.26\text{m/s}$，流量

$Q_p=9.25m^3/s$。（注：下角 m 代表模型，p 代表原型。）

已知流过薄壁矩形量水堰的流量 $Q=3.7L/s$，堰前水头 $H_m=0.0105m$，离心机加速度为 $50g$。根据式（3.1-1），率定得到的薄壁矩形量水堰的流量系数 m_0 值为 0.395，与普通重力场（$1g$）下水力学试验得到的薄壁矩形量水堰的流量系数几乎一致。这证明薄壁矩形量水堰的流量系数与离心加速度无关，采用内置于模型箱端板上的薄壁矩形量水堰可准确测定土石坝溃坝离心模型试验中的溃坝洪水流量过程。

3.1.2.4 薄壁矩形量水堰堰流流量计算

试验所获得的溃口流量过程主要通过堰前孔压传感器测得孔压数据得到堰前水深，另外可利用堰流公式由堰前水深计算得到溃口流量过程。通过孔压数据可以比较容易地得到水位深度，并推导矩形堰溃口流量计算方法。

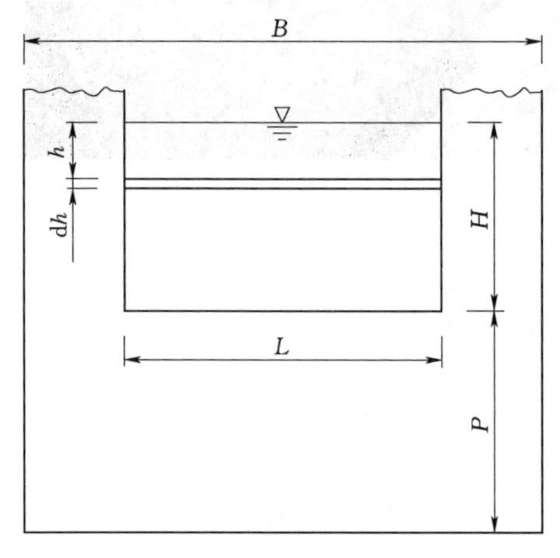

图 3.1-9 矩形堰过水流量计算示意图

图 3.1-9 为矩形堰过水流量计算示意图，如图在过流断面中取深度 h 处厚度为 dh 的一段流层微元作为研究对象，认为该流层流速由势能转化产生，同时忽略流体内部黏性造成的内能损失，在离心加速度为 Ng 的条件下，由能量守恒可得

$$mNgh=\frac{mv^2}{2} \tag{3.1-2}$$

式中：m 为流层微元的质量；v 为流层流速。

因此忽略行近流速影响下该流层流速为

$$v_h=\sqrt{2Ngh} \tag{3.1-3}$$

因此理想情况下该流层的流量 dQ 可以表示为

$$dQ=\sqrt{2Ngh}\,dA=L\sqrt{2Ngh}\,dh \tag{3.1-4}$$

式中：L 为矩形堰宽度；A 为流层单元断面面积。

由于忽略了矩形堰两侧直角翼墙横向收缩造成的局部能量损失以及堰顶出流后的水舌收缩，实际流量要小于理想情况，因此在式（3.1-4）中引入侧向收缩系数 σ_c 和流量系数 σ_f 对算式进行校正，同时对上面的公式沿堰孔过流深度 H 进行积分可以得到矩形堰流量 Q：

$$Q=\int_0^H \sigma_c\sigma_f L\sqrt{2Ngh}\,dh \tag{3.1-5}$$

积分得到矩形堰流量计算式为

$$Q=\frac{2}{3}\sigma_c\sigma_f L\sqrt{2Ng}\,H^{3/2} \tag{3.1-6}$$

式中：H 为不包含行近流速水头的堰前水头；其中侧向收缩系数 σ_c、流量系数 σ_f 均按照别列津斯基公式[32]进行计算：

$$
\begin{cases}
\sigma_f = 0.32 + 0.01 \dfrac{3-\dfrac{P}{H}}{0.46+0.75\dfrac{P}{H}}, & 0<\dfrac{P}{H}<3.0 \\
\sigma_f = 0.32, & \dfrac{P}{H}\geqslant 3.0 \\
\sigma_c = 1-\dfrac{0.19\left(1-\dfrac{L}{B}\right)}{\sqrt[3]{0.2+\dfrac{P}{H}}}\sqrt[4]{\dfrac{L}{B}} &
\end{cases}
\tag{3.1-7}
$$

式中：P 为矩形堰堰高；B 为模型箱内净宽。

3.1.3　数据采集与图像监控系统

3.1.3.1　数据采集系统

土石坝溃坝离心模型试验测量系统不仅需要常规的传感器来采集试验数据，更大程度上依赖于图像监测系统来捕捉溃坝过程。为此，作者研究团队成功研制了由常规传感器数据采集系统（图 3.1-10）和图像监测系统构成的土石坝溃坝离心模型试验测量系统。数据采集系统可提供 90 路传感器测量通道，其中 70 路测量应变信号，20 路测量电压信号；每通道采样速率可达 1 次/s。

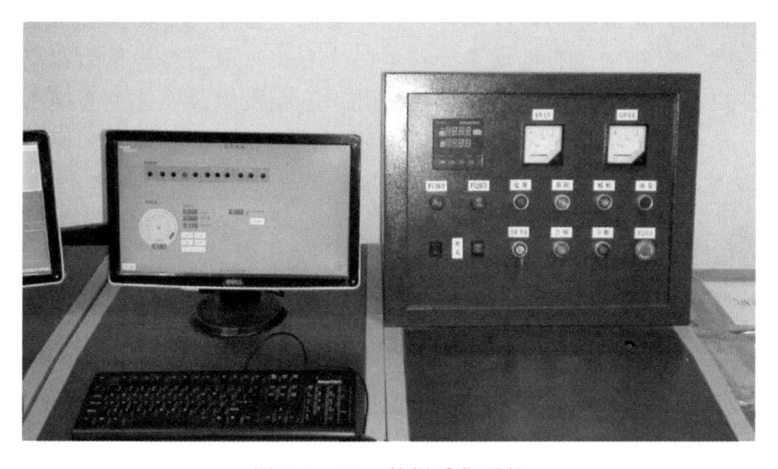

图 3.1-10　数据采集系统

3.1.3.2　图像监控系统

图像监测系统分为 8 路视频实时监测系统和 PIV（粒子成像测速技术）图像测量系统，前者用于多角度监测和摄录土石坝的溃决全过程，PIV 图像测量系统主要用于测量大坝溃决时坝体位移发展变化，以揭示土石坝溃决机理。视频实时监控系统能有效拍摄模型侧面区域大于 500mm×500mm，图片像素 1100 万、分辨率 4000×2672 点阵，最快采集速率 5fps（5 帧/秒）（图 3.1-11）。

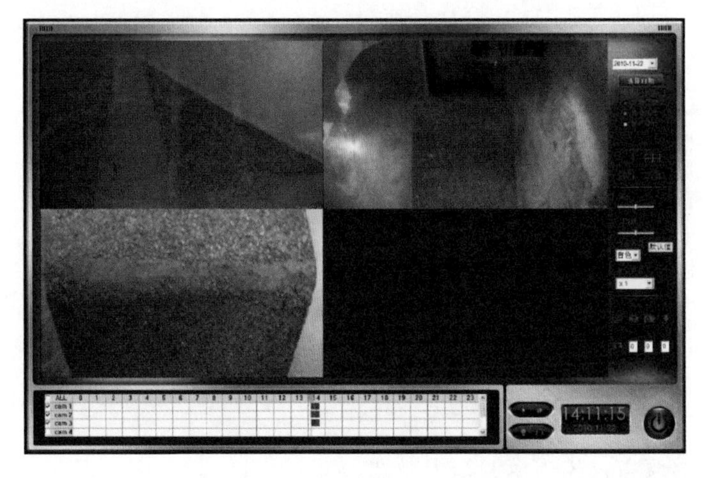

图 3.1-11　视频实时监测系统

3.2　溃坝离心模型试验相似准则

土石坝溃决过程是一个复杂的水土耦合作用过程，涉及土力学、水力学以及材料力学，因此，要根据模型试验结果推求原型值，必须建立相应的相似准则。

3.2.1　应力相似准则

牛顿重力与惯性力是等效的，所以原型所承受的重力与模型在离心机上所承受的离心力的物理效应一致。材料的固有性质主要与电磁力有关，电磁力与重力或离心力相比微不足道，因此，在离心力场中，土体的材料性质几乎不会发生改变。离心模型试验利用离心力来模拟重力，从而使土工构筑物的自重提高到原型状态，使得模型和原型的应力状态一致。以土石坝为例，图 3.2-1 所示为一土石坝原型与 $1/N$ 缩尺的离心试验模型分别在

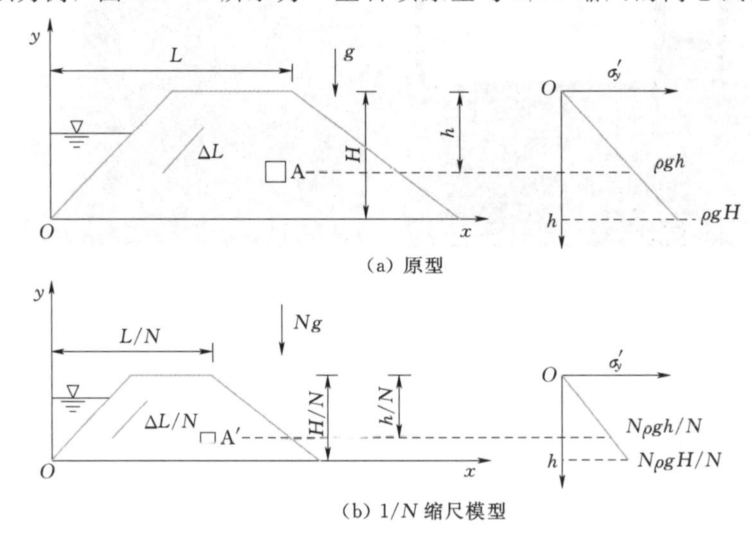

图 3.2-1　原型与模型分别在 1g 重力场和 Ng 离心力场下的应力

$1g$ 重力场和 Ng 离心力场中上覆土应力的示意图：在 Ng 离心加速度条件下，模型与原型的线性尺寸比为 $1/N$，在不计离心加速度方向误差的前提下，模型与原型上覆土应力一致。图 3.2-2 所示为 $1/N$ 缩尺的离心坐标系统，图 3.2-3 所示为模型中 A 点在局部坐标系下的加速度分量示意图。当离心机加速至预定转速并保持此恒定旋转速度时，角加速度为零（$\mathrm{d}^2\theta/\mathrm{d}t^2=0$），A 点的径向速度也近似为零（$\mathrm{d}r/\mathrm{d}t=0$），此时，模型所承受的离心加速度为 $r(\mathrm{d}\theta/\mathrm{d}t)^2$，从而对模型形成了一个人造的应力场[31]。

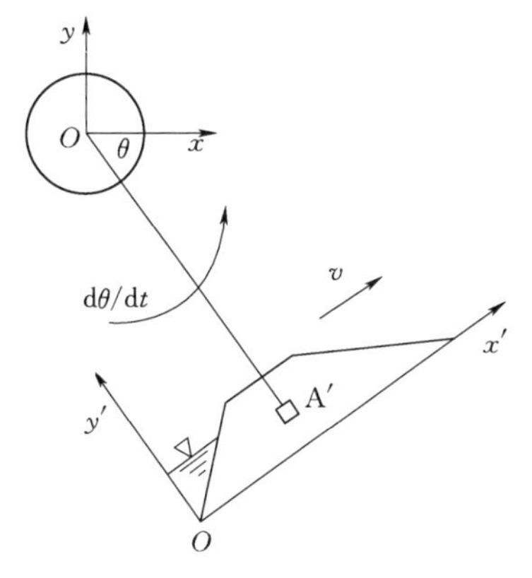

图 3.2-2 1/N 缩尺的离心坐标系统

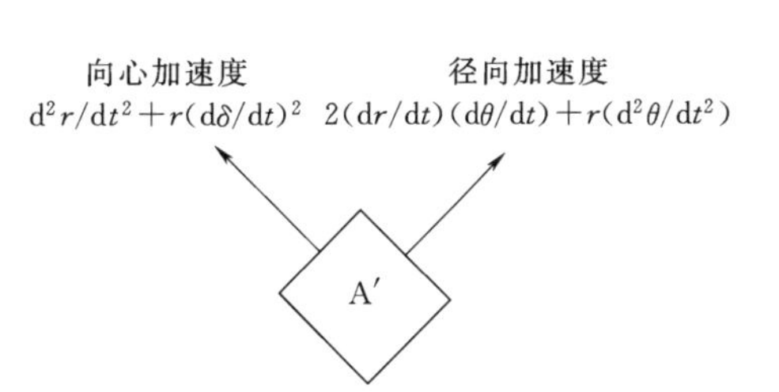

图 3.2-3 模型中 A 点在局部坐标系下的加速度分量

3.2.2 渗流相似准则

根据 Darcy 定律[33]，土体中的平均水流速度可表示为

$$v=ki \tag{3.2-1}$$

式中：k 表示渗透系数；i 表示水力梯度。

渗透系数满足式（3.2-2）：

$$k=K\frac{\gamma}{\mu}=K\frac{\rho g}{\mu} \tag{3.2-2}$$

式中：K 表示固有渗透率；γ 表示液体的容重；μ 表示液体的动力黏滞系数。

水力梯度满足式（3.2-3）：

$$i=-\frac{\Delta\overline{h}}{\Delta L} \tag{3.2-3}$$

其中总水头差 $\Delta\overline{h}$ 为

$$\Delta\overline{h}=\left[\frac{\Delta P}{\rho g}\right]+\left[\frac{\Delta(v^2)}{2g}\right]+\Delta z \tag{3.2-4}$$

式中：右侧第一项为压力水头差；第二项为速度水头差；第三项为高度水头差。

一般情况下，速度水头可以忽略，联立式（3.2-1）～式（3.2-4）可得[34]

$$v=\frac{K}{\mu}\cdot\frac{\Delta(P+z\rho g)}{\Delta L} \tag{3.2-5}$$

在溃坝离心模型试验中，$(\Delta L)_\mathrm{p}=N(\Delta L)_\mathrm{m}$，$\Delta(P+z\rho g)_\mathrm{p}=\Delta(P+z\rho g)_\mathrm{m}$。由式

(3.2-5)可以看出，当土的固有渗透率和液体动力黏滞系数不变时，离心模型的能量梯度比原型的能量梯度大 N 倍，因此，模型中的渗流速度比原型大 N 倍，即模型土的渗透系数是原型土渗透系数的 N 倍。

3.2.3 剪应力相似准则

研究表明，水土交界面的剪应力是影响土石坝溃口发展的主要因素[35]。考察图3.2-4所示明渠流，有

$$G\sin\theta+F_1-F_2-F_\tau=ma \tag{3.2-6}$$

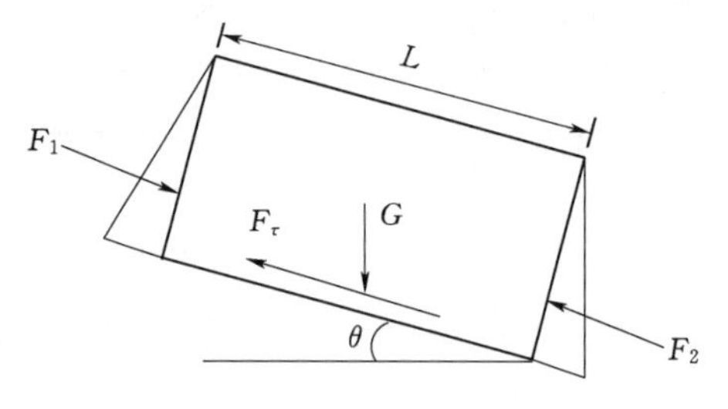

图 3.2-4 明渠流受力分析

式中：G 为流体重量，在 Ng 离心加速度下，$G=\rho_w NgV$；V 为流体体积，假设 A 为断面面积，则 $V=AL$；F_1 和 F_2 分别表示上、下游面的作用力；F_τ 为图示明渠流所受的摩擦阻力；a 为加速度；θ 为坡角。

对于均匀流，有 $a=0$，$F_1=F_2$，因此有

$$F_\tau=G\sin\theta=GJ \tag{3.2-7}$$

式中：J 为水力梯度。

假设 χ 为湿周，R 为水力半径，则水流对渠槽的平均剪应力为

$$\tau=\frac{GJ}{\chi l}=\rho_w NgRJ \tag{3.2-8}$$

由于 $R_m=R_p/N$，$J_m=J_p$，则在模型和原型中水流对溃口侧壁的剪应力相等，即

$$\tau_m=\tau_p \tag{3.2-9}$$

无黏性土在冲刷过程中主要有滑移和滚动两种受力模式[36]，无黏性土颗粒的滑移情况可以用图3.2-5(a)所示模式进行分析，临界剪应力满足：

$$\tau_c=\frac{W\tan\varphi}{A_e} \tag{3.2-10}$$

式中：φ 为内摩擦角；A_e 为两颗粒间的有效接触面积。

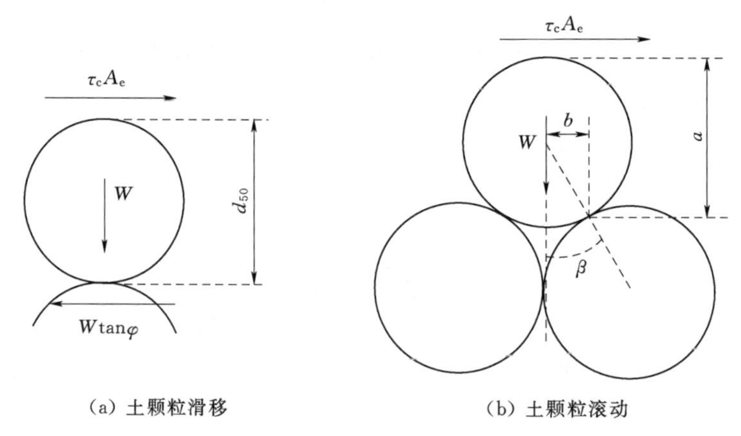

图 3.2-5 无黏性土冲刷过程中颗粒受力示意

对于圆形颗粒，有

$$\tau_c = 2\frac{(\rho_s - \rho_w)Ng\tan\varphi}{3\alpha}d_{50} \tag{3.2-11}$$

式中：α 为土颗粒间有效接触面积和最大横截面面积的比值；d_{50} 为平均粒径。

无黏性土滚动情况可以用图 3.2-5（b）所示模式进行分析，临界剪应力满足：

$$\tau_c = \frac{Wb}{A_e a} \tag{3.2-12}$$

对于圆形颗粒，有

$$\tau_c = \frac{2(\rho_s - \rho_w)Ng\sin\beta}{3\alpha(1+\cos\beta)}d_{50} \tag{3.2-13}$$

上两式中参数 a、b、β 的含义如图 3.2-5（b）所示。

对比式（3.1-12）和式（3.1-13）可以看出，在离心加速度一定的条件下，无黏性土的临界剪应力与平均粒径呈正比例关系。引入参数 ξ，无黏性土的临界剪应力可以表示为

$$\tau_c = \xi\rho_w Ng(G_s - 1)d_{50} \tag{3.2-14}$$

当 $\tau > \tau_c$ 时，土颗粒启动，水流对土体的冲蚀开始，引入判别参数 F_s，有

$$F_s = \frac{\tau}{\tau_c} = \frac{\rho_w NgRJ}{\xi\rho_w Ng(G_s - 1)d_{50}} = \frac{RJ}{\xi(G_s - 1)d_{50}} \tag{3.2-15}$$

由此可见，对于无黏性土，当 $F_s \geqslant 1$ 时，土颗粒开始被冲蚀，在离心模型试验中，要保证模型和原型相似，需有 $(F_s)_m = (F_s)_p$，由于 $R_m = R_p/N$，为了保证离心模型试验模拟无黏性土石坝溃坝过程的准确性，需将模型无黏性土石料的颗粒粒径较原型缩小 N 倍，即

$$(d_{50})_m = \frac{(d_{50})_p}{N} \tag{3.2-16}$$

在黏土坝溃坝问题中，黏土冲刷往往不是单粒启动，而是以一种粒团启动的形式被冲蚀。随着水流速度的增大，粒团大小也会不断变化，最后表现为块体冲刷的形式，因此颗粒粒径并不是主要因素。

3.2.4 水流相似准则

土石坝溃坝致灾后果与溃坝洪水流量过程及溃坝洪水流量峰值密切相关。应用离心模型试验研究溃坝问题，需要建立模型水流和原型水流的相似准则。假设土石坝溃坝过程中漫顶水流为稳定流，根据谢才公式，水流流速可以表示为

$$v = \left(\frac{8g}{f}\right)^{1/2} R^{1/2} J^{1/2} \tag{3.2-17}$$

式中：f 为糙度系数，与离心加速度无关，因此模型和原型的水流速度相等。

假设溃口过水断面的面积为 A，则溃口流量 $Q = vA$，因为 $A_m = A_p/N^2$，所以有

$$Q_m = \frac{Q_p}{N^2} \tag{3.2-18}$$

3.2.5 离心模型试验常用物理量相似准则

通过以上分析，土石坝溃坝离心模型试验中常用物理量的相似准则可由表 3.2-1 给出[37-38]。

表 3.2-1 溃坝离心模型试验中常用物理量相似准则（Ng 重力场）

物理量	加速度	长度	面积	体积	正应力	剪应力	应变	渗透系数	弗劳德数
相似比（模型/原型）	N	$1/N$	$1/N^2$	$1/N^3$	1	1	1	$1/N$	1
物理量	质量	流量	孔隙比	黏度	力	力矩	密度	时间（动力）	时间（渗流）
相似比（模型/原型）	$1/N^3$	$1/N^2$	1	1	$1/N^2$	$1/N^3$	1	$1/N$	$1/N^2$

3.3 本章小结

本章介绍了作者研究团队自主研发的土石坝溃坝离心模型试验系统和试验方法。该试验系统采用一套伺服水阀流量控制装置，显著提高了溃坝离心模型试验上游来水条件的控制精度，有效降低了溃坝离心模型试验结果的不确定性；同时根据能量守恒定律，建立了土石坝溃坝离心模型试验中的水流相似准则，发现模型与原型的水流流速相等，模型流量为原型的 $1/N^2$，模型坝溃坝时间为原型的 $1/N$，借助于离心机高速旋转产生的超重力场所具有的“时空压缩效应”，土石坝溃坝离心模型试验可较好重现土石坝溃坝过程；提出了一种采用内置于模型箱端板上的薄壁矩形量水堰测量土石坝溃坝离心模型试验中溃坝洪水流量过程方法，并通过超重力场下的放水试验证明了薄壁矩形量水堰的流量系数与离心机加速度无关，采用内置于模型箱端板上的薄壁矩形量水堰可准确测定土石坝溃坝离心模型试验中的溃坝洪水流量过程。依据模型试验成果及严谨的数学推导，建立了模型与原型的应力、水流和材料属性等相关物理量的相似准则，为溃坝离心模型试验的开展奠定了良好的基础。

参 考 文 献

[1] ASCE/EWRI Task Committee on Dam/Levee Breaching. Earthen embankment breaching [J]. Journal of Hydraulic Engineering, 2011, 137 (12): 1549-1564.

[2] 王立辉，胡四一. 溃坝问题研究综述 [J]. 水利水电科技进展，2007，27（1）：80-85.

[3] 谢任之. 溃坝水力学 [M]. 济南：山东科学技术出版社，1993.

[4] FEMA. The National Dam Safety Program research needs workshop: Embankment dam failure analysis [EB/OL]. http://www.fema.gov./library/viewRecord.do? id=1454.

[5] MORRIS M W, Galland J C. CADAM: Dambreak modelling guidelines & best practice [R]. Oxfordshire: HR Wallingford Ltd., 1998.

[6] MORRIS M W, HASSAN MAAM, Vaskinn K A. Breach formation technical report (WP2) [R]. Oxfordshire: HR Wallingford Ltd., 2005.

[7] MORRIS M W. FLOODsite: Modelling breach initiation and growth [R]. Oxfordshire: HR Wallingford Ltd., 2009.

[8] HANSON G J, COOK K R, HUNT S L. Physical modelling of overtopping erosion and breach formation of cohesive embankments [J]. Transactions of ASAE, 2005, 48 (5): 1783-1794.

[9] HANSON G J, TEJRAL R D, HUNT S L, et al. Internal erosion and impact of erosion resistance [C] // Proceedings of the United States Society on Dams, 30th Annual USSD Conference, California, USA, 2010.

[10] HUNT S L, HANSON G J, COOK K R, et al. Breach widening observations from earthen embankment tests [J]. Transactions of ASAE, 2005, 48 (3): 1115-1120.

[11] ZHOU G G D, CUI P, CHEN H Y, et al. Experimental study on cascading landslide dam failures by upstream flows [J]. Landslides, 2013, 10 (5): 633-643.

[12] ORENDORFF B, ALRIFFAI M, NISTOR I, et al. Breach outflow characteristics of non-cohesive embankment dam subject to blast [J]. Canadian Journal of Civil Engineering, 2013, 40 (3): 243-253.

[13] SYLVIE V E. Erosion modelling over a steep slope: application to a dike overtopping test case [C]// Proceedings of the 35th IAHR World Congress, Chengdu, China, 2013.

[14] AL-RIFFAI M, NISTORI. Influence of boundary seepage on the erodibility of overtopped embankments: a novel measurement and experimental technique [C] // Proceedings of the 35th IAHR World Congress, Chengdu, China, 2013.

[15] LIU H J, LI Y, WANG X G, et al. Experimental research for block stability on dam outer slope under the condition of exceeding standard flood [C] // Proceedings of the 35th IAHR World Congress, Chengdu, China, 2013.

[16] XUAN G X, ZENG C J, WANG X G, et al. Hydraulic characteristics study of the geo-synthetic materials protecting embankment downstream slope under the exceeding standard flood [C]// Proceedings of the 35th IAHR World Congress, Chengdu, China, 2013.

[17] KAKINUMA T, SHIMIZU Y. Large-scale experiment and numerical modelling of a riverine levee breach [J]. Journal of Hydraulic Engineering, 2014, 140 (9): 04014039.

[18] HU W, XU Q, ASCH T W J V, et al. Flume tests to study the initiation of huge debris flows after the Wenchuan earthquake in S-W China [J]. Engineering Geology, 2014, 182 (SI): 121-129.

[19] SCHMOCKER L, FRANK P J, HAGER W H. Overtopping dike-breach: effect of grain size distribution [J]. Journal of Hydraulic Research, 2014, 52 (4): 559-564.

[20] JAVADI N, MAHDI T F. Experimental investigation into rockfill dam failure initiation by overtopping [J]. Natural Hazards, 2014, 74 (2): 623-637.

[21] WAINWRIGHT D J, BALDOCK T E. Measurement and modelling of an artificial coastal lagoon breach [J]. Coastal Engineering, 2015 (101): 1-16.

[22] BOES R M, VONWILLER L, VETSCH D F. Breaching of small embankment dams: tool for cost-effective determination of peak breach outflow [C]// Proceedings of the 36th IAHR World Congress: Deltas of the future and what happens upstream, Delft, Netherlands, 2015.

[23] BHATTARAL P K, NAKAGAWA H, KAWAIKE K, et al. Study of breach characteristics and scour pattern for overtopping induced river dike breach [C]// Proceedings of the 36th IAHR World Congress: Deltas of the future and what happens upstream, Delft, Netherlands, 2015.

[24] CORCORAN M K, SHARP M K, WIBOWO J L, et al. Evaluating the mechanisms of erosion for coarse-grained materials [C] // 3rd European Conference on Flood Risk Management (FLOODrisk), Lyon, France, 2016.

[25] TABRIZI A A, ELAFLY E, ELKHOLY M, et al. Effect of compaction on embankment breach due to overtopping [J]. Journal of Hydraulic Research, 2017, 55 (2): 236-247.

[26] AMARAL S, VISEU T, FERREIRA R M L. Laboratory tests on failure by overtopping of earth

dams: Imaging techniques used for extraction of experimental data [C]//7th International Conference on Mechanics and Materials in Design (M2D), Albufeira, Portugal, 2017.
[27] ELLITHY G S, SAVANT G, WIBOWO J L. Effect of soil mix on overtopping erosion [C]//17th Annual World Environmental and Water Resources Congress, Sacramento, USA, 2017.
[28] 林秉南. 明渠不恒定流研究的现状与发展 [C]//林秉南论文集. 北京：中国水利水电出版社，2001：340-373.
[29] 张建云，李云，宣国祥，等. 不同黏性均质土坝漫顶溃决实体试验研究 [J]. 中国科学：E辑 技术科学，2009，39 (11)：1881-1886.
[30] 陈生水，徐光明，钟启明，等. 土石坝溃坝离心模型试验系统研制及应用 [J]. 水利学报，2012，43 (2)：241-245.
[31] 王秋生. 土石坝溃坝问题的离心模型试验研究 [D]. 北京：中国水利水电科学研究院，博士后出站报告，2010.
[32] 华东水利学院. 水力学 [M]. 2版. 北京：科学出版社，1983.
[33] TAYLOR R N. Geotechnical centrifuge technology [M]. Glasgow: Blackie Academic and Professional Publishers, 1995.
[34] THUSYANTHAN N I, MADABHUSHI S P G. Scaling of seepage flow velocity in centrifuge models [R]. Cambridge: University of Cambridge, 2003.
[35] BRIAUD J L. Case histories in soil and rock erosion: Woodrow Wilson Bridge, Brazos River Meander, Normandy Cliffs, and New Orleans Levees [J]. Journal of Geotechnical and Geoenvironmental Engineering, 2008, 134 (10): 1-27.
[36] WHITE C M. The equilibrium of grains on the bed of a stream [J]. Proceedings of the Royal Society A, 1940, 174 (958): 322-338.
[37] 陈生水. 土石坝溃决机理与溃决过程模拟 [M]. 北京：中国水利水电出版社，2012.
[38] 陈生水. 土石坝试验新技术研究与应用 [J]. 岩土工程学报，2015，37 (1)：1-28.

第 4 章

均质土坝漫顶溃坝数学模型及应用

中国拥有水库大坝近10万座，绝大部分为土石坝[1-2]。据水利部大坝安全管理中心统计[3]，1954—2018年，中国共有3541座水库大坝发生溃决，其中85%以上为均质黏性土坝，且漫顶溃决的大坝占总数的50%以上。因此，有必要深入研究均质土坝的漫顶溃决机理，揭示溃口形状和冲蚀形式的控制因素，建立相应的溃坝数学模型，合理预测均质土坝漫顶溃决的溃口洪水流量，为溃坝洪水灾害预测和溃坝应急预案编制提供理论支撑。

4.1 均质土坝漫顶溃决机理

对于均质土坝漫顶溃决机理的研究，国内外学者开展了大量不同尺度的物理模型试验[4-13]。其中，最具代表性的是欧盟IMPACT项目资助的溃坝试验（坝高6m）[14]和美国农业部Hanson等开展的溃坝试验（坝高1.5～2.3m）[15]，以及中国南京水利科学研究院开展的世界最高（坝高9.7m）的实体坝溃坝试验[16]和原型坝高32m的溃坝离心模型试验[17]。通过国内外开展的大量模型试验，揭示了均质土坝的漫顶溃决机理。本节主要从国内外大尺度漫顶溃坝模型试验中均质土坝的坝体横断面、坝顶及下游坡的溃口发展规律阐述其溃决机理。

4.1.1 坝体横断面溃口发展

20世纪80年代，Ralston[18]、Ploey[19]等在对历史上溃坝案例观测资料和模型试验数据分析研究中发现了均质黏性土坝漫顶溃决过程中坝体上下游方向以“陡坎”冲蚀为主。“陡坎”是指河床面在高程上突降，类似于瀑布状的地貌形态（图4.1-1）[20]。水流流过“陡坎”时，溢流水舌向下冲击床面并产生反向漩流。漩流在垂直或者近似垂直的跌水面上施加剪应力，掏蚀垂直跌水面的基础，造成跌水面失稳坍塌，整个“陡坎”就不断向上游发展（图4.1-2）[21]。

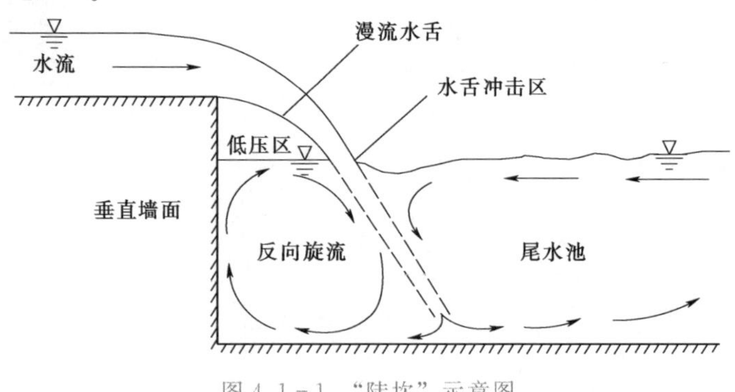

图4.1-1 “陡坎”示意图

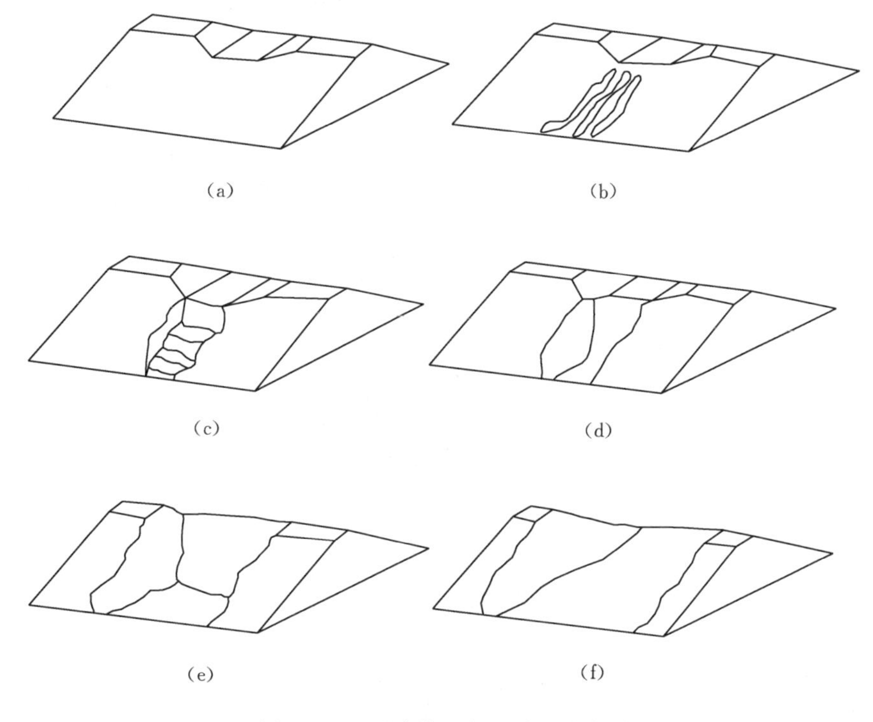

图 4.1-2 “陡坎”发展过程示意图

随后各国学者在均质黏性土坝的漫顶溃坝模型试验中均发现了“陡坎”形成与发展的现象。

美国农业部农业研究中心通过多组现场溃坝模型试验（图 4.1-3），总结了均质土坝漫顶溃决时“陡坎”的形成与发展过程[15]。首先，漫顶水流对坝体下游坡面进行冲刷，随着冲刷不断发展，在坝体下游坡面形成细冲沟网，并最终发展成一个较大的沟壑，沟壑最初包含多个阶梯状的小“陡坎”，并随时间不断向上游后退，同时不断扩展，最后沟壑发展成一个大的“陡坎”；在水流作用下，“陡坎”逐渐向上游发展，直至坝顶上游边缘；此后“陡坎”继续向上游发展并导致溃口处坝体高程降低，相应地，溃口流量也迅速增加，最终导致大坝完全溃决。

其中图 4.1-4 展示了美国农业部大尺度溃坝模型试验的横断面变化过程[22]。从图中可以看出，下游坡面先出现初始冲坑，然后合并形成近似直立状的“陡坎”并向上游发展。国外学者一般都认为“陡坎”的高度与坝高大致相当。

南京水利科学研究院自 2008 年起开展了数组最大坝高 9.7m 的均质土坝漫顶溃坝模型试验（图 4.1-5）[16,23]。通过模型试验发现，初始“陡坎”的位置不在下游坝脚处，而位于下游坝坡的某一位置，此位置与漫顶水头、坝高及下游坝坡坡比有关[24]。

图 4.1-6 展示了该试验的横断面变化过程[25]，从图中可以看出，“陡坎”形成于下游坡中部某一位置，而不是出现在下游坡脚处；究其原因，应为试验坝高较大所致。因此，在溃坝过程数值模拟时应关注“陡坎”的形成位置与发展过程。

图 4.1-3　美国农业部农业研究中心溃坝模型试验

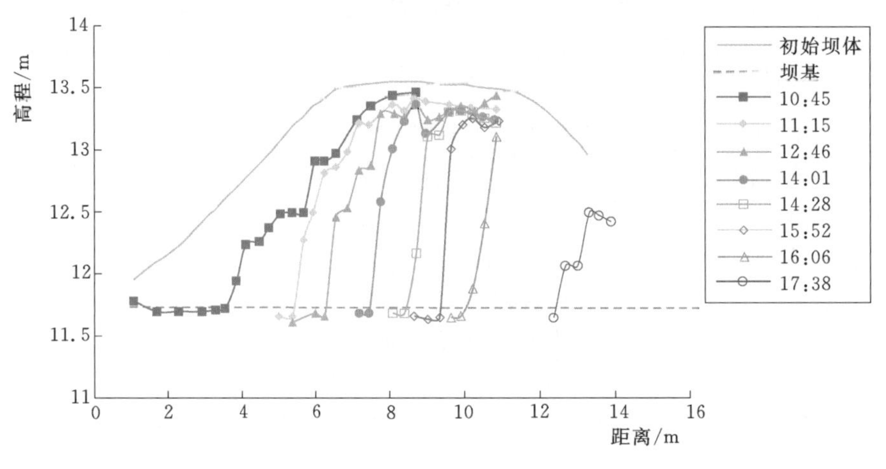

图 4.1-4　美国农业部大尺度溃坝模型试验的横断面变化过程

(a) $t=0$min　(b) $t=5$min

(c) $t=10$min　(d) $t=15$min

(e) $t=20$min　(f) $t=25$min

(g) $t=30$min　(h) 最终溃口

图4.1-5　南京水利科学研究院大尺度溃坝模型试验

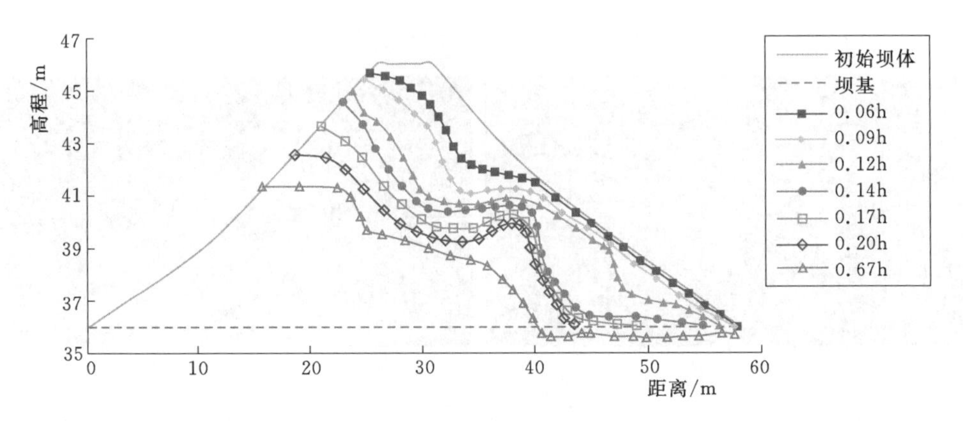

图 4.1-6　南京水利科学研究院大尺度溃坝模型试验的横断面变化过程

4.1.2　坝顶溃口发展

国内外均质黏性土坝漫顶溃坝模型试验显示，坝顶溃口一般呈直立形或倒梯形。南京水利科学研究院[16]开展的不同黏性坝料（黏粒含量为 11.5%～33%）的大尺度漫顶溃坝试验进一步揭示了坝顶溃口的发展规律。

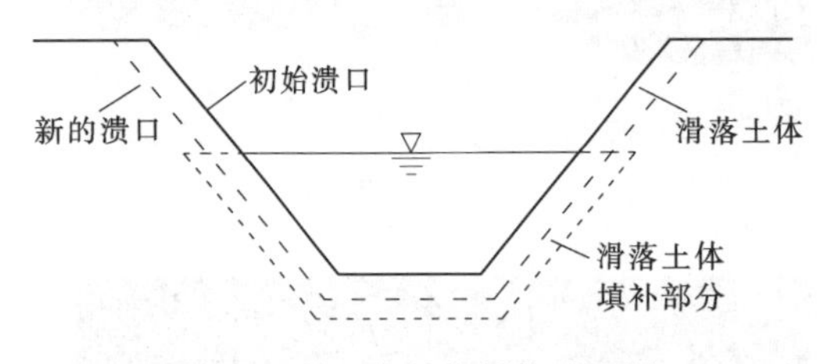

图 4.1-7　黏性较低均质土坝坝顶溃口发展过程

模型试验显示：对于坝料黏粒含量较低的均质土坝，溃口一般呈倒梯形，由于溃口水流只对水面线以下的坝体进行冲蚀，水面线以上的坝料将滑落进溃口，从而使溃口边坡的坡度基本保持不变（图 4.1-7），随着冲蚀深度的增加，溃口边坡发生剪切破坏，且破坏面近似呈平面（图 4.1-8）。

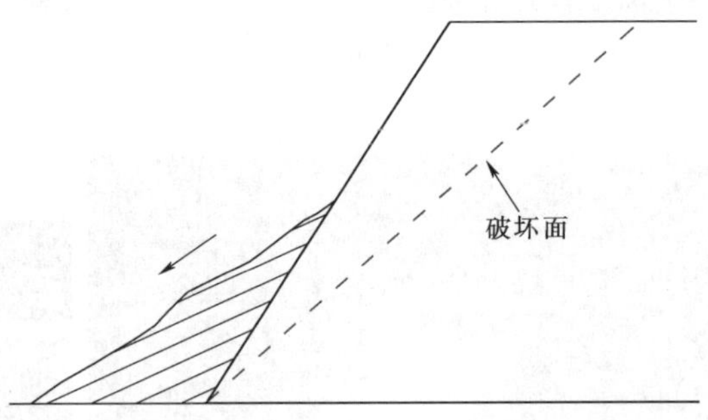

图 4.1-8　黏性较低均质土坝坝顶溃口边坡发生剪切破坏

对于坝料黏粒含量较高的均质土坝，溃口一般呈矩形。如前所述，溃口水流只对水面线以下的坝体进行冲蚀。由于坝料黏性较大，水面线以上的土体呈悬空状态（图4.1-9），悬空土体长度逐渐增加而发生倾倒破坏，且破坏面近似呈平面（图 4.1-10）。

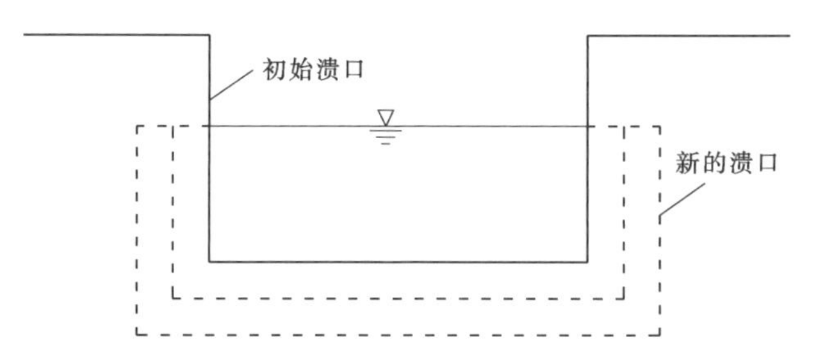

图 4.1-9　黏性较高均质土坝坝顶溃口发展过程

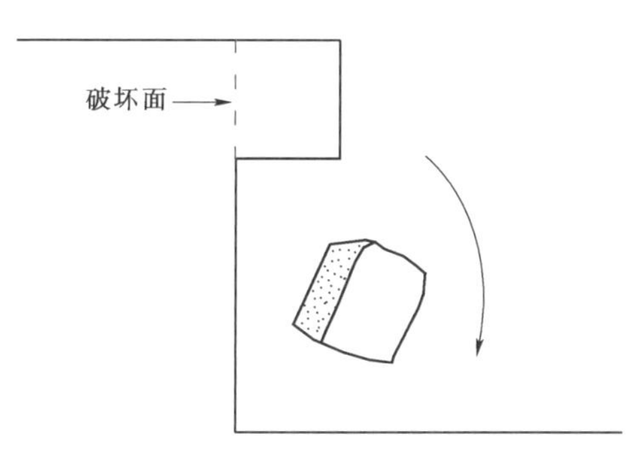

图 4.1-10　黏性较高均质土坝坝顶溃口边坡发生倾倒破坏

4.1.3　坝体下游坡溃口发展

图 4.1-11　IMPACT 项目试验

目前国内外的研究一般不单独考虑下游坡溃口的发展，而将其与坝顶溃口统一分析，认为溃口呈倒梯形、矩形或正梯形[5,26-27]。其实溃坝水流翻越坝顶后，受重力作用影响，对下游坡的冲击力明显大于坝顶处，因此下游坡的溃口宽度往往大于坝顶溃口，且下游坡溃口与坝顶溃口也不在同一平面上，不应统一考虑其形状。图 4.1-11～图 4.1-13 分别显示了欧盟 IMPACT 项目、美国农业部和南京水利科学研究院开展的大尺度均质黏性土坝漫顶溃坝

图 4.1-12　美国农业部试验

图 4.1-13　南京水利科学研究院试验

试验下游坡溃口的形状。从图中可以看出，下游坡的溃口宽度明显大于坝顶溃口宽度。在溃坝过程数值模拟时应考虑这一机理。

综上可知，基于国内外大尺度漫顶溃坝模型试验，揭示了均质土坝的漫顶溃决机理。另外，通过模型试验发现，溃口的发展与坝料的物理力学特性、坝高和溃坝水流的水力特征具有重要关联。

4.2 溃坝数学模型

通过对国内外开展的均质黏性土坝漫顶溃坝模型试验的分析研究发现，以往均质黏性土坝漫顶溃决机理的研究存在一定的偏差，图 4.2-1 和图 4.2-2 为目前国外最常用的均质黏性土坝漫顶溃决数学模型美国国家气象局（National Weather Service，NWS）BREACH[28] 与 WinDAM B[29] 计算过程的示意图。从图中可以看出，模型未能合理反映溃坝机理。因此有必要提出一个可合理反映均质黏性土坝漫顶溃决机理和溃坝过程的数学模型。

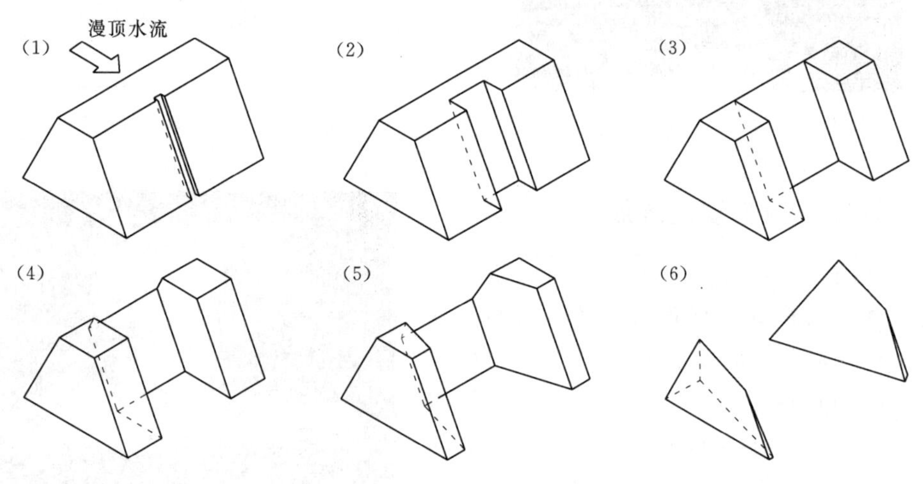

图 4.2-1 NWS BREACH 模型计算过程示意图

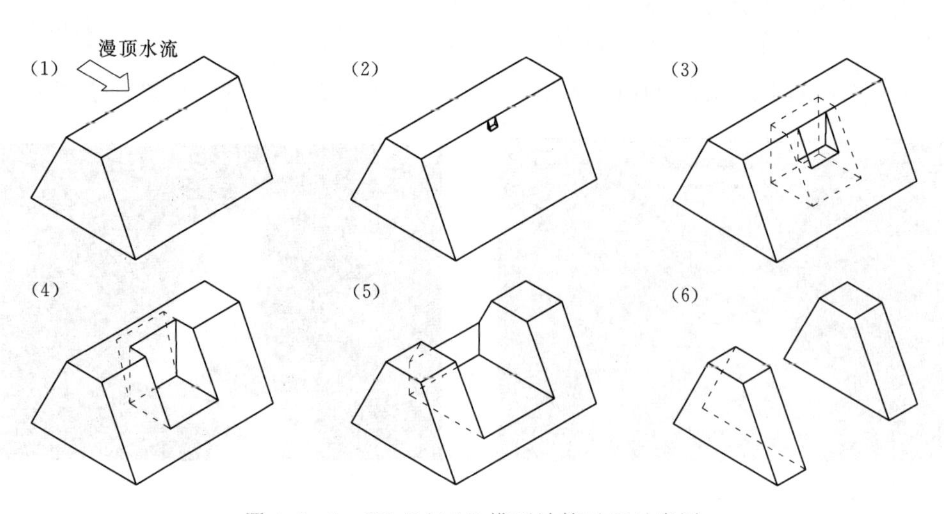

图 4.2-2 WinDAM B 模型计算过程示意图

作者基于均质黏性土坝漫顶溃坝模型试验揭示的机理，建立了一个可模拟其溃决过程的数学模型（图4.2-3），模型的具体模块分述如下。

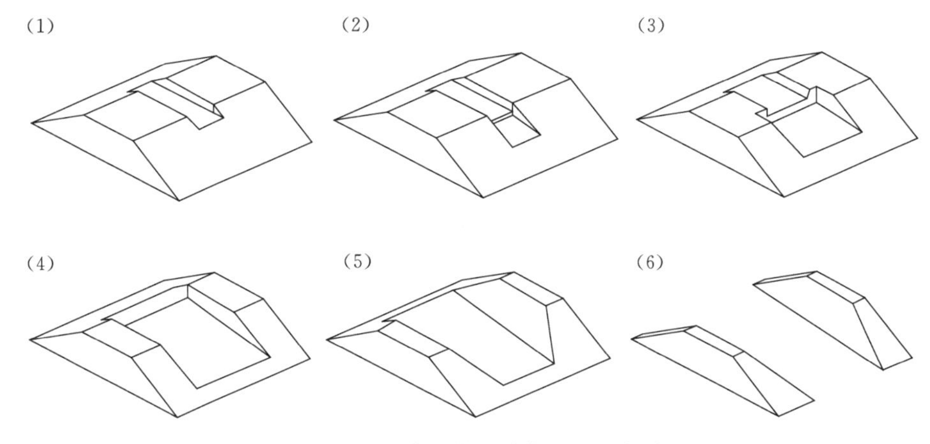

图4.2-3　作者模型计算过程示意图

4.2.1　溃口流量

溃坝过程是库水位动态变化的过程，且应遵循水量平衡关系：

$$A_s \frac{dz_s}{dt}=Q_{in}-Q_b-Q_{spill}-Q_{sluice} \tag{4.2-1}$$

式中：A_s为水库库面面积；z_s为水库库水位；t为时间；Q_{in}为入库流量；Q_b为溃口流量；Q_{spill}为溢洪道出流量；Q_{sluice}为闸门出流量。

模型输入时采用水库库面面积与水深的关系，即A_s-h。对于无法获取水库库面面积只有水库库容的案例，可采用如下关系式表达[30]：

$$A_s=\alpha_r h^{m_r} \tag{4.2-2}$$

式中：α_r与m_r为系数，m_r一般取1.0～3.0；h为水深。

如果水库某一个水深的库面面积和库容已知，则α_r与m_r可通过式（4.2-2）求出；如果只能获取水库库面面积或者库容，则可假设$m_r=2.0$，然后求取其他相关参数。

漫顶溃决时，溃口流量可采用堰流公式计算[26,31]：

$$Q_b=k_{sm}(c_1 B_b H^{1.5}+c_2 m H^{2.5}) \tag{4.2-3}$$

式中：B_b为溃口底宽；H为溃口处水深，$H=z_s-z_b$，其中z_b为溃口底部高程；m为溃口边坡的坡比的倒数（水平/竖直）；c_1、c_2为系数，$c_1=1.7$，$c_2=1.3$[26]；k_{sm}为淹没修正系数，可采用Fread[31]或Singh[26]提出的经验公式获得。

4.2.2　"陡坎"形成与溯源冲刷

荷兰学者Visser通过研究发现[32]，漫顶水流流经下游坝坡流速逐渐增大并趋于定值，此位置与漫顶水流深度、下游坝坡坡比等因素有关。作者将此流速最大的位置定义为"陡坎"形成位置，流速达到定值对应的坝坡长度l_n可表示为

$$l_n=\frac{2.5(Fr_n^2-1)d_n}{\tan\beta} \tag{4.2-4}$$

式中：β 为下游坝坡的坡角；d_n 为下游坝坡上的水流深度，其中 n 表示法线方向；Fr_n 为弗劳德数，可表示为

$$Fr_n^2=\frac{U_n^2(B_t)_n}{gd_nB_n\cos\beta}=\frac{U_n^2}{gd_n\cos\beta} \tag{4.2-5}$$

式中：U_n 为断面平均流速；B_t 为溃口顶宽；B_n 为溃口沿着下游坡的宽度，假设 $B_t=B_n$；g 为重力加速度；U_n 和 d_n 可分别表示为

$$U_n=C\sqrt{R_n\sin\beta}=C\sqrt{H\sin\beta}\ (x\geqslant l_n) \tag{4.2-6}$$

$$d_n=\frac{Q_b}{U_nB_n}(x\geqslant l_n) \tag{4.2-7}$$

式中：R_n 为溃口处的水力半径，假设初始溃口为矩形，因此 $R_n=H=z_s-z_b$，其中 z_s 为库水位，z_b 为溃口底部高程；Q_b 为溃口流量；C 为谢才系数。

谢才系数可由下式获得：

$$C=\frac{1}{n}R_n^{1/6}=\frac{1}{n}H^{1/6} \tag{4.2-8}$$

$$n=\frac{d_{50}^{1/6}}{A_k} \tag{4.2-9}$$

式中：n 为曼宁糙率系数；A_k 为经验系数，一般选取 12[30]。

初始“陡坎”形成后，在溃口水流的作用下，坝顶和下游坡均遭受冲蚀。假设“陡坎”保持直立状，并以溯源冲刷的形式向上游发展（图 4.2-4）。“陡坎”向上游的移动速率 dx/dt 可表示为[33]

$$\frac{dx}{dt}=C_Tq^{1/3}H_e^{1/2} \tag{4.2-10}$$

式中：C_T 为溯源冲刷系数，计算方法可参阅文献［34］；q 为溃口单宽流量；H_e 为“陡坎”高度。

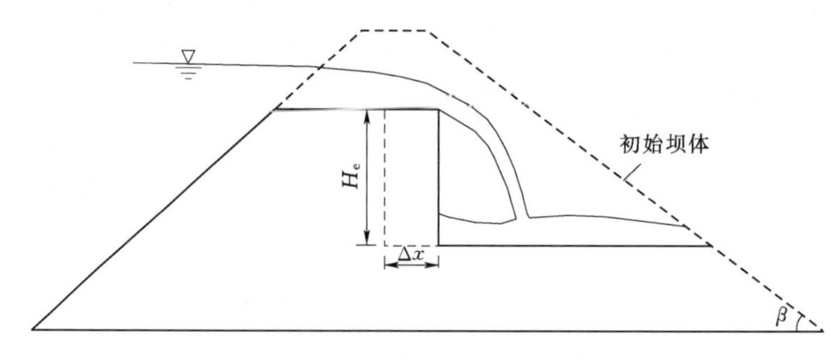

图 4.2-4 “陡坎”向上游发展

当“陡坎”向上游发展到一定程度后，在上游库水压力和漫顶水流剪应力的共同作用下，溃口处“陡坎”上游坝体发生坍塌，破坏楔体的受力情况见图 4.2-5。当上游楔形体坍塌后，由于溃口水头突然增大，“陡坎”冲蚀过程结束，转化为表层冲蚀。

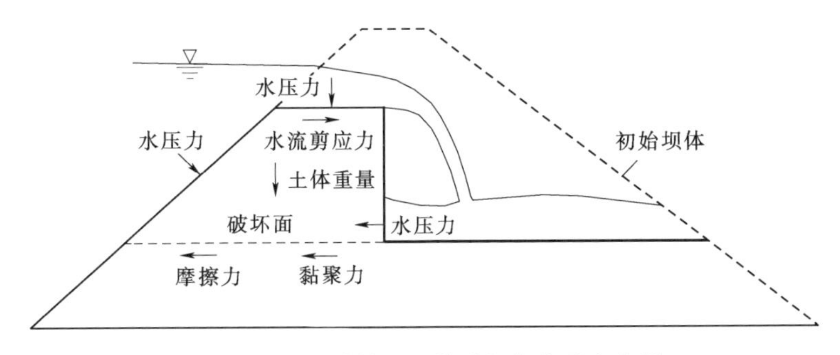

图 4.2-5　“陡坎”上游破坏楔体受力分析

4.2.3　坝顶与下游坡溃口发展

对于黏性土的冲蚀，一般采用如下的坝料冲蚀率公式计算[32]：

$$\frac{dz_b}{dt}=k_d(\tau_b-\tau_c) \tag{4.2-11}$$

式中：$\frac{dz_b}{dt}$为溃口底床冲蚀率；k_d 为冲蚀系数；τ_b 为水流剪应力；τ_c 为坝料临界剪应力，可通过希尔兹曲线确定[35]。

k_d 常通过试验量测[36-38]或采用 Temple 与 Hanson[39]建议的经验公式求取：

$$k_d=\frac{5.66\gamma_w}{\gamma_d}\exp\left[-0.121c^{0.406}\left(\frac{\gamma_d}{\gamma_w}\right)^{3.1}\right] \tag{4.2-12}$$

式中：γ_w 为水的容重；γ_d 为土体干容重；c 为黏粒含量，%。

τ_b 可采用曼宁公式计算：

$$\tau_b=\frac{\rho_w g n^2 Q_b^2}{A_w^2 R^{1/3}} \tag{4.2-13}$$

式中：ρ_w 为水的密度；g 为重力加速度；n 为溃口处的曼宁糙率系数；A_w 为水流面积；R 为溃口处的水力半径。

对于坝顶的溃口，无论坝料黏性如何，溃口顶宽与底宽的扩展与底床冲蚀存在以下关系（图 4.2-6），只是对于坝料黏性较大的坝体，溃口边坡坡角 $\beta=90°$：

$$\Delta B_t=\frac{n_{loc}\Delta z_b}{\sin\beta} \tag{4.2-14}$$

$$\Delta B_b=n_{loc}\Delta z_b\left(\frac{1}{\sin\beta}-\frac{1}{\tan\beta}\right) \tag{4.2-15}$$

式中：ΔB_t 为溃口顶宽增量；ΔB_b 为溃口底宽增量；n_{loc}溃口所在位置（$n_{loc}=1$ 表示溃口位于坝肩，溃口只能朝一个方向发展；$n_{loc}=2$ 表示溃口位于坝顶中部，溃口可向两侧发展）；Δz_b 为溃口深度增量。

对于坝体下游坡的溃口，引入考虑溃口特征的修正系数计算下游坡溃口的顶宽与底宽。模型假设下游坡溃口顶宽与底宽的扩展与底床冲蚀存在以下关系（图 4.2-7）：

$$B_{down}=\frac{n_{loc}c_b z_b}{\sin\gamma} \tag{4.2-16}$$

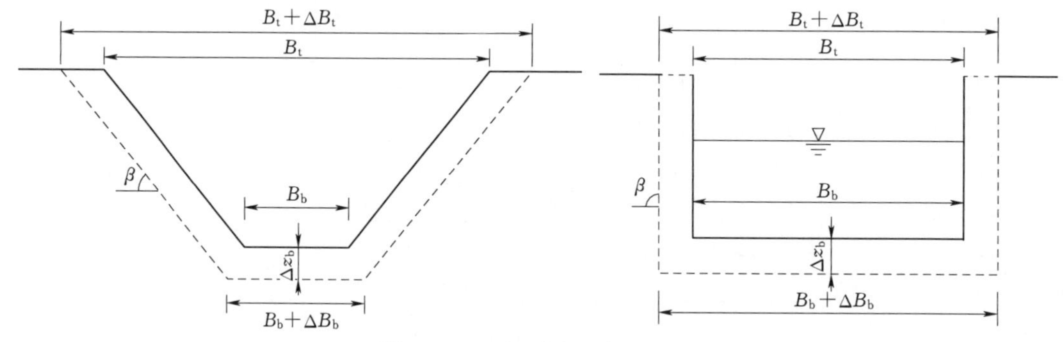

图 4.2-6　坝顶溃口发展过程

$$b_{down}=n_{loc}z_b\left[\max\left(\frac{c_b}{\sin\gamma},\frac{1}{\tan\gamma}\right)-\frac{1}{\tan\gamma}\right] \tag{4.2-17}$$

其中

$$c_b=\min\left[1,\max\left(0,1.8\frac{B_b}{b_{down}}-0.8\right)\right]$$

式中：B_{down}为下游坡溃口顶宽；b_{down}为下游坡溃口底宽；n_{loc}为溃口位置参数（溃口位于坝体中部取 2，溃口位于坝肩取 1）；z_b 为下游坡溃口深度；γ 为下游坡溃口边坡坡角；c_b 为修正系数。

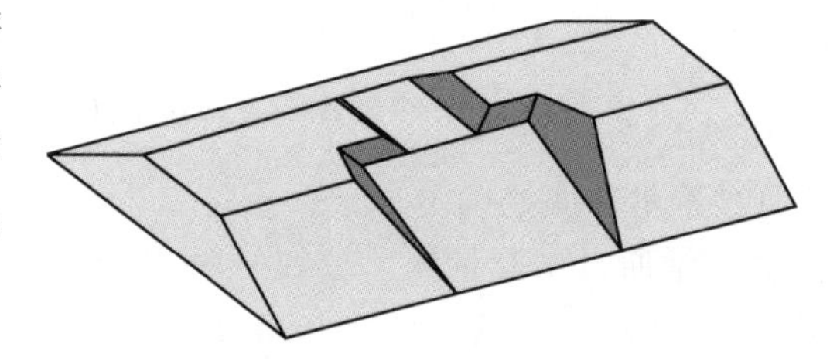

图 4.2-7　坝体下游坡溃口

4.2.4　溃口边坡稳定性分析

随着坝顶溃口深度的不断增加，溃口边坡可能会失稳，可采用极限平衡法分析边坡稳定性（图 4.2-8）。滑动楔形体的驱动力 F_d 大于抗滑力 F_r 时，边坡失稳，即

$$F_d>F_r \tag{4.2-18}$$

其中，F_d 和 F_r 可分别表示为

$$F_d=W_s\sin\theta=\frac{1}{2}\gamma_b H_s^2\left(\frac{1}{\tan\theta}-\frac{1}{\tan\beta}\right)\sin\theta \tag{4.2-19}$$

$$F_r=W_s\cos\theta\tan\varphi+\frac{CH_s}{\sin\theta}=\frac{1}{2}\gamma_b H_s^2\left(\frac{1}{\tan\theta}-\frac{1}{\tan\beta}\right)\cos\theta\tan\varphi+\frac{CH_s}{\sin\theta} \tag{4.2-20}$$

式中：W_s 为破坏体重量；H_s 为溃口边坡高度；C 为土体的黏聚力；φ 为土体的内摩擦角；γ_b 为土体容重；θ 为溃口边坡失稳后的坡角。

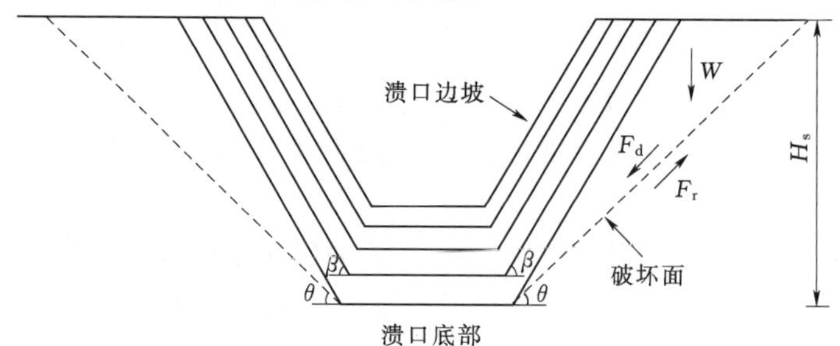

图 4.2-8　溃口边坡失稳分析

4.2.5　不完全溃坝与坝基冲蚀

对于坝料黏粒含量较高的均质土坝，水流漫顶后可能会发生不完全溃坝，即溃口处存在残留坝体；对于坝料黏粒含量较低的均质土坝，水流漫顶后可能会发生坝基冲蚀，即溃口达到坝体底部并对坝基进行冲蚀。模型假设不完全溃坝与坝基冲蚀时溃口底部呈层状分布（图4.2-9），结合坝体或坝基材料的物理力学性质，预设溃口底部最终高程，并保证溃坝过程中的水量平衡，并采用式（4.2-3）中的尾水淹没修正系数考虑坝基冲蚀时尾水对于溃口流量过程的影响。

4.2.6　模型计算流程

模型采用按时间步长迭代的数值计算方法模拟溃口发展过程与溃口流量过程之间的耦合关系，具体求解过程见图4.2-10。该计算流程图给出了各模块之间的相互联系，并且输出每个时间步长溃口流量、溃口尺寸和库水位等计算结果。

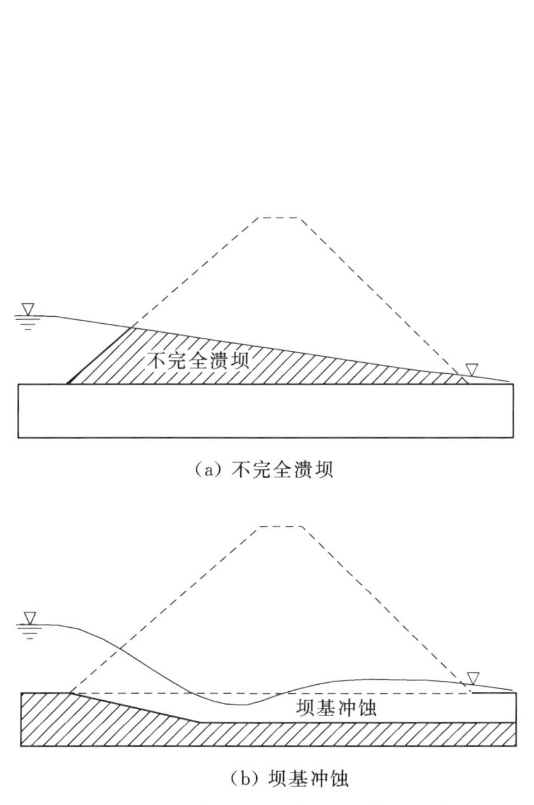

图4.2-9　不完全溃坝与坝基冲蚀示意图

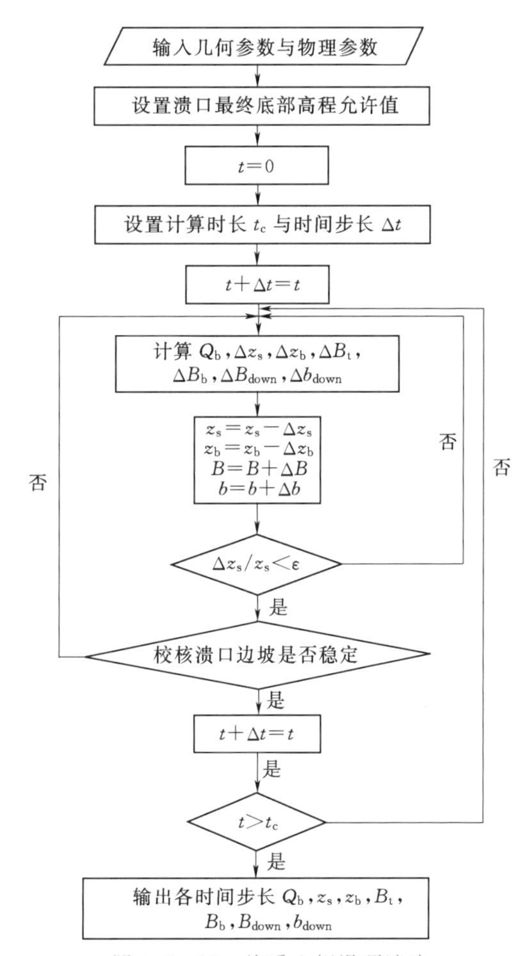

图4.2-10　均质土坝漫顶溃决过程模型计算流程图

4.3 模型应用

国内外均质土坝漫顶溃决的案例较多，但具有实际监测资料的案例较少，因此本节选择国内外3个具有翔实监测资料的大尺度均质黏性土坝漫顶溃坝模型试验对作者模型进行验证。3个案例分别为：欧盟IMPACT项目大尺度模型试验[40-41]、美国农业部(USDA)大尺度模型试验[15,42]，以及南京水利科学研究院(NHRI)大尺度模型试验[16,23,25]。

4.3.1 模型输入参数

根据4.2节介绍的模型，作者建立的均质土坝漫顶溃决过程数学模型的计算参数主要包括水库形状特征信息、入库流量信息、坝体轮廓特征信息、筑坝材料物理力学指标、初始溃口形状信息及坝料冲蚀特性等参数，详见表4.3-1。

表4.3-1 溃坝案例输入参数

参数	IMPACT试验	USDA试验	NHRI试验
坝高/m	5.9	2.3	9.7
坝顶长/m	22	10	120
坝顶宽/m	2	1.84	3
上游坡比(垂直/水平)	0.42	0.33	0.5
下游坡比(垂直/水平)	0.44	0.33	0.4
库面面积/m^2	A_s-h	A_s-h	A_s-h
初始库水位/m	4.27	1.85	8.45
入库流量/(m^3/s)	$Q_{in}-t$	$Q_{in}-t$	0
初始溃口宽度/m	5.5	1.83	1.5
初始溃口深度/m	0.45	0.46	1.3
不完全溃坝/m	0	0	5.6
d_{50}/mm	0.007	0.025	0.008
C/kPa	4.9	15	7.5
φ/(°)	22.8	28	27.8
黏粒含量/%	26.0	5.0	11.5
k_d/[cm^3/(N·s)]	17.68	10.3	8.9
C_T/($m^{-1/6}s^{-2/3}$)	0.0025	0.0049	0.0049
τ_c/Pa	0.3	0.14	0.15

4.3.2 计算结果分析

表4.3-2给出了3个溃坝案例的实测值与模型计算值的比较，并提供了各参数的相对误差。由于IMPACT试验与USDA试验均只有溃口最终平均宽度的实测值，因此本次

比较的模型输出参数主要包括溃口峰值流量（Q_p）、溃口最终平均宽度（B_{ave}）及溃口峰值流量出现时间（T_p）。

由表4.3-2的比较可以得出：对于IMPACT试验，溃口峰值流量、溃口最终平均宽度和溃口峰值流量出现时间的相对误差均在±25%以内，其中溃口峰值流量和溃口峰值流量出现时间的误差更控制在±5%以内；对于USDA试验，溃口峰值流量、溃口最终平均宽度和溃口峰值流量出现时间的相对误差均在±25%以内，其中峰值流量出现时间的误差更控制在±5%以内；对于NHRI试验，溃口峰值流量、溃口最终平均宽度和溃口峰值流量出现时间的相对误差均在±25%以内，其中峰值流量的误差更控制在±5%以内。分析表明，作者模型能较好地反映溃坝输出参数。

表4.3-2　均质黏性土坝漫顶溃坝案例实测值与模型计算值比较

案例名称	实测值			计算值					
	Q_p /(m³/s)	B_{ave}/m	T_p/h	Q_p/(m³/s)		B_{ave}/m		T_p/h	
				数值	相对误差	数值	相对误差	数值	相对误差
IMPACT试验	390	22.7	5.10	385.9	−1.1%	27.5	+21.1%	5.06	−0.8%
USDA试验	6.5	6.9	0.67	5.4	−16.9%	8.1	+17.4%	0.65	−3.0%
NHRI试验	42.3	10.4	0.20	43.8	+3.5%	12.8	+23.1%	0.25	+25.0%

由于3组模型试验有完整的溃坝流量过程监测数据，而只有最终溃口尺寸的数据，因此只对溃口流量过程的计算值与实测值进行比较（图4.3-1）。通过对比发现，溃口流量过程线的计算值与实测值基本吻合，作者模型可较好地反映3组均质黏性土坝的漫顶溃决过程。

由于坝轴线溃口的尺寸对于溃口流量过程具有至关重要的影响，图4.3-2也给出了3个溃坝案例溃口顶宽、底宽与深度的计算值。其中，由于美国农业部试验的坝高较小，因此，溃口顶宽与底宽的计算值在溃坝过程中始终一致［图4.3-2（b）］，这也与溃坝现场展现出的实际情况吻合。

4.3.3　参数敏感性分析

坝料的冲蚀率和“陡坎”移动速度是反映坝体溃决过程的重要参数。为了研究作者模型对上述两个参数的敏感性，分别将坝料冲蚀系数 k_d 和“陡坎”溯源冲刷系数 C_T 乘以0.5和2.0，对欧盟IMPACT项目试验、美国农业部试验以及南京水利科学研究院试验的溃坝过程进行模拟。另外，对于南京水利科学研究院试验，由于最终溃口深度为4.1m，属于不完全溃坝（表4.3-1），因此本次参数敏感性分析考虑了完全溃坝的情况，即最终溃口的深度为最大坝高，与原先的溃坝结果进行比较。

4.3.3.1　欧盟IMPACT项目试验

表4.3-3和表4.3-4给出了欧盟IMPACT项目试验坝料冲蚀系数和“陡坎”溯源冲刷系数的参数敏感性分析结果，主要分析了溃口峰值流量（Q_p）、溃口最终平均宽度（B_{ave}）和峰值流量出现时间（T_p）等三个输出参数，并分别以原始的坝料冲蚀系数和

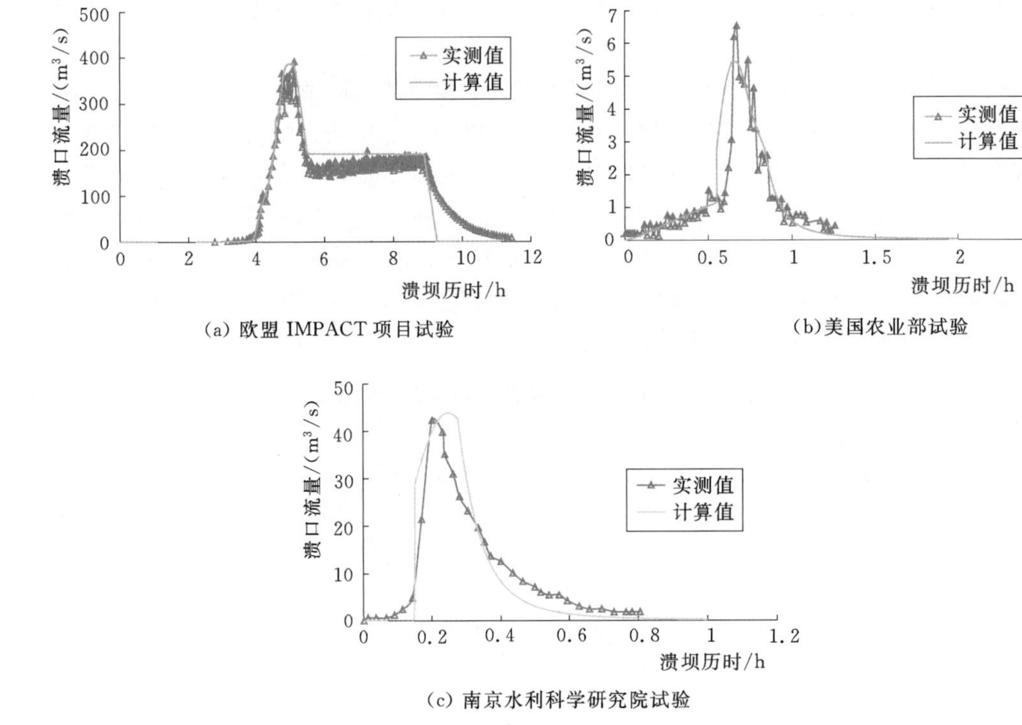

(a) 欧盟 IMPACT 项目试验

(b)美国农业部试验

(c) 南京水利科学研究院试验

图 4.3-1 溃口流量过程实测值与计算值比较

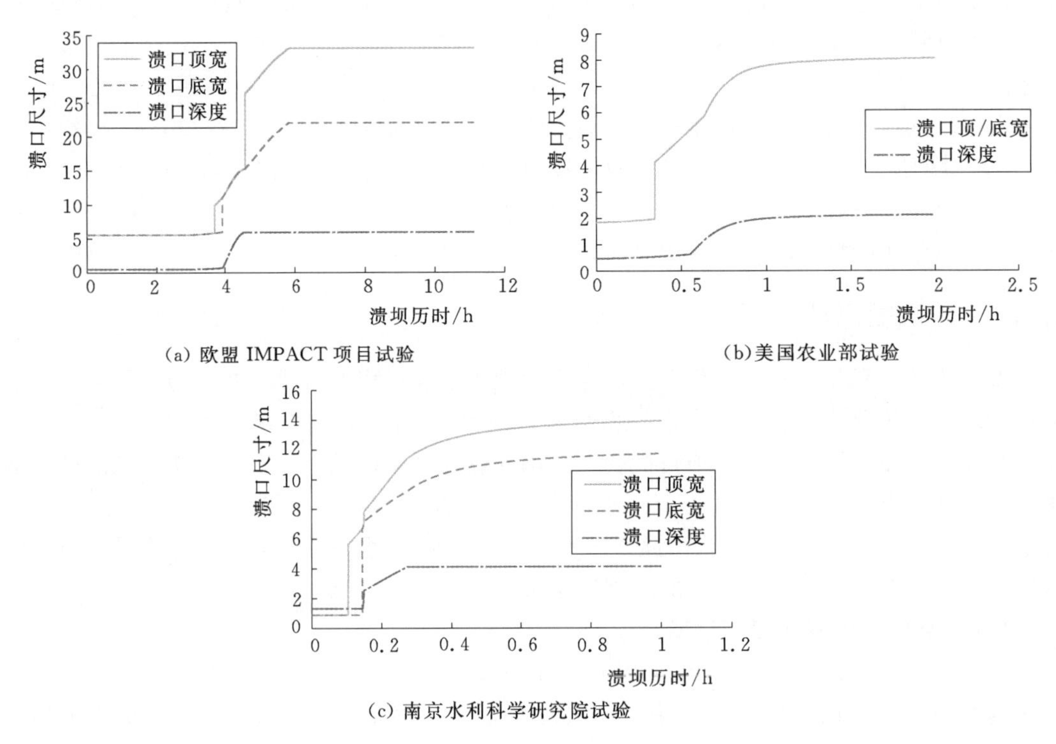

(a) 欧盟 IMPACT 项目试验

(b)美国农业部试验

(c) 南京水利科学研究院试验

图 4.3-2 溃口发展过程计算值

“陡坎”溯源冲刷系数为基础，比较两个输入参数的变化对计算结果的影响。另外，图4.3-3和图4.3-4给出了欧盟IMPACT项目试验选取不同坝料冲蚀系数和“陡坎”溯源冲刷系数获得的溃口流量过程和溃口平均宽度发展过程。

表4.3-3　IMPACT项目试验坝料冲蚀系数 k_d 敏感性分析

坝料冲蚀系数	Q_p		B_{ave}		T_p	
	数值/(m^3/s)	增量百分数	数值/m	增量百分数	数值/h	增量百分数
$1.0k_d$	385.9		27.5		5.06	
$0.5k_d$	383.4	−0.6%	27.5	0	5.06	0
$2.0k_d$	388.7	+0.7%	27.5	0	4.95	−2.2%

表4.3-4　IMPACT项目试验“陡坎”溯源冲刷系数 C_T 敏感性分析

“陡坎”溯源冲刷系数	Q_p		B_{ave}		T_p	
	数值/(m^3/s)	增量百分数	数值/m	增量百分数	数值/h	增量百分数
$1.0C_T$	385.9		27.5		5.06	
$0.5C_T$	420.5	+9.0%	27.5	0	5.03	−0.6%
$2.0C_T$	384.9	−0.3%	27.5	0	5.01	−1.0%

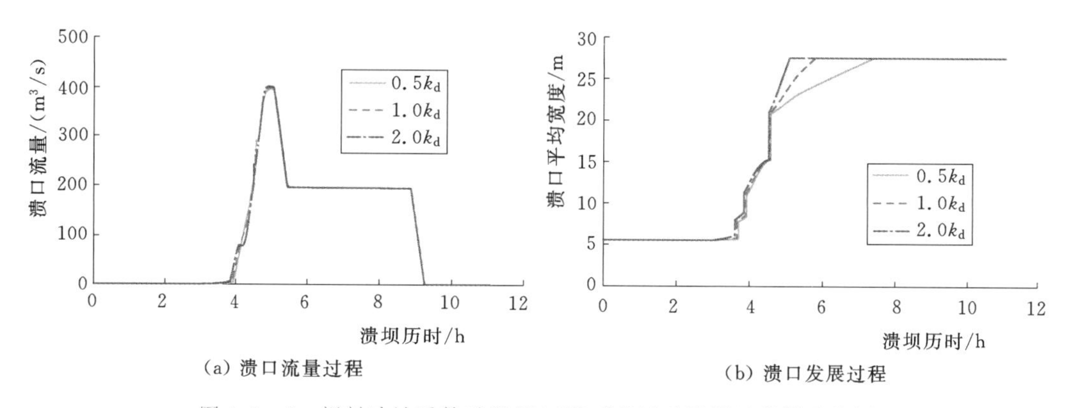

(a) 溃口流量过程　(b) 溃口发展过程

图4.3-3　坝料冲蚀系数对IMPACT项目试验溃坝过程影响分析

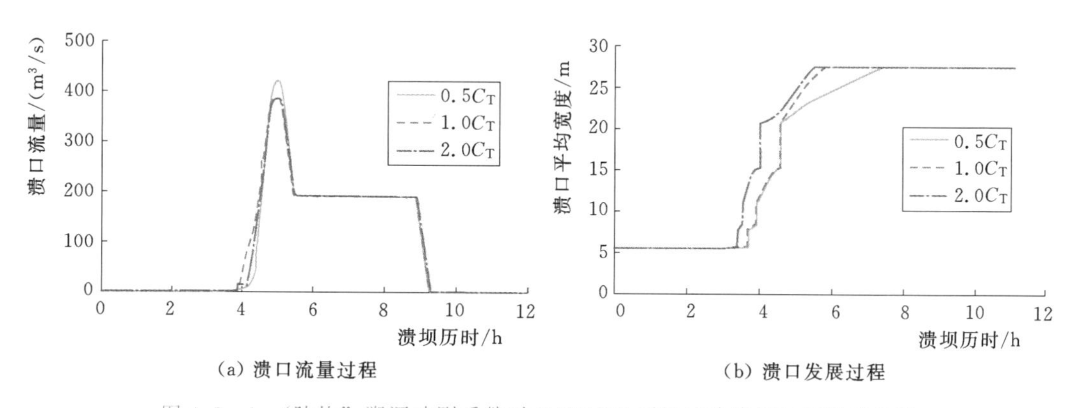

(a) 溃口流量过程　(b) 溃口发展过程

图4.3-4　“陡坎”溯源冲刷系数对IMPACT项目试验溃坝过程影响分析

表 4.3-3、表 4.3-4 和图 4.3-3、图 4.3-4 显示，坝料冲蚀系数和“陡坎”溯源冲刷系数对欧盟 IMPACT 项目试验的溃坝过程影响较小。但作者对该溃坝模型试验的分析发现，欧盟 IMPACT 项目试验的溃坝过程主要受上游来水控制，图 4.3-5 给出了模型试验时的入库流量过程线[41]，可以看出，溃口的流量过程线和溃口峰值流量出现的时间基本上与入库流量过程线吻合，因此不能凭借此一案例就得出坝料冲蚀系数和“陡坎”溯源冲刷系数对溃坝过程影响较小的结论。该案例的参数敏感性分析结果也说明了入库流量对溃坝过程具有很大影响。

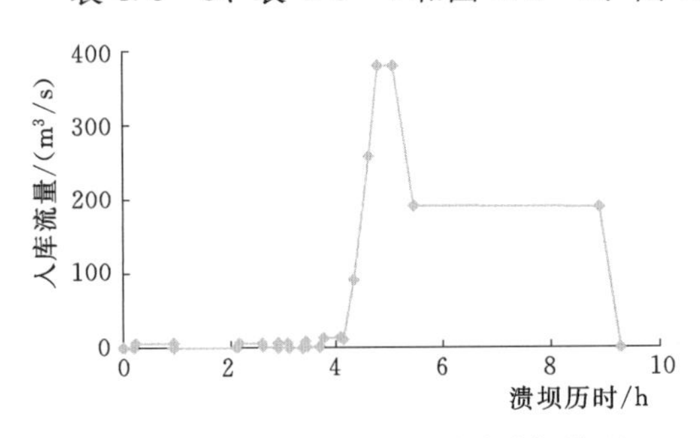

图 4.3-5　IMPACT 项目试验溃坝模型试验入库流量过程

4.3.3.2　美国农业部试验

以下是美国农业部试验溃坝过程的参数敏感性分析，同样考虑坝料冲蚀系数和“陡坎”溯源冲刷系数两个参数，计算结果见表 4.3-5、表 4.3-6 和图 4.3-6、图 4.3-7。

表 4.3-5　　美国农业部试验坝料冲蚀系数 k_d 敏感性分析

坝料冲蚀系数	Q_p		B_{ave}		T_p	
	数值/(m³/s)	增量百分数	数值/m	增量百分数	数值/h	增量百分数
$1.0k_d$	5.4		8.1		0.65	
$0.5k_d$	5.3	−1.9%	7.4	−8.6%	0.66	+1.5%
$2.0k_d$	7.8	+44.4%	8.5	+4.9%	0.64	−1.5%

表 4.3-6　　美国农业部试验“陡坎”溯源冲刷系数 C_T 敏感性分析

“陡坎”溯源冲刷系数	Q_p		B_{ave}		T_p	
	数值/(m³/s)	增量百分数	数值/m	增量百分数	数值/h	增量百分数
$1.0C_T$	5.4		8.1		0.65	
$0.5C_T$	3.1	−42.6%	7.9	−2.5%	0.85	+30.8%
$2.0C_T$	7.0	+29.6%	8.2	+1.2%	0.37	−43.1%

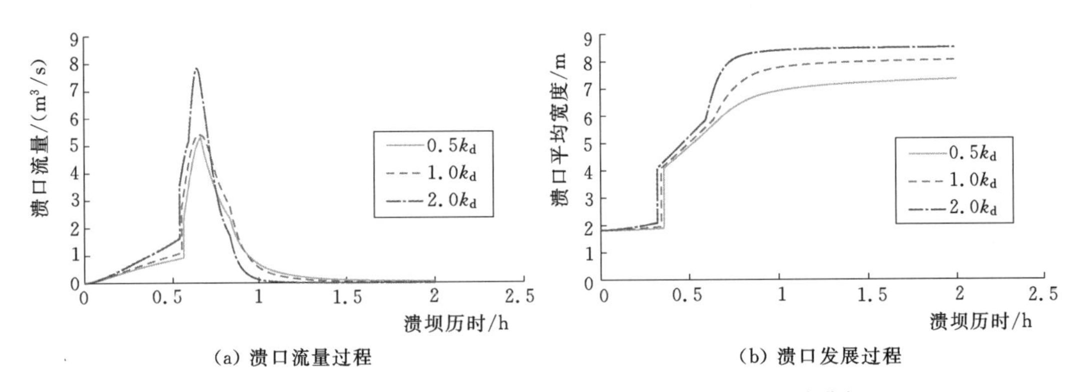

(a) 溃口流量过程　　(b) 溃口发展过程

图 4.3-6　坝料冲蚀系数对美国农业部试验溃坝过程影响分析

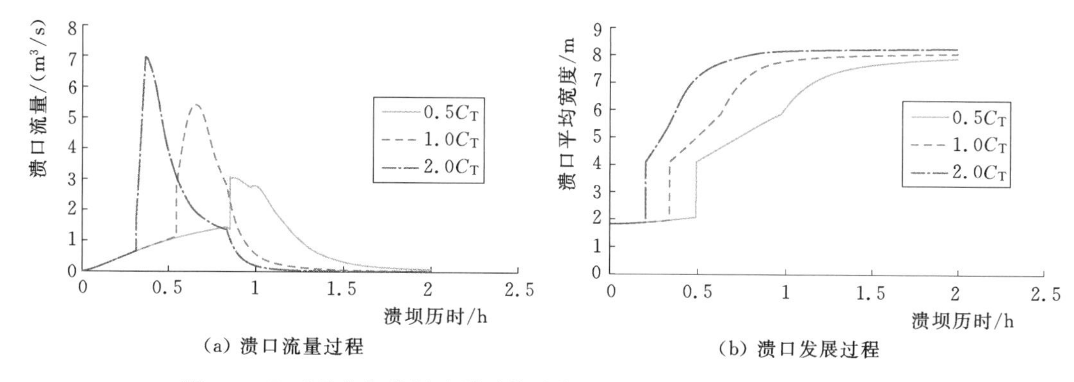

图 4.3-7 “陡坎”溯源冲刷系数对美国农业部试验溃坝过程影响分析

表4.3-5、表4.3-6和图4.3-6、图4.3-7显示，美国农业部试验溃坝过程对坝料冲蚀系数与“陡坎”溯源冲刷系数具有不同的敏感性。对于坝料冲蚀系数，溃口峰值流量最为敏感，溃口平均宽度次之，峰值流量出现时间敏感性最差；对于“陡坎”溯源冲刷系数，溃口峰值流量与峰值流量出现时间均较为敏感，溃口平均宽度敏感性最差。综合看来，美国农业部试验溃坝过程对“陡坎”溯源冲刷系数的敏感性高于坝料冲蚀系数。

4.3.3.3 南京水利科学研究院试验

接下来对南京水利科学研究院试验溃坝过程的参数敏感性进行分析。同样考虑坝料冲蚀系数和“陡坎”溯源冲刷系数两个参数，并考虑完全溃坝的情况，计算结果见表4.3-7～表4.3-9和图4.3-8～图4.3-10。

表 4.3-7 南京水利科学研究院试验坝料冲蚀系数 k_d 敏感性分析

坝料冲蚀系数	Q_p		B_{ave}		T_p	
	数值/(m³/s)	增量百分数	数值/m	增量百分数	数值/h	增量百分数
1.0k_d	43.8		12.8		0.25	
0.5k_d	26.6	−39.3%	10.8	−15.6%	0.27	+8.0%
2.0k_d	79.9	+82.4%	16.4	+28.1%	0.20	−20.0%

表 4.3-8 南京水利科学研究院试验“陡坎”溯源冲刷系数 C_T 敏感性分析

“陡坎”溯源冲刷系数	Q_p		B_{ave}		T_p	
	数值/(m³/s)	增量百分数	数值/m	增量百分数	数值/h	增量百分数
1.0C_T	43.8		12.8		0.25	
0.5C_T	42.1	−3.9%	12.7	−0.8%	0.40	+60.0%
2.0C_T	47.5	+8.4%	12.8	0	0.15	−40.0%

表 4.3-9 南京水利科学研究院试验最终溃口深度敏感性分析

溃坝程度	Q_p		B_{ave}		T_p	
	数值/(m³/s)	增量百分数	数值/m	增量百分数	数值/h	增量百分数
不完全溃坝	43.8		12.8		0.25	
完全溃坝	43.8	0	13.6	+6.3%	0.25	0

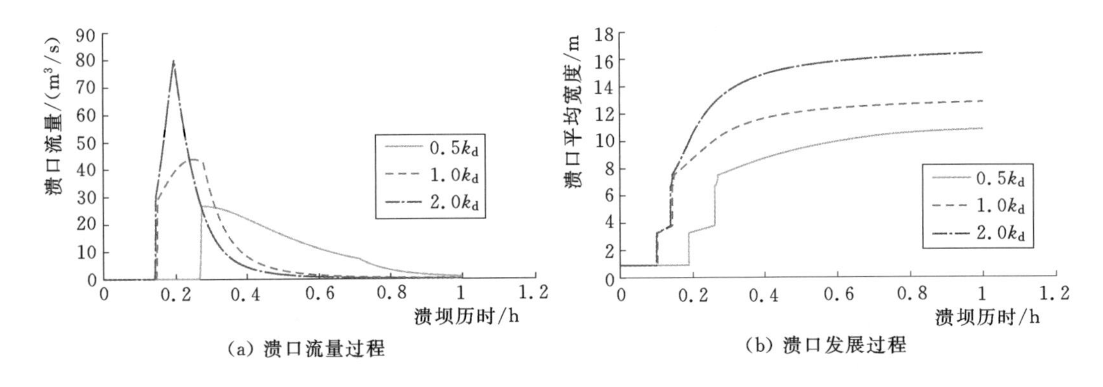

图 4.3-8　坝料冲蚀系数对南京水利科学研究院试验溃坝过程影响分析

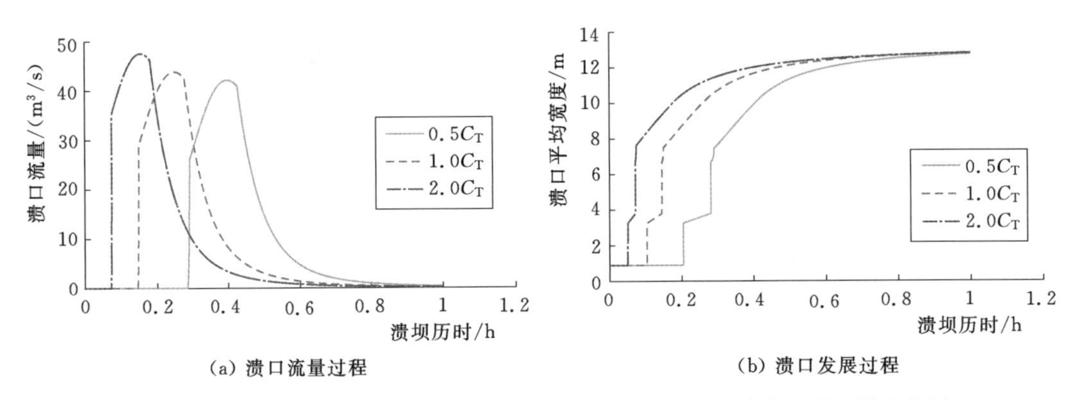

图 4.3-9　“陡坎”溯源冲刷系数对南京水利科学研究院试验溃坝过程影响分析

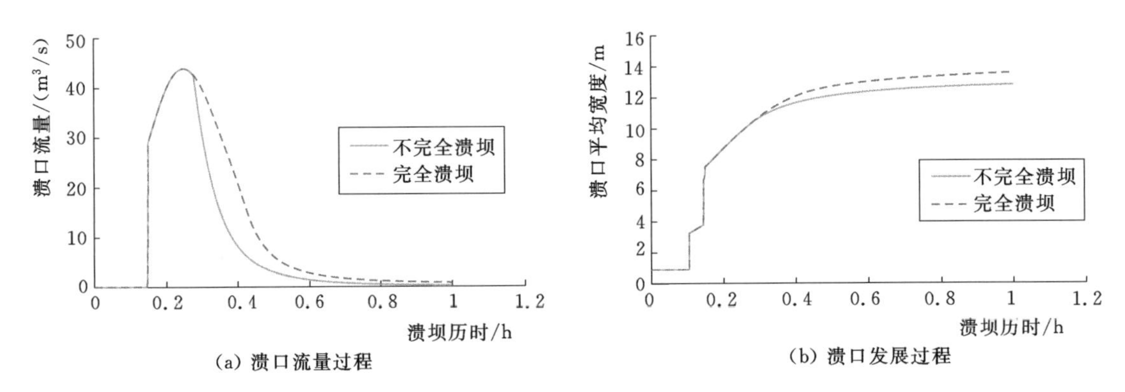

图 4.3-10　最终溃口深度对南京水利科学研究院试验溃坝过程影响分析

由表 4.3-7～表 4.3-9 和图 4.3-8～图 4.3-10 发现，南京水利科学研究院试验溃坝过程对坝料冲蚀系数、“陡坎”溯源冲刷系数及最终溃口深度具有不同的敏感性。对于坝料冲蚀系数，溃口峰值流量最为敏感，溃口平均宽度次之，峰值流量出现时间敏感性最差；对于“陡坎”溯源冲刷系数，峰值流量出现时间最为敏感，溃口峰值流量次之，溃口平均宽度敏感性最差；对于最终溃口深度，溃口平均宽度与峰值流量出现时间的敏感性均较差，究其原因，应为水库库容较小，当坝体冲刷至一定高程后即达到峰值流量，后续水流的冲刷对溃坝各输出参数的影响不大，对于库容较大的水库，可能会表现出不同的溃决特征。综合看来，对于南京水利科学研究院试验，冲蚀系数主要影响峰值流量的大小，而"陡坎"溯源冲刷系数主要影响峰值流量出现的时间。

通过以上3个溃坝案例的参数敏感性分析发现，不同的溃坝案例对于坝料冲蚀系数、"陡坎"溯源冲刷系数具有不同的敏感性，这与水库的水位-库面面积关系及坝料的抗冲蚀特性相关。总体来说，坝料冲蚀系数对峰值流量影响较大，"陡坎"溯源冲刷系数对峰值流量出现时间影响较大。

4.3.4 与国外典型同类溃坝模型对比

为了进一步分析模型的合理性和优缺点，选择目前国外常用的溃坝过程数学模型进行比对。模型主要包括美国国家气象局NWS BREACH模型[28]和美国农业部WinDAM B模型[29]，其中，NWS BREACH模型采用的是目前国内外应用最为广泛的均质土坝漫顶溃坝过程数学模型。该模型采用Smart[43]修正的可考虑陡峭河渠的Meyer－Peter与Muller冲蚀公式计算坝料的冲蚀，假设下游坡溃口溯源冲刷时保持固定的坡度，并假设坝顶初始溃口为矩形，当溃口发展到一定程度后，边坡发生失稳形成倒梯形溃口，模型采用极限平衡法模拟溃口边坡的失稳坍塌；对于WinDAM B模型，模型考虑溃坝水流的剪应力与坝料的抗剪强度，引入坝料冲蚀系数模拟坝体材料的冲蚀，采用基于能量法或剪应力法的"陡坎"移动公式模拟溃坝过程中的溯源冲刷特性，模型不考虑溃口边坡的稳定性问题，假设溃口断面为矩形。上述两模型的溃口发展过程示意图见图4.2－1和图4.2－2。

同样采用上述两模型分别计算欧盟IMPACT项目模型试验、美国农业部模型试验，以及南京水利科学研究院模型试验，两模型所需的计算参数见表4.3－10。

表4.3－10　　3个均质土坝漫顶溃决案例模型输入参数

参　数	IMPACT试验	USDA试验	NHRI试验
坝高/m	5.9	2.3	9.7
坝顶长/m	22	10	120
坝顶宽/m	2	1.84	3
上游坡比（垂直/水平）	0.42	0.33	0.5
下游坡比（垂直/水平）	0.44	0.33	0.4
库面面积/m^2	A_s-h	A_s-h	A_s-h
初始库水位/m	4.27	1.85	9.70
初始溃口宽度/m	5.5	1.83	1.5
初始溃口深度/m	0.45	0.46	1.3
d_{50}/mm	0.007	0.025	0.008
p'	0.46	0.35	0.40
C/kPa	4.9	15	7.5
φ/(°)	22.8	28	27.8

续表

参　　数	IMPACT 试验	USDA 试验	NHRI 试验
黏粒含量	26%	5%	11.5%
d_{90}/d_{30}	10	10	10
k_d/[cm^3/(N·s)]	17.68	10.3	8.9
τ_c/Pa	0.3	0.14	0.15

注　p'为坝料的孔隙率；d_{90}和d_{30}分别为小于某粒径的质量分数为90%和30%所对应的颗粒粒径。

表4.3-11给出了采用NWS BREACH模型和WinDAM B模型计算得出的3个溃坝案例的实测值与模型计算值的比较，并提供了各参数的相对误差。图4.3-11～图4.3-16提供了两个模型计算获得的溃口流量过程与实测值的对比图及溃口发展过程的计算结果图。

表4.3-11　NWS BREACH与WinDAM B模型计算值与实测值对比

案例名称	实测值及模型计算值	Q_p		B_{ave}		T_p	
		数值/(m^3/s)	相对误差	数值/m	相对误差	数值/h	相对误差
IMPACT 试验	实测值	390.0		22.7		5.10	
	NWS BREACH 模型计算值	359.8	−7.7%	11.9	−47.6%	5.67	+11.2%
	WinDAM B 模型计算值	386.5	−0.9%	22.0	−3.1%	4.99	−2.1%
	作者模型计算值	385.9	−1.1%	27.5	+21.2%	5.06	−0.8%
USDA 试验	实测值	6.5		6.9		0.67	
	NWS BREACH 模型计算值	16.1	+147.7%	9.7	+40.6%	0.27	−59.7%
	WinDAM B 模型计算值	6.0	−7.7%	6.4	−7.2%	0.55	−17.9%
	作者模型计算值	5.4	−16.9%	8.1	+17.4%	0.65	−3.0%
NHRI 试验	实测值	42.3		10.4		0.20	
	NWS BREACH 模型计算值	423.3	+900.7%	12.1	+16.3%	1.03	+415.0%
	WinDAM B 模型计算值	123.8	+192.7%	18.7	+79.8%	0.21	+5.0%
	作者模型计算值	43.8	+3.5%	12.8	+23.1%	0.25	+25.0%

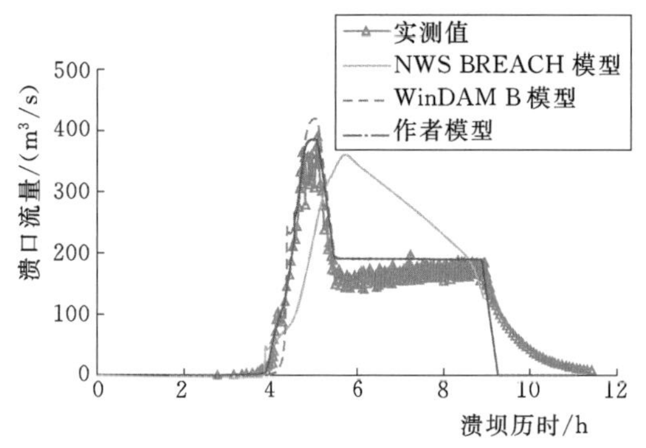

图4.3-11　IMPACT项目试验溃口流量过程实测值与不同模型计算值比较

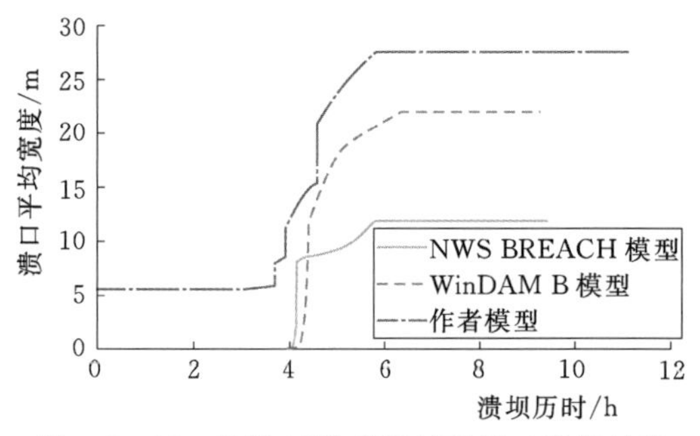

图4.3-12　IMPACT项目试验溃口发展过程不同模型计算值比较

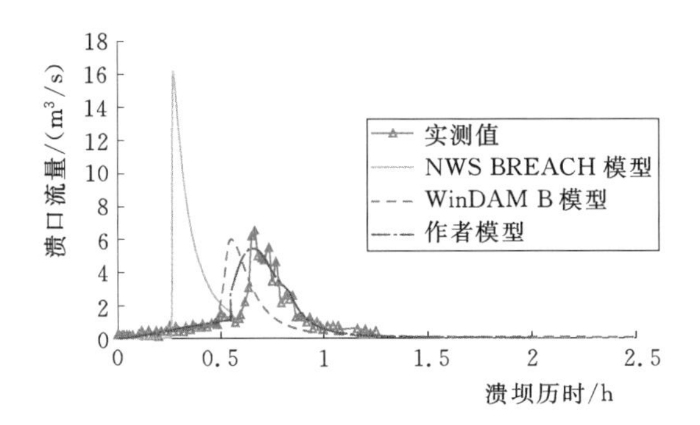

图 4.3-13 美国农业部试验溃口流量过程实测值与不同模型计算值比较

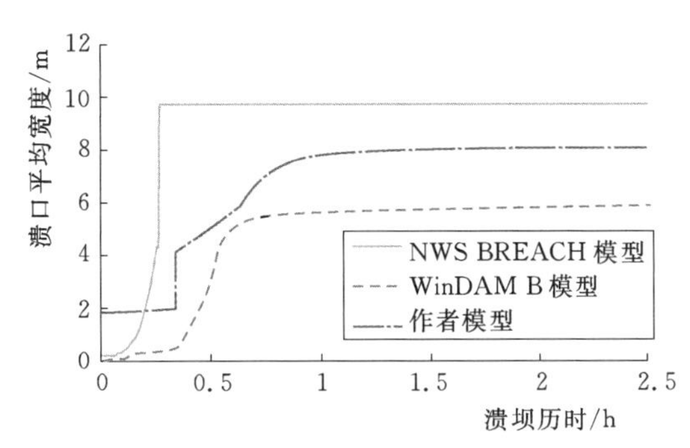

图 4.3-14 美国农业部试验溃口发展过程不同模型计算值比较

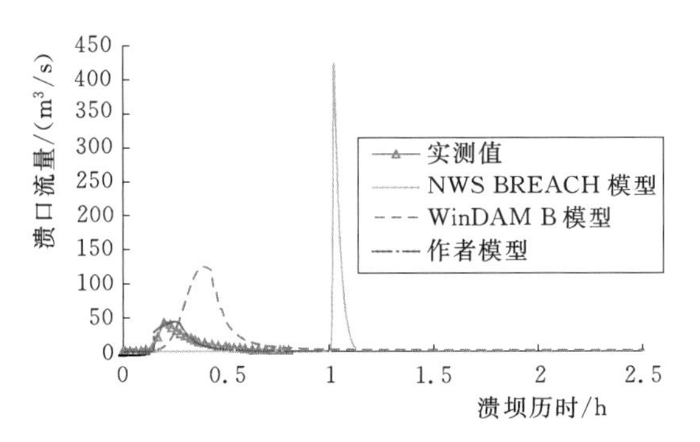

图 4.3-15 南京水利科学研究院试验溃口流量过程实测值与不同模型计算值比较

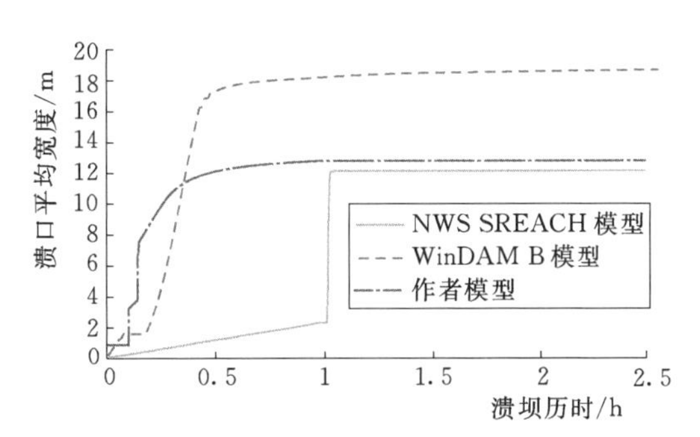

图 4.3-16 南京水利科学研究院试验溃口发展过程不同模型计算值比较

表 4.3-11 与图 4.3-11～图 4.3-16 的对比分析可以看出，由于 NWS BREACH 模型采用修正的河道泥沙输移公式来模拟坝料的冲蚀，对于黏性土的模拟存在相当大的误差，该模型的计算误差最大；另外，由于无法考虑不完全溃坝，因此在模拟南京水利科学研究院试验溃坝流量过程时存在较大误差。同样，对于 WinDAM B 模型，由于该模型采用黏性土冲蚀公式模拟坝料的冲蚀，因此在模拟欧盟 IMPACT 项目试验与美国农业部试验溃坝过程时溃口流量过程与实测值吻合效果较好，但由于该模型也无法考虑不完全溃坝，因此在模拟南京水利科学研究院试验溃坝流量过程时也存在较大误差；另外，该模型假设溃口的形状始终保持矩形而不考虑溃口边坡的失稳，因而在模拟坝料黏性较小或坝高较大的均质坝漫顶溃决时会存在较大误差。

4.4 本章小结

本章基于均质黏性土坝大尺度漫顶溃坝模型试验，揭示了漫顶水流作用下溃口在三维空间的发展机理，在此基础上提出了一个模拟均质黏性土坝漫顶溃决过程的数学模型。该模型基于坝体形状和漫顶水流特征确定“陡坎”的形成位置，采用可考虑坝料物理力学特性的溯源冲刷公式模拟“陡坎”的移动，并通过力学分析判断“陡坎”上游坝体的坍塌；

选择合理的坝料冲蚀公式模拟坝顶与下游坡溃口的发展，采用极限平衡法模拟溃口边坡的失稳。该模型考虑了不完全溃坝、坝基冲蚀以及坝体的单侧与两侧冲蚀，并选择国内外3个具有实测资料的大尺度均质土坝漫顶溃坝模型试验对模型进行验证，实测值与计算结果的比较表明，溃口峰值流量、溃口最终平均宽度及溃口峰值流量出现时间的相对误差均在±25%以内，并且计算获得的溃口流量过程线与实测结果基本吻合，验证了模型的合理性。

对作者建立模型的坝料冲蚀系数和“陡坎”溯源冲刷系数进行参数敏感性分析，结果表明，不同的溃坝案例对于坝料冲蚀系数、“陡坎”溯源冲刷系数具有不同的敏感性，这与水库的水位-库面面积关系及坝料的抗冲蚀特性相关。总体来说，坝料冲蚀系数对峰值流量影响较大，“陡坎”溯源冲刷系数对峰值流量出现时间影响较大。另外，南京水利科学研究院试验由于溃坝过程表现为不完全溃坝，因此也对最终溃口深度进行参数敏感性分析，但由于该坝水库库容较小，当坝体冲刷至一定高程后即达到峰值流量，后续水流的冲刷对溃坝各输出参数的影响不大，对于库容较大的水库，可能会表现出不同的溃决特征。

选择国外典型的溃坝模型，美国国家气象局NWS BREACH模型与美国农业部WinDAM B模型，分别对3个均质土坝漫顶溃坝模型试验进行模拟，并与实测值及作者模型的计算结果进行比对，模拟结果验证了作者模型的合理性和先进性。

参 考 文 献

［1］ 中华人民共和国水利部，中华人民共和国国家统计局．第一次全国水利普查公报［M］．北京：中国水利水电出版社，2013.

［2］ 张建云，杨正华，蒋金平，等．水库大坝病险和溃坝研究与警示［M］．北京：科学出版社，2013.

［3］ 水利部大坝安全管理中心．全国水库垮坝登记册［R］．南京：水利部大坝安全管理中心，2018.

［4］ ASCE/EWRI Task Committee on Dam/Levee Breaching. Earthen embankment breaching ［J］. Journal of Hydraulic Engineering，2011，137（12）：1549－1564.

［5］ 陈生水．土石坝溃决机理与溃决过程模拟［M］．北京：中国水利水电出版社，2012.

［6］ AL－RIFFAI M，NISTORI. Influence of boundary seepage on the erodibility of overtopped embankments：a novel measurement and experimental technique ［C］// Proceedings of the 35th IAHR World Congress，Chengdu，China，2013.

［7］ KAKINUMA T，SHIMIZU Y. Large－scale experiment and numerical modelling of a riverine levee breach ［J］. Journal of Hydraulic Engineering，2014，140（9）：04014039.

［8］ SCHMOCKER L，FRANK P J，HAGER W H. Overtopping dike－breach：effect of grain size distribution ［J］. Journal of Hydraulic Research，2014，52（4）：559－564.

［9］ BOES R M，VONWILLER L，VETSCH D F. Breaching of small embankment dams：tool for cost－effective determination of peak breach outflow ［C］// Proceeding of the 36th IAHR World Congress：Deltas of the future and what happens upstream，Delft，Netherlands，2015.

［10］ BHATTARAL P K，NAKAGAWA H，KAWAIKE K，et al. Study of breach characteristics and scour pattern for overtopping induced river dike breach ［C］// Proceeding of the 36th IAHR World Congress：Deltas of the future and what happens upstream，Delft，Netherlands，2015.

［11］ TABRIZI A A，ELAFLY E，ELKHOLY M，et al. Effect of compaction on embankment breach due to overtopping ［J］. Journal of Hydraulic Research，2017，55（2）：236－247.

[12] AMARAL S, VISEU T, FERREIRA R M L. Laboratory tests on failure by overtopping of earth dams. Imaging techniques used for extraction of experimental data [C] // 7th International Conference on Mechanics and Materials in Design (M2D), Albufeira, Portugal, 2017.

[13] ZHONG Q M, CHEN S S, DENG Z. Numerical model for homogeneous cohesive dam breaching due to overtopping failure [J]. Journal of Mountain Science, 2017, 14 (3): 571-580.

[14] MORRIS M W, HASSAN M A A M, Vaskinn K A. Breach formation: Field test and laboratory experiments [J]. Journal of Hydraulic Research, 2007, 45 (S1): 9-17.

[15] HANSON G J, COOK K R, HUNT S L. Physical modelling of overtopping erosion and breach formation of cohesive embankments [J]. Transactions of ASAE, 2005, 48 (5): 1783-1794.

[16] ZHANG J Y, LI Y, XUAN G X, et al. Overtopping breaching of cohesive homogeneous earth dam with different cohesive strength [J]. Science in China Series E: Technological Sciences, 2009, 52 (10): 3024-3029.

[17] 陈生水，徐光明，钟启明，等. 土石坝溃坝离心模型试验系统研制及应用 [J]. 水利学报，2012, 43 (2): 241-245.

[18] RALSTON D C. Mechanics of embankment erosion during overflow [C] // Proc. 1987 National Conf. on Hydraulic Eng., Reston, USA, 1987.

[19] PLOEY D J. A model for headcut retreat in rills and gullies [R]. Cremlingen: CATENA Supplement 14, 1989.

[20] ROBINSON K M, HANSON G J. Headcut erosion research [C] // Proc. 7th Federal Interagency Sedimentation Conf., Reno, USA, 2001.

[21] 朱勇辉，廖鸿志，吴中如. 国外土坝溃坝模拟综述 [J]. 长江科学院院报，2003, 20 (2): 26-29.

[22] HAHN W, HANSON G J, Cook K R. Breach morphology observations of embankment overtopping tests [C] // Proc. 2000 Joint Conf. on Water Resources Engineering and Water Resources Planning and Management. Minneapolis, USA, 2000.

[23] 李云，宣国祥，王晓刚，等. 土石坝漫顶溃决模拟与抢护 [M]. 北京：中国水利水电出版社，2015.

[24] 钟启明，陈生水，邓曌. 均质土坝漫顶溃坝过程数学模型研究及应用 [J]. 水利学报，2016, 47 (12): 1519-1527.

[25] 李云，宣国祥，王晓刚. 溃坝试验与模拟技术研究 [R]. 南京：南京水利科学研究院，2010.

[26] SINGH V P. Dam breach modelling technology [M]. Dordrecht: Kluwer Academic Publisher, 1996.

[27] MOHAMED M A A, SAMUELS P G, MORRIS M W, et al. Improving the accuracy of prediction of breach formation through embankment dams and flood embankments [C] // Proc. Int. Conf. on Fluvial Hydraulics (River Flow 2002), Louvain-la-Neuve, Belgium, 2002.

[28] FREAD D L. BREACH: an erosion model for earthen dam failure [R]. Silver Spring: National Weather Service, 1988.

[29] TEMPLE D M, Hanson G J, Neilsen M L. WinDAM-Analysis of overtopped earth embankment dams [C] // Proc. ASABE annual international meeting, American Society of Agricultural and Biological Engineers, St. Joseph, USA, 2006.

[30] WU W M. Simplified physically based model of earthen embankment breaching [J]. Journal of Hydraulic Engineering, 2013, 139 (8): 837-851.

[31] FREAD D L. DAMBREAK: The NWS dam break flood forecasting model [R]. Silver Spring: National Weather Service, 1984.

[32] VISSER P J. Breach growth in sand-dikes [M]. Delft: Delft University of Technology, 1998.

[33] TEMPLE D M. Estimating flood damage to vegetated deep soil spillways [J]. Applied Engineering in Agriculture, 1992, (8): 237-242.
[34] 梅世昂，霍家平，钟启明. 均质土坝漫顶溃决“陡坎”移动参数确定 [J]. 水利水运工程学报, 2016, (2): 24-31.
[35] WU W M. Computational river dynamics [M]. London: Taylor & Francis, 2007.
[36] BRIAUD J L, TING F C K, CHEN H C, et al. Erosion function apparatus for scour rate prediction [J]. Journal of Geotechnical and Geoenvironmental Engineering, 2001, 127 (2): 105-113.
[37] HANSON G J, COOK K R. Determination of material rate parameters for headcut migration of compacted earthen materials [C]// Proceedings of Dam Safety 2004, Association of State Dam Safety Officials (ASDSO), Inc. C. D. ROM, 2004.
[38] WAN C F, FELL R. Investigation of rate of erosion of soils in embankment dams [J]. Journal of Geotechnical and Geoenvironmental Engineering, 2004, 130 (4): 373-380.
[39] TEMPLE D M, HANSON G J. Headcut development in vegetated earth spillways [J]. Applied Engineering in Agriculture, 1994, 10 (5): 677-682.
[40] MORRIS M W, HASSAN M A A M, VASKINN K A. Breach formation technical report (WP2) [R]. Oxfordshire: HR Wallingford Ltd., 2005.
[41] MORRIS M W. IMPACT Project field tests data analysis [R]. Oxfordshire: HR Wallingford Ltd., 2008.
[42] HANSON G J, TEMPLE D M, Hunt S L, et al. Development and characterization of soil material parameters for embankment breach [J]. Applied Engineering in Agriculture, 2011, 27 (4): 587-595.
[43] SMART G M. Sediment transport formula for steep channels [J]. Journal of Hydraulic Engineering, 1984, 110 (3): 267-276.

第 5 章

黏土心墙坝漫顶溃坝数学模型及应用

黏土心墙坝是一种常用的坝型，它使用透水性较好的砂石料作为坝壳，以防渗性较好的黏性土作为防渗心墙。据统计[1]，1954—2018 年，我国共有 184 座黏土心墙坝发生漫顶溃坝，约占溃坝总数的 5.2%。1963 年 8 月发生在河北的“63·8”洪水，导致 2 座中型水库的黏土心墙坝（刘家台水库与佐村水库，坝高分别为 35.8m 和 35.0m）发生漫顶溃决，造成 948 人死亡和大量财产损失[2]。1975 年 8 月发生在河南的“75·8”洪水，导致板桥水库坝高 24.5m 的黏土心墙坝发生漫顶溃决，造成 26000 余人死亡和大量财产损失及生态环境严重破坏[2-3]。因此有必要深入研究黏土心墙坝漫顶溃决机理，揭示水土耦合条件下黏土心墙坝的破坏规律及破坏过程，建立能正确揭示黏土心墙坝漫顶溃决机理、合理模拟漫顶溃坝过程的数学模型，提升黏土心墙坝漫顶溃决时溃口发展过程和溃坝洪水流量过程的预测精度，进而为溃坝洪水风险分析和应急预案的编制提供理论支撑。

5.1 黏土心墙坝漫顶溃决机理

对于均质土坝漫顶溃决问题，国内外学者开展了大量不同尺度的物理模型试验研究，提出了一系列的数学模型[3-6]。对于黏土心墙坝，由于模型试验的复杂性，目前仅有欧盟 IMPACT 项目[7]于 2003 年开展的坝高 6.0m 的冰碛土心墙堆石坝野外漫顶溃坝试验（图 5.1-1），和作者研究团队利用土石坝溃坝离心模型试验系统于 2010 年开展的原型坝高 16.0m 的黏土心墙堆石坝漫顶溃坝离心模型试验[8]（图 5.1-2）。

通过模型试验发现：在漫顶水流的作用下，坝壳料的冲蚀基本上以表层冲蚀为主，首先在下游坡出现初始冲坑，随着下游坝壳冲蚀程度的加剧，心墙下游侧面逐渐暴露临空，在上游水压力和土压力的共同作用下，心墙发生倾倒破坏或剪断破坏；心墙破坏后，由于

(a) 漫坝水流冲蚀下游边坡

(b) 溃口流量增大

图 5.1-1（一） 欧盟 IMPACT 项目冰碛土心墙堆石坝漫顶溃坝大尺度模型试验

(c) 溃口冲蚀深度增大

(d) 溃口横向扩展

图 5.1-1（二）　欧盟 IMPACT 项目冰碛土心墙堆石坝漫顶溃坝大尺度模型试验

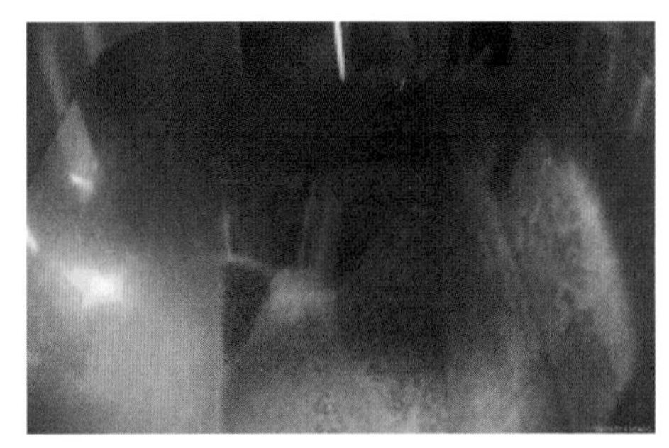

(a) 下游坝壳冲蚀后露出心墙

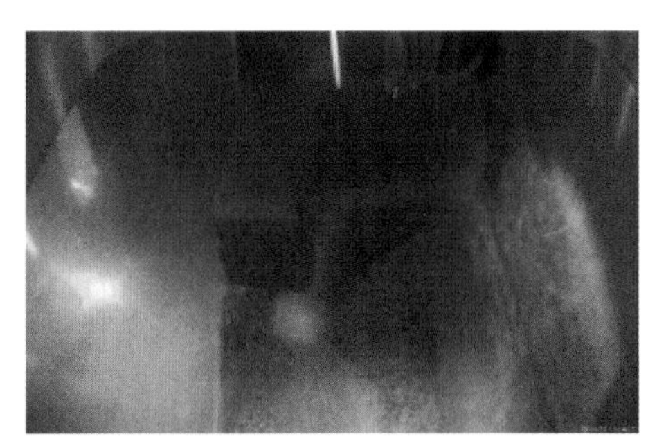

(b) 心墙发生剪切破坏时刻

图 5.1-2　南京水利科学研究院黏土心墙坝漫顶溃坝离心模型试验

漫顶水头突然增加，冲蚀将进一步加剧，溃口流量迅速增加，随着库水位的下降，溃口流量也将逐渐下降至溃坝结束。

5.2　溃坝数学模型

基于黏土心墙坝的漫顶溃决机理，建立了一个黏土心墙坝漫顶溃坝过程数学模型。模型将漫顶溃坝过程分为三个阶段：①下游坝坡出现初始冲坑，冲坑的位置由坝体形状和漫顶水头等条件确定，在漫顶水流的作用下冲坑处边坡逐渐变陡，随后向上游发生溯源冲刷，模型假设下游坡坝壳料在水流作用下发生溯源冲刷时边坡保持内摩擦角（图 5.2-1①～③）；②随着顶部和下游坡坝壳料的不断冲刷，心墙逐渐暴露，在上游水压力和土压力的作用下，心墙发生倾倒破坏或剪切破坏（图 5.2-1④～⑥）；③心墙倒塌后，溃口在漫顶水流的作用下不断增大，当库水下泄完毕或者溃口水流无法继续冲蚀土体后，溃坝过程结束（图 5.2-1⑦～⑨）。具体的模拟过程详述如下。

5.2.1　水量平衡与库水位变化关系

大坝漫顶溃决过程中，上游库水位是一个动态变化的过程，包括上游河道的入流和溃

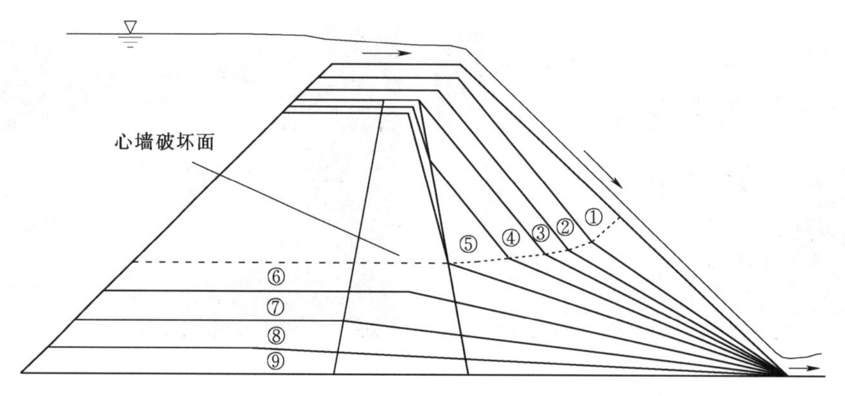

图 5.2-1 黏土心墙坝漫顶溃决过程模型示意图

口出流。在计算上游库水高程变化时，需同时考虑入库流量、溃口出流量及溢洪道和闸门下泄流量，整个过程服从水量平衡方程：

$$A_s \frac{dz_s}{dt} = Q_{in} - Q_b - Q_{spill} - Q_{sluice} \tag{5.2-1}$$

式中：A_s 为水库库面面积；z_s 为水库库水位；t 为时间；Q_{in} 为入库流量；Q_b 为溃口流量；Q_{spill} 为溢洪道出流量；Q_{sluice} 为闸门出流量。

5.2.2 溃口流量过程

室内试验与现场观测研究结果表明，流经溃口的流量可以采用宽顶堰流公式进行计算，溃口流量可用下式表示：

$$Q_b = k_{sm}(c_1 b H^{1.5} + c_2 m H^{2.5}) \tag{5.2-2}$$

式中：b 为溃口底宽；H 为溃口处水深，$H = z_s - z_b$，其中 z_b 为溃口底部高程；m 为溃口边坡坡比的倒数（水平/垂直）；c_1、c_2 为修正系数，选取 $c_1 = 1.7\mathrm{m}^{0.5}/\mathrm{s}$，$c_2 = 1.1\mathrm{m}^{0.5}/\mathrm{s}$[9]；$k_{sm}$ 为尾水淹没修正系数[10]：

$$k_{sm} = \begin{cases} 1.0, & \dfrac{z_t - z_b}{z_s - z_b} < 0.67 \\ 1.0 - 27.8\left(\dfrac{z_t - z_b}{z_s - z_b} - 0.67\right)^3, & \dfrac{z_t - z_b}{z_s - z_b} \geqslant 0.67 \end{cases} \tag{5.2-3}$$

式中：z_t 为尾水高度。

5.2.3 初始冲坑的位置

荷兰学者 Visser 指出[11]，漫顶水流流经下游坝坡时其流速逐渐增大并趋于定值，作者将此流速最大的位置定义为初始冲坑所在，流速达到定值对应的坝坡长度 l_n 可表示为

$$l_n = \frac{2.5(Fr_n^2 - 1)d_n}{\tan\beta} \tag{5.2-4}$$

式中：β 为下游坝坡的坡角；d_n 为下游坝坡上的水流深度，其中下角 n 表示法线方向；Fr_n 为弗劳德数，可表示为

$$Fr_n^2=\frac{U_n^2(B_t)_n}{gd_nB_n\cos\beta}=\frac{U_n^2}{gd_n\cos\beta} \tag{5.2-5}$$

式中：U_n 为断面平均流速；B_t 为溃口顶宽；B_n 为溃口沿着下游坡的宽度，假设 $B_t=B_n$；g 为重力加速度；U_n 和 d_n 可分别表示为[12]

$$U_n=C\sqrt{R_n\sin\beta}=C\sqrt{H\sin\beta}\,(x\geqslant l_n) \tag{5.2-6}$$

$$d_n=\frac{Q_b}{U_nB_n}(x\geqslant l_n) \tag{5.2-7}$$

式中：R_n 为溃口处的水力半径，假设初始溃口为矩形，因此，$R_n=H=z_s-z_b$，其中 z_s 为库水位，z_b 为溃口底部高程；Q_b 为溃口流量；x 含义见图 5.2-2；C 为谢才系数，公式为

$$C=\frac{1}{n}R_n^{1/6}=\frac{1}{n}H^{1/6} \tag{5.2-8}$$

式中：n 为曼宁糙率系数，可通过下式表达：

$$n=d_{50}^{1/6}/A_k \tag{5.2-9}$$

式中：A_k 为经验系数，选取为 12[13]。

5.2.4　溃口发展

初始冲坑形成后，在溃口水流的作用下，坝顶和下游坡均遭受冲蚀，初始冲坑（$x=l_1$）处的边坡逐渐变陡，下游坝坡坡角由初始坡角 $\beta(t=t_0)$ 逐渐变为坝壳料内摩擦角 φ_1 $(t=t_c)$[14]（图 5.2-2）。

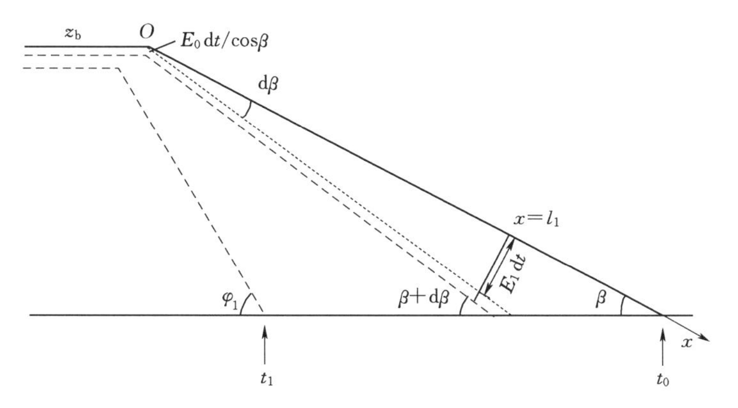

图 5.2-2　坝顶及下游坡冲蚀示意图

坝壳料的冲蚀率可采用下式计算[15-19]：

$$E=k_d(\tau_b-\tau_c) \tag{5.2-10}$$

式中：E 为冲蚀率；k_d 为冲蚀系数，常通过试验量测[20,1]或采用经验公式[21]求取；τ_b 为水流剪应力；τ_c 为坝料临界剪应力，可通过希尔兹曲线确定[22]。其中，τ_b 与 k_d 计算公式如下：

$$\tau_b=\frac{\rho_w g n^2 Q_b^2}{A_w^2 R^{1/3}} \tag{5.2-11}$$

$$k_d=\frac{10\rho_w}{\rho_d}\exp\left[-0.121c\%^{0.406}\left(\frac{\rho_d}{\rho_w}\right)^{3.1}\right] \tag{5.2-12}$$

式中：ρ_w 为水的密度；A_w 为水流面积；ρ_d 为土体干密度；c 为黏粒含量，%。

对于坝顶的冲蚀，可采用式（5.2-10）模拟；对于下游坡的变陡过程（图 5.2-2），可采用下式表示[14]：

$$d\beta=\frac{(E_1-E_0/\cos\beta)dt}{l_1} \tag{5.2-13}$$

式中：$d\beta$ 为下游坡坡角增加值；E_1 为下游坡初始冲坑处冲蚀速率；E_0 为坝顶处冲蚀率。

当下游坡坡角达到坝壳料内摩擦角 φ_1 后，在溃坝水流作用下，溯源冲刷继续向上游发展至黏土心墙处，并假设下游坡保持内摩擦角。可采用下式表示坝壳料的溯源冲刷过程[24]：

$$\frac{dx}{dt}=C_T q^{1/3} H_e^{1/2} \tag{5.2-14}$$

式中：dx/dt 为溯源冲刷速率；C_T 为与坝料物理力学指标相关的溯源冲刷系数，可采用文献［24］提供的方法获取；q 为溃口单宽流量；H_e 水流高度。

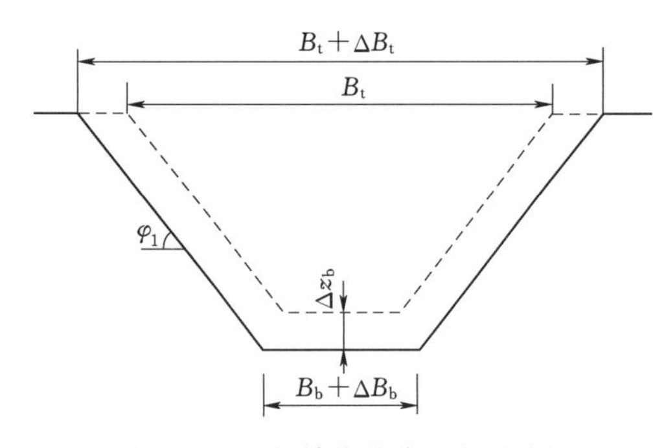

图 5.2-3 坝轴线处溃口发展过程

对于坝轴线处的溃口发展，假设溃口处的坡角为坝壳料的内摩擦角 φ_1，横向与纵向扩展速度可表示为（图 5.2-3）

$$\Delta B_t=\frac{n_{loc}\Delta z_b}{\sin\varphi_1} \tag{5.2-15}$$

$$\Delta B_b=n_{loc}\Delta z_b\left(\frac{1}{\sin\varphi_1}-\frac{1}{\tan\varphi_1}\right) \tag{5.2-16}$$

式中：ΔB_t 为溃口顶宽增加值；ΔB_b 为溃口底宽增加值；n_{loc} 溃口所在位置（$n_{loc}=1$ 表示单侧冲蚀；$n_{loc}=2$ 表示两侧冲蚀）；Δz_b 为溃口底部冲蚀深度增加值。

5.2.5 心墙破坏

随着坝壳料的冲蚀，心墙逐渐暴露，在上游水压力和土压力的作用下，当坝壳料冲蚀到一定程度后，心墙可能产生拉裂缝而导致倾覆破坏或剪切破坏（图 5.2-4）；作者假设破坏的心墙两侧呈直立状。对于心墙可能遭受拉应力导致的倾覆，采用力矩平衡法模拟其安全性；对于心墙可能发生的剪切破坏，采用力学平衡法模拟其安全性。在每个时间步计算比较两种可能破坏模式的安全性，从而选择出适当的破坏模式[14,25]。

若心墙发生倾覆破坏，向下游各种推力作用在心墙破坏面上的力矩 M_o 可表示为

$$M_o=F_s\cdot h_k+F_w\cdot\frac{h_k(2h_r-h_k)+h_r}{3(h_r-h_k+h_r)}+F_e\cdot\frac{h_k(2h_r-h_k)+h_r}{3(h_r-h_k+h_r)} \tag{5.2-17}$$

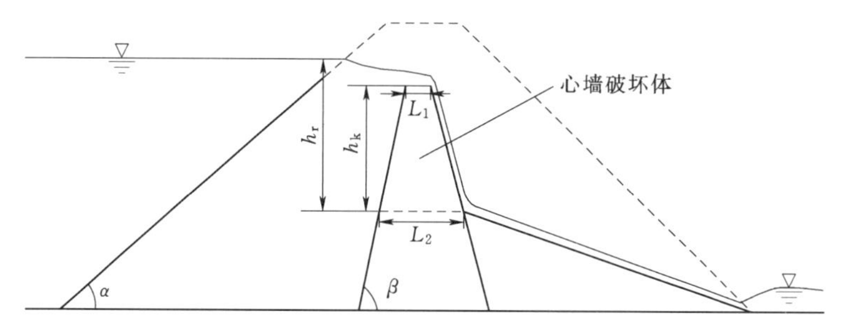

图 5.2-4 心墙破坏示意图

式中：F_s 为溃口漫顶水流作用在心墙顶部的剪切力；F_w 为库水作用在心墙上的水压力；F_e 为上游坝壳料作用在心墙上的土压力；h_k 为破坏心墙的高度；h_r 为库水位距离心墙破坏面的高度。其中，F_s、F_w 与 F_e 计算式为

$$F_s=\tau_b \cdot B_b \cdot L_1 \tag{5.2-18}$$

$$F_w=\rho_w g \cdot B_b \cdot h_k(h_r-0.5h_k) \tag{5.2-19}$$

$$F_e=\frac{1}{2}K_a \cdot \gamma_s \cdot (1-p_1') \cdot B_b \cdot h_k^2 \tag{5.2-20}$$

式中：L_1 为心墙顶部宽度；K_a 为主动土压力系数；γ_s 为土颗粒的容重；p_1'为坝壳料的孔隙率。

抵抗力作用在心墙破坏面上的力矩 M_r 可表示为

$$M_r=2A_t \cdot C_2 \cdot \frac{h_k(2h_r-h_k)+h_r}{3(h_r-h_k+h_r)}+\frac{1}{2}W \cdot L_2 \tag{5.2-21}$$

式中：A_t 为破坏心墙的截面积；C_2 为黏土心墙的黏聚力；W 为破坏面以上心墙的重量；L_2 为心墙破坏面处的宽度。其中，A_t 与 W 可表示为

$$A_t=\frac{1}{2}(L_1+L_2) \cdot h_k \tag{5.2-22}$$

$$W=0.5\gamma_s \cdot (1-p_2')(L_1+L_2)h_k \cdot B_b \tag{5.2-23}$$

式中：p_2'为心墙料的孔隙率。

心墙发生倾覆破坏的临界条件用式（5.2-24）表示：

$$M_o=M_r \tag{5.2-24}$$

若心墙发生剪切破坏，作用在心墙上的驱动力包括水流剪切力、水压力与土压力，作用在心墙上的抵抗力包括心墙破坏体与两侧及底部的黏结力，以及底部摩擦力。心墙发生剪切破坏的临界条件为

$$F_s+F_w+F_e=F_c+F_f \tag{5.2-25}$$

式中：F_c 为心墙破坏体与侧面及底部的黏结力；F_f 为心墙破坏体底部的摩擦力。可分别表示为

$$F_c=(2A_t+L_2 \cdot B_b) \cdot C_2 \tag{5.2-26}$$

$$F_f=W \cdot \tan\varphi_2 \tag{5.2-27}$$

式中：φ_2 为心墙料的内摩擦角。

5.2.6 不完全溃坝与坝基冲蚀

随着溃口冲深的增加，溃口达到坝体底部，模型考虑了溃口水流对坝基冲蚀的可能性。模型假设可冲蚀的坝基呈水平层状分布（图 5.2-5）。结合坝基材料的物理力学性质，采用冲蚀公式（5.2-10）计算坝基的冲蚀过程。模型保证水量平衡关系，并采用式（5.2-2）中的尾水淹没修正系数考虑坝基冲蚀时尾水对于溃口流量过程的影响。

另外，由于心墙土的黏性较大，也可能存在不完全溃坝的情况，具体可通过式（5.2-24）与式（5.2-25）进行判断，当溃坝水流无法使得心墙发生破坏时，随着库水位的不断下降，溃坝过程也就逐渐停止。

5.2.7 溃口边坡稳定性

心墙发生破坏后，随着黏土心墙溃口的逐渐发展，溃口边坡可能会发生失稳。采用极限平衡法分析边坡稳定性，并假设破坏面为平面，当满足式（5.2-28）时，边坡失稳（图 5.2-6）：

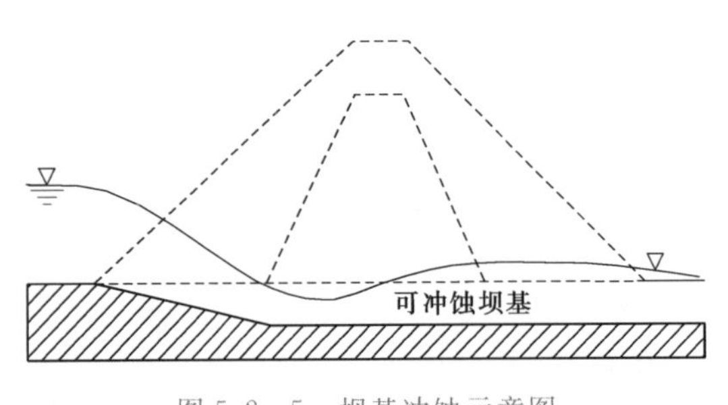

图 5.2-5　坝基冲蚀示意图

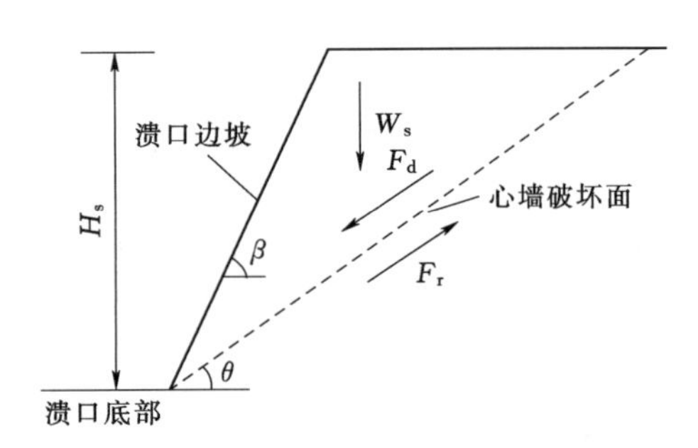

图 5.2-6　溃口边坡稳定性分析

$$F_d > F_r \tag{5.2-28}$$

式中：F_d 为滑动力；F_r 为抗滑力。其中，F_d 与 F_r 分别表示为

$$F_d = W_s \sin\theta = \frac{1}{2}\gamma_b H_s^2 \left(\frac{1}{\tan\theta} - \frac{1}{\tan\beta}\right)\sin\theta \tag{5.2-29}$$

$$F_r = W_s \cos\theta \tan\varphi_2 + \frac{C_2 H_s}{\sin\theta} = \frac{1}{2}\gamma_b H_s^2 \left(\frac{1}{\tan\theta} - \frac{1}{\tan\beta}\right)\cos\theta \tan\varphi_2 + \frac{C_2 H_s}{\sin\theta} \tag{5.2-30}$$

式中：H_s 为溃口边坡高度；W_s 为破坏体重量；β 和 θ 分别为溃口边坡失稳前后的坡角；γ_b 为土体容重，γ_b 可用式（5.2-31）计算：

$$\gamma_b = (1 - p_2')\gamma_s + p_2'\gamma_w \tag{5.2-31}$$

5.2.8 数值计算方法

采用按时间步长迭代的计算方法模拟黏土心墙坝的漫顶溃坝过程，通过在每个时间步长计算溃口流量过程与溃口发展过程模拟溃坝过程中的水土耦合，计算流程见图 5.2-7。

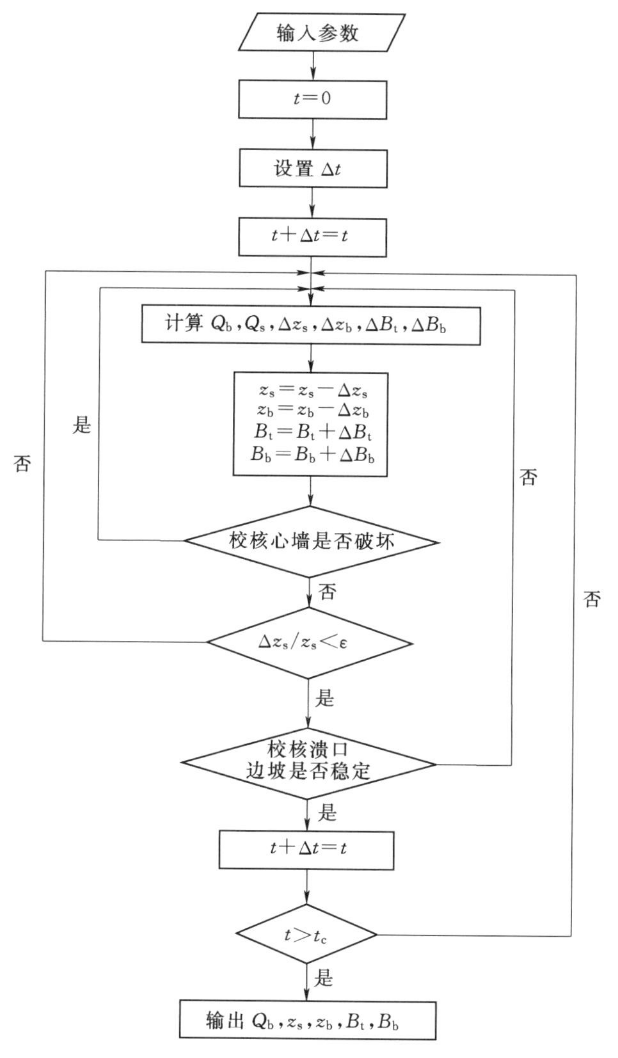

图 5.2-7 黏土心墙坝漫顶溃坝过程计算流程图

5.3 模型验证

5.3.1 板桥水库溃坝案例参数选取

为了验证模型的合理性，选择具有实测资料的板桥水库心墙坝溃坝案例，采用作者的模型和数值计算方法对其漫顶溃决过程进行分析。板桥水库位于我国河南省泌阳县，该水库心墙堆石坝最大坝高 24.5m，于 1975 年 8 月 8 日约 1：30 发生漫顶溃决，溃口最终形状见图 5.3-1 和图 5.3-2[2,26]。

图 5.3-3 和图 5.3-4 给出了板桥水库水位-库面面积关系和溃坝前后的入库流量过程[2]。

图 5.3-1　板桥水库黏土心墙坝最终溃口照片

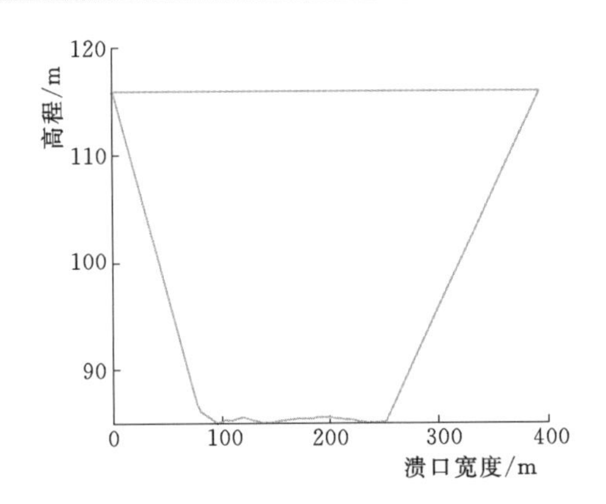

图 5.3-2　板桥水库黏土心墙坝最终溃口尺寸示意图

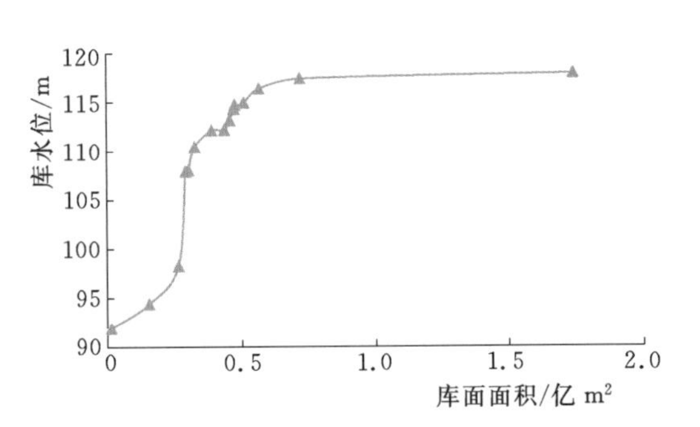

图 5.3-3　板桥水库水位-库面面积关系

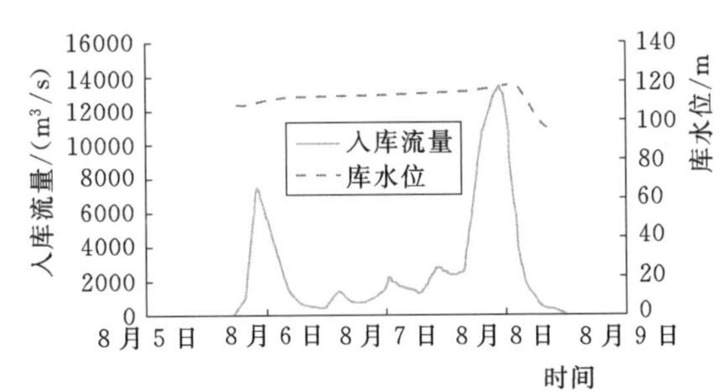

图 5.3-4　板桥水库溃坝前后入库流量及库水位变化过程

由于溃坝的年代较为久远，无法获取当时坝料的冲蚀特性参数，借鉴已有的研究成果，溯源冲刷系数 C_T 的取值范围一般为 0.0025～0.0049$m^{-1/6}s^{-2/3}$[13]，由于心墙坝的坝壳料抗冲蚀能力较弱，因此本次计算选取 $C_T=0.005m^{-1/6}s^{-2/3}$。另外，对于坝料冲蚀系数 k_d，心墙料的冲蚀系数采用式（5.2-10）计算。对于坝壳料，基于 Hanson 等[27]通过模型试验获取的 k_d 与 c（黏粒含量）的关系，本次计算选取 $k_d=18.0cm^3/(N\cdot s)$。另外，实测资料显示（图 5.3-2），溃坝后在坝基产生了约 5.0m 的冲坑，因此模型的输入参数中考虑坝基冲蚀，坝基冲蚀深度选取为 −5.0m。模型的计算输入参数见表 5.3-1 和表 5.3-2。

表 5.3-1　　板桥水库坝体与水库形态及溃坝初始条件

参数名称	取　值	参数名称	取　值
坝高/m	24.5	A_s/m²	A_s-h
坝顶长/m	2020.0	初始库水位/m	26.0
坝顶宽/m	6.0	初始溃口顶宽/m	5.0
上游坡比（垂直/水平）	0.384	初始溃口底宽/m	5.0
下游坡比（垂直/水平）	0.5	初始溃口深度/m	0.4
时间步长/s	1	入库流量/(m³/s)	$Q_{in}-t$

表 5.3-2　　板桥水库心墙坝心墙与坝壳料物理力学特性

坝体部位	参数名称	取值	坝体部位	参数名称	取值
心墙	心墙高度/m	23.0	心墙	黏粒含量	40%
	心墙顶宽/m	3.0	坝壳	d_{50}/mm	0.2
	上游坡比（垂直/水平）	4.0		p_1'	0.35
	下游坡比（垂直/水平）	4.0		C/kPa	0.0
	d_{50}/mm	0.03		$\tan\varphi_1$	0.5
	p_2'	0.3		$C_T/(m^{-1/6}/s^{-2/3})$	0.005
	C/kPa	30.0		$k_d/[cm^3/(N\cdot s)]$	18.0
	$\tan\varphi_2$	0.37	坝基	坝基冲蚀/m	−5.0

5.3.2　计算结果分析

由表 5.3-1 可以看出，初始溃坝时，漫顶水头的高度为 1.5m，因此由式（5.2-4）确定初始冲坑的位置在下游坝脚处。图 5.3-5 给出了坝壳料溯源冲刷距离与时间的关系，由图中可以看出，由于溃坝时来流量较大，不到 0.1h 溃口处的坝壳料即被冲蚀完毕。另外，由图 5.3-6 可以看出，心墙在溃坝后仅 0.03h 即发生第一次破坏，破坏高度为 0.62m。通过计算发现，心墙的破坏模式为倾倒破坏，破坏时的驱动力矩与抵抗力矩分别为 7888.43kN·m 与 7829.34kN·m。

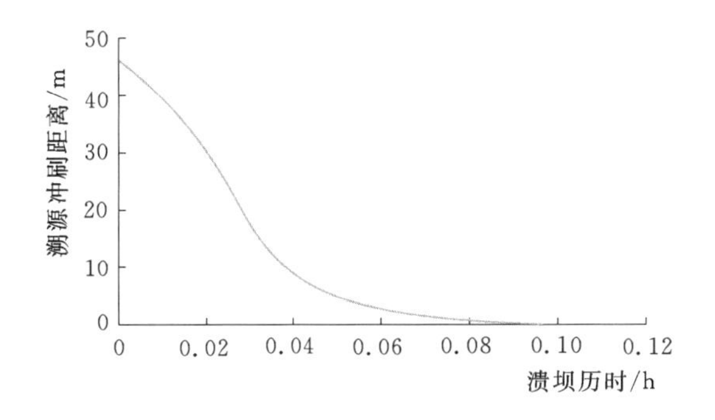

图 5.3-5　溃坝过程中溃口处坝壳料溯源冲刷情况

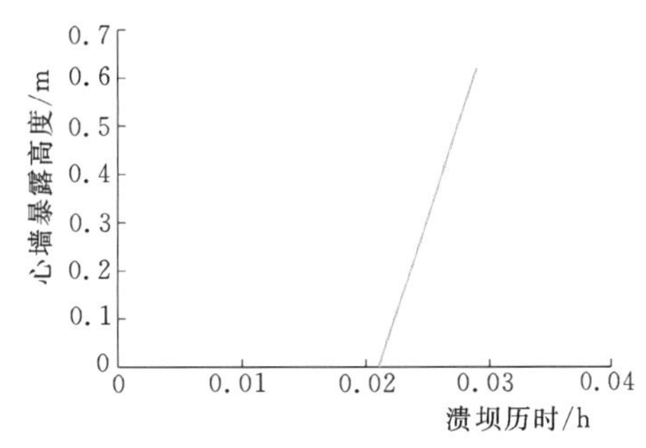

图 5.3-6　溃坝过程中溃口处心墙暴露高度至临界状态

表 5.3-3 比较了板桥水库漫顶溃坝参数的实测值与计算值，主要包括溃口峰值流量（Q_p）、溃口最终顶宽（B_t）、溃口最终底宽（B_b）、峰值流量出现时间（T_p）和溃坝历时（T_f），并给出了计算结果的相对误差。由于没有实际的溃口流量过程的监测资料，仅有库水位变化过程的实测资料，因此图 5.3-7 给出了溃口流量的计算值，图 5.3-8 对比了溃坝过程中库水位实测值与计算值。

由表 5.3-3 板桥水库溃坝案例的实测值[2]与计算值的对比分析发现，溃坝各主要参数的误差均在±20%以内。另外，通过图 5.3-8 可以看出，计算获得的库水位变化曲线与实测值基本吻合，间接证明了图 5.3-7 溃口流量过程线计算结果的合理性。综上可知，本章提出的黏土心墙坝漫顶溃决过程数学模型可合理反映板桥水库的溃坝过程。

表 5.3-3　板桥水库黏土心墙坝漫顶溃决参数的实测值与计算值对比

溃坝参数	实测值	计算值	相对误差
$Q_p/(m^3/s)$	78100	66346.8	−15.1%
B_t/m	372.0	370.4	−0.4%
B_b/m	210.0	240.1	+14.3%
T_p/h	1.45	1.47	+1.4%
T_f/h	5.5	6.27	+14.0%

注　T_f 为溃坝历时，定义为溃口发展至最终溃口宽度的99%所经历的时间。

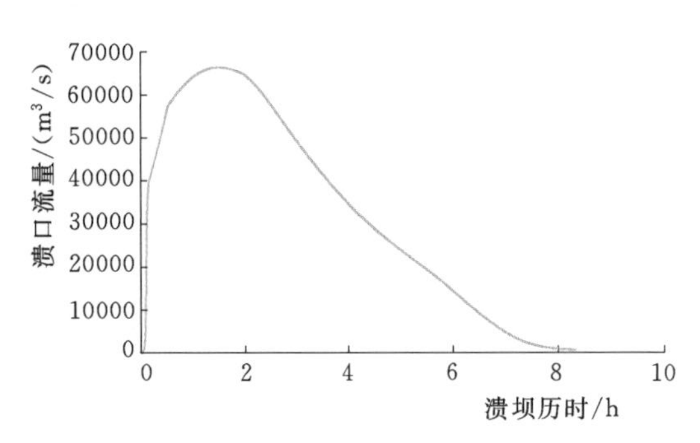

图 5.3-7　板桥水库黏土心墙坝漫顶溃坝的溃口流量过程线

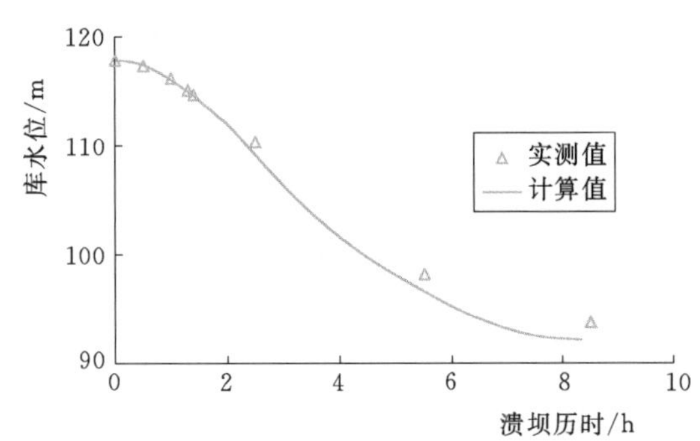

图 5.3-8　板桥水库黏土心墙坝漫顶溃坝过程库水位实测值与计算值对比

5.4　模型应用

为了进一步验证模型的合理性和应用作者模型解决实际溃坝模拟问题，本节另外选择了9个黏土心墙坝漫顶溃决案例，9个案例主要包括1个欧盟IMACT项目的大尺度冰碛土心墙堆石坝模型试验[28]和8个实体坝溃坝案例[1-2,29-31]。由于大多数溃坝案例均为 k_d 与 C_T 的实测值，因此采用5.3节介绍的方法确定没有实测值的 k_d 与 C_T。坝体及水库形状、坝料特性等计算参数见表5.4-1和表5.4-2。

5.4.1　计算参数选取

选择国内外10个具有实测资料的黏土心墙坝漫顶溃坝案例对作者提出的模型进行验证。10个案例包括1个欧盟IMPACT项目的现场溃坝模型试验[28,31]和9座国内外黏土心墙坝实际溃坝案例[2,13,29,35,36]。模型的计算参数，如坝的轮廓信息、土体物理力学指标、水库特征信息等见表5.4-1和表5.4-2。

5.4.2　计算结果分析

表5.4-3列举了9个溃坝案例的模型计算结果与实测结果，比较的模型参数主要包括：溃口峰值流量（Q_p）、溃口最终顶宽（B_t）、溃口最终底宽（B_b）、峰值流量出现时间（T_p）及溃坝历时（T_f）。

表 5.4-1　　黏土心墙坝漫顶溃坝案例大坝与水库信息

序号	大坝名称	坝高/m	坝长/m	顶宽/m	上游坡比	下游坡比	库容/m^3	库面面积/m^2	初始库水位/m	入流量/(m^3/s)	坝基冲蚀深度/m
1	Castlewood	21.3	182.9	4.9	0.333	1.0	4.23×10^6	A_s-h	21.6	—	0.0
2	Coedty	11.0	262.0	3.1	0.333	0.333	3.10×10^5	—	11.1	—	0.0
3	Elk City	9.1	564.0	4.9	0.4	0.4	7.40×10^5	—	9.4	—	0.0
4	Grand Rapids	7.6	441.0	3.7	0.4	0.4	2.20×10^5	—	7.7	—	0.0
5	IMPACT 试验	5.9	60.0	3.0	0.645	0.645	6.30×10^4	A_s-h	5.4	$Q_{in}-t$	0.0
6	刘家台	35.8	295.0	5.0	0.333	0.333	4.05×10^7	—	35.9	$Q_{in}-t$	0.0
7	Oros	35.4	620.0	5.0	0.276	0.24	6.60×10^8	A_s-h	35.8	—	−4.0
8	竹沟	23.5	300	5.0	0.4	0.4	1.54×10^7	—	23.5	$Q_{in}-t$	0.0
9	佐村	35.0	640	7.0	0.5	0.5	4.00×10^7	—	40.0	$Q_{in}-t$	0.0

表 5.4-2　　黏土心墙坝漫顶溃坝案例心墙与坝壳料物理力学指标

序号	大坝名称	心墙									坝壳			
		高度/m	顶宽/m	上游坡比	下游坡比	d_{50}/mm	p_2'	C/kPa	$\tan\varphi$	黏粒含量	d_{50}/mm	p_1'	C/kPa	$\tan\varphi$
1	Castlewood	20.0	4.0	4.0	4.0	0.3	0.22	15.0	0.5	20%	100	0.35	0.0	0.9
2	Coedty	10.0	2.0	4.0	4.0	0.03	0.3	30.0	0.5	40%	0.2	0.35	0.0	0.37
3	Elk City	8.5	2.0	4.0	4.0	0.03	0.3	30.0	0.5	40%	0.2	0.35	0.0	0.37
4	Grand Rapids	7.0	2.0	4.0	4.0	0.03	0.3	30.0	0.5	4%	0.2	0.35	0.0	0.37
5	IMPACT 试验	5.3	1.5	4.0	4.0	7.0	0.24	20.0	1.0	0	85.0	0.24	0.4	0.9
6	刘家台	28.0	20.0	0.333	2.0	0.03	0.3	30.0	0.5	40%	0.2	0.35	0.0	0.37
7	Oros	35.4	5.0	0.9	0.45	0.2	0.35	41.2	0.51	10%	2.5	0.28	0.0	0.85
8	竹沟	23.0	3.0	4.0	4.0	0.03	0.3	30.0	0.5	40%	0.2	0.35	0.0	0.37
9	佐村	25.0	3.0	4.0	4.0	0.03	0.3	30.0	0.5	40%	0.2	0.35	0.0	0.37

表 5.4-3　　黏土心墙坝漫顶溃坝案例模型实测值与计算结果比较

序号	大坝名称	实测值				计算结果			
		Q_p/(m^3/s)	B_t/m	B_b/m	$T_p(T_f)$/h	Q_p/(m^3/s)	B_t/m	B_b/m	$T_p(T_f)$/h
1	Castlewood	3570	54.9	33.5	—(—)	3309.7	86.3	37.4	1.13(1.37)
2	Coedty	—	67.0	18.2	—(—)	334.8	48.4	26.4	0.99(2.39)
3	Elk City	—	45.5	27.7	—(0.83)	800.8	59.2	29.6	0.76(0.85)
4	Grand Rapids	—	12.2	9.1	—(0.5)	372.9	14.6	11.7	0.36(0.55)
5	IMPACT 试验	242	—	—	5.1(—)	229.5	22.7	18.1	5.17(5.27)
6	刘家台	28000	—	—	—(—)	30096.7	311.7	171.0	0.77(6.50)
7	Oros	12000～58000	200.0	130.0	—(—)	51191.1	249.2	170.4	4.66(6.36)
8	竹沟	11200	159.0	110.0	—(0.43)	9627.1	137.5	90.2	0.34(0.43)
9	佐村	23600	—	—	—(1.0)	26308.3	268.4	160.2	0.79(1.43)

为了更好地定量研究模型的计算误差，采用相对误差和均方根相对误差衡量 10 个溃坝案例（包括前文的板桥水库溃坝案例）模型计算结果与实测值之间的差异。相对误差用于衡量单个案例的误差，均方根相对误差用于衡量所有案例的整体误差。

相对误差可表示为

$$\delta=\frac{A_{i,\text{calculated}}-A_{i,\text{measured}}}{A_{i,\text{calculated}}}\times 100\% \qquad (5.4-1)$$

式中：δ 为相对误差；$A_{i,\text{calculated}}$为参数 A_i 的计算值；$A_{i,\text{measured}}$为参数 A_i 的实测值。

均方根相对误差可表示为

$$E_{\text{rms}}=\sqrt{\frac{1}{N}\sum_{i=1}^{N}\left[\lg\left(\frac{A_{i,\text{calculated}}}{A_{i,\text{measured}}}\right)\right]^2} \qquad (5.4-2)$$

式中：E_{rms}为均方根相对误差；N 为案例数。

表 5.4-4 给出了各参数计算结果与实测结果之间的误差情况，主要包括各参数相对误差±25%以内和±50%以内的溃坝案例数占有实测值溃坝案例数的比例，以及各参数的均方根相对误差。

表 5.4-4　　模型各参数计算结果误差统计

	Q_p	B_t	B_b	T_f
有实测结果案例数	7	7	7	5
相对误差±25%以内案例的比例	100%	57.1%	57.1%	80.0%
相对误差±50%以内案例的比例	100%	85.7%	100%	100%
均方根相对误差	0.042	0.117	0.097	0.082

由表 5.4-4 的计算结果可以得出：对于溃口峰值流量（Q_p），相对误差±25%和±50%的溃坝案例的比例均为 100%，均方根相对误差仅 0.042；对于溃口最终顶宽（B_t），相对误差±25%和±50%的溃坝案例的比例分别为 57.1%和 85.7%，均方根相对误差为 0.117；对于溃口最终底宽（B_b），相对误差±25%和±50%的溃坝案例的比例分别为 57.1%和 100%，均方根相对误差为 0.097；由于一般溃坝案例无溃口峰值流量出现时间（T_p）的记载，本次只衡量溃坝历时（T_f）的相对误差，由表 5.4-4 可以看出，该参数相对误差±25%和±50%的溃坝案例的比例分别为 80.0%和 100%，均方根相对误差为 0.082。

通过表 5.4-3 和表 5.4-4 可以发现，溃口峰值流量的计算误差较小，溃口最终宽度和溃坝历时的计算误差较大，这主要与坝料性质的复杂性和溃坝历时的统计有关。对于年代久远的大坝，坝料的实测资料较少，因此常采用假设的参数；而对于溃坝历时，往往是在溃坝以后通过反馈分析或者实地调查获取，也可能存在较大误差。但通过比较 10 个溃坝案例的计算值与实测值发现，作者建立的模型可较好地模拟黏土心墙坝的漫顶溃决过程，计算结果也可满足工程需求。

5.5　与国内外常用溃坝参数模型对比

由于国内外通用的黏土心墙坝漫顶溃决过程数学模型较少，目前常用的是美国国家气象局 Fread 开发的 NWS BREACH 模型[32]，该模型虽然可以模拟黏土心墙坝的漫顶溃决过程，但由于其仅采用统一的冲蚀公式分别模拟坝壳料与心墙土的冲蚀，未考虑心墙坝的结构特点，因此也无法合理反映黏土心墙坝的漫顶溃决特征。作者选择目前国内外较为通用的3个溃坝参数模型与作者建立的模型进行对比，分别比较溃口峰值流量（Q_p）、溃口最终平均宽度（B_{ave}）和溃坝历时（T_f）3个输出参数。选择的模型为 USBR 模型[33]、Froehlich 模型[34]及 Xu 与 Zhang 模型[29]，3个模型的介绍可参阅本书2.1节。3个溃坝参数模型的输入参数见表5.5-1[13,29,35]。

表5.5-1　　溃坝参数模型输入参数

序号	大坝名称	冲蚀率	h_d/m	h_b/m	h_w/m	V_w/m³
1	板桥	HE	24.5	29.5	31.0	6.08×10^8
2	Castlewood	ME	21.3	21.3	21.6	6.17×10^6
3	Coedty	HE	11.0	11.0	11.0	3.11×10^5
4	Elk City	ME	9.1	9.1	9.4	1.18×10^6
5	Grand Rapids	ME	7.6	7.5	7.5	2.55×10^5
6	IMPACT 试验	ME	5.9	5.9	5.9	6.30×10^4
7	刘家台	ME	35.9	35.9	35.9	4.05×10^7
8	Oros	LE	35.4	35.5	35.8	6.60×10^8
9	竹沟	HE	23.5	23.5	23.5	1.84×10^7
10	佐村	HE	35.0	35.0	35.0	4.00×10^7

注　HE—高冲蚀率；ME—中冲蚀率；LE—低冲蚀率；h_d—坝高；h_b—最终溃口深度；h_w—溃坝时溃口底部以上水深；V_w—溃坝时溃口底部以上水库库容。

表5.5-2与表5.5-3分别给出了3个溃坝参数模型的计算结果，及模型计算输出结果的误差统计。对于溃口峰值流量，由均方根相对误差计算结果可以看出，Xu 与 Zhang 模型的误差最小，Froehlich 模型次之，USBR 模型的误差最大，但 USBR 模型相对误差±50%以内案例的比例较之于 Froehlich 模型更高；对于溃口最终平均宽度，由均方根相对误差计算结果可以看出，Xu 与 Zhang 模型的误差最小，Froehlich 模型次之，USBR 模型的误差最大，但 USBR 模型相对误差±50%以内案例的比例较之于 Froehlich 模型更高；对于溃坝历时，由均方根相对误差计算结果可以看出，Froehlich 模型的误差最小，Xu 与 Zhang 模型次之，USBR 模型的误差最大，但 Xu 与 Zhang 模型相对误差±25%与±50%以内案例的比例较之于 Froehlich 模型更高。

表5.5-2　　3个溃坝参数模型的计算结果

序号	大坝名称	USBR			Froehlich			Xu 与 Zhang		
		Q_p/(m³/s)	B_{ave}/m	T_f/h	Q_p/(m³/s)	B_{ave}/m	T_f/h	Q_p/(m³/s)	B_{ave}/m	T_f/h
1	板桥	10966.1	93.0	1.02	16734.9	310.5	5.46	55353.4	319.1	3.03
2	Castlewood	5620.5	64.8	0.71	2760.9	67.2	0.64	3605.0	68.6	1.24
3	Coedty	1612.9	33.0	0.36	495.3	22.8	0.24	570.0	40.5	0.28

续表

序号	大坝名称	USBR			Froehlich			Xu 与 Zhang		
		Q_p/(m³/s)	B_{ave}/m	T_f/h	Q_p/(m³/s)	B_{ave}/m	T_f/h	Q_p/(m³/s)	B_{ave}/m	T_f/h
4	Elk City	1215.4	28.3	0.31	607.2	33.7	0.57	539.6	31.5	0.96
5	Grand Rapids	794.1	22.5	0.25	290.5	19.3	0.35	207.5	17.9	0.60
6	IMPACT 试验	509.5	17.7	0.19	210.7	12.1	0.36	140.6	18.4	0.68
7	刘家台	14386.6	107.7	1.18	9033.0	135.6	1.09	16484.9	134.0	2.07
8	Oros	14312.6	107.4	1.18	20500.7	330.3	4.83	16498.3	157.1	23.23
9	竹沟	6569.1	70.5	0.78	4232.9	97.2	1.05	9245.4	141.7	0.99
10	佐村	13726.5	105.0	1.16	8718.5	134.3	1.11	22818.3	703.1	1.10

表 5.5-3　　3 个溃坝参数模型计算结果误差统计

	USBR			Froehlich			Xu 与 Zhang		
	Q_p/(m³/s)	B_{ave}/m	T_f/h	Q_p/(m³/s)	B_{ave}/m	T_f/h	Q_p/(m³/s)	B_{ave}/m	T_f/h
有实测结果案例数	7	7	5	7	7	5	7	7	5
相对误差±25%以内案例的比例	0	28.6%	20.0%	14.3%	28.6%	40.0%	42.9%	71.4%	60.0%
相对误差±50%以内案例的比例	42.9%	71.4%	40.0%	28.6%	57.1%	80.0%	85.7%	71.4%	80.0%
均方根相对误差	0.452	0.272	0.420	0.427	0.202	0.202	0.250	0.116	0.205

通过 10 个溃坝案例的综合分析来看，对于溃坝参数模型，Xu 与 Zhang 模型的表现最优，Froehlich 模型次之，USBR 模型的表现最差；而作者建立的可考虑黏土心墙坝溃决机理的数学模型的计算结果较参数模型更为优越。

5.6　本章小结

本章基于黏土心墙坝的漫顶溃决机理，提出一个模拟其溃决过程的数学模型。该模型基于坝体形状和漫顶水流特征确定下游坡冲蚀时的初始冲坑位置，采用宽顶堰流量公式计算溃口流量，并利用溯源冲刷公式模拟坝壳料的冲蚀；通过力矩平衡法与力学平衡法分别模拟了心墙的倾倒破坏与剪切破坏；模型还可考虑坝体的单侧冲蚀、两侧冲蚀及坝基的冲蚀；采用按时间步长迭代的数值计算方法模拟溃坝时的水土耦合过程。为验证模型的合理性，选择国内外 10 个具有实测资料的心墙坝漫顶溃坝案例对模型进行验证，通过对比峰值流量、溃口最终宽度及溃坝历时等参数发现，模型计算结果与实测值的相对误差可满足工程需求。另外，选择国内外常用的溃坝参数模型，对 10 个溃坝案例进行计算分析，计算结果表明 Xu 与 Zhang 模型的表现最优，Froehlich 模型次之，USBR 模型的表现最差；而作者建立的可考虑溃坝机理的数学模型的表现优于参数模型。

参 考 文 献

[1] 水利部大坝安全管理中心. 全国水库垮坝登记册 [R]. 南京：水利部大坝安全管理中心，2018.

[2] 汝乃华，牛运光. 大坝事故与安全·土石坝 [M]. 北京：中国水利水电出版社，2001.
[3] 陈生水. 土石坝溃决机理与溃决过程模拟 [M]. 北京：中国水利水电出版社，2012.
[4] ASCE/EWRI Task Committee on Dam/Levee Breaching. Earthen embankment breaching [J]. Journal of Hydraulic Engineering，2011，137 (12)：1549 - 1564.
[5] ZHONG Q M，WU W M，CHEN S S，et al. Comparison of simplified physically based dam breach models [J]. Natural Hazards，2016，84 (2)：1 - 34.
[6] 霍家平，钟启明，梅世昂. 土石坝溃决过程数值模拟研究进展 [J]. 人民长江，2018，49 (2)：98 - 103.
[7] MORRIS M W，HASSAN M A A M，VASKINN K A. Breach formation：Field test and laboratory experiments [J]. Journal of Hydraulic Research，2007，45 (S1)：9 - 17.
[8] 陈生水，钟启明，曹伟. 黏土心墙坝漫顶溃决过程离心模型试验与数值模拟 [J]. 水科学进展，2011，22 (5)：87 - 92.
[9] SINGH V P. Dam breach modeling technology [M]. Dordrecht：Kluwer Academic Publishes，1996.
[10] FREAD D L. DAMBREAK：The NWS dam break flood forecasting model [R]. Silver Spring：National Oceanic and Atmospheric Administration，1984.
[11] VISSER P J. Breach growth in sand - dikes [D]. Delft：Delft University of Technology，1998.
[12] 钟启明，陈生水，邓曌. 均质土坝漫顶溃坝过程数学模型研究及应用 [J]. 水利学报，2016，47 (12)：1519 - 1527.
[13] WU W M. Simplified physically based model of earthen embankment breaching [J]. Journal of Hydraulic Engineering，2013，139 (8)：837 - 851.
[14] 钟启明，陈生水，曹伟，等. 考虑心墙不同破坏模式的黏土心墙坝漫顶溃坝过程数学模型 [J]. 中国科学：E辑　技术科学，2017，49 (9)：992 - 1000.
[15] HUTCHINSON DL. Physics of Erosion of Cohesive Soils [D]. Aukland：Univerisity of Aukland，1972.
[16] FOSTER G R，MEYER L D，ONSTAD A. An erosion equation derived from basic erosion principles [J]. Transactions of ASAE，1977，20 (4)：678 - 682.
[17] TEMPLE D M. Stability of grass - lined channels following mowing [J]. Transactions of ASAE，1985，28 (3)：750 - 754.
[18] U. S. Dept. of Agriculture，Natural Resources Conservation Service (USDA - NRCS)，Chapter 51：Earth spillway erosion model，part 628 dams [M]. National Engineering Handbook，NRCS，Washington，DC，1997.
[19] WAN C F，FELL R. Investigation of rate of erosion of soils in embankment dams [J]. Journal of Geotechnical and Geoenvironmental Engineering，2004，130 (4)：373 - 380.
[20] BRIAUD J L，TING F C K，CHEN H C，et al. Erosion function apparatus for scour rate prediction [J]. Journal of Geotechnical and Geoenvironmental Engineering，2001，127 (2)：105 - 113.
[21] TEMPLE D M，HANSON G J. Headcut development in vegetated earthspillways [J]. Applied Engineering in Agriculture，1994，10 (5)：677 - 682.
[22] WU W M. Computational river dynamics [M]. London：Taylor & Francis，2007.
[23] TEMPLE D M. Estimating flood damage to vegetated deep soil spillways [J]. Applied Engineering in Agriculture，1992，(8)：237 - 242.
[24] 梅世昂，霍家平，钟启明. 均质土坝漫顶溃决"陡坎"移动参数确定 [J]. 水利水运工程学报，2016，(2)：24 - 31.
[25] ZHONG Q M，CHEN S S，DENG Z. A simplified physically - based model for core dam overtop-

ping breach [J]. Engineering Failure Analysis, 2018, 90: 141 - 155.

[26] ZHONG Q M, CHEN S S, MEI S A. Back analysis of Banqiao clay core dam breaching [C]// 4th International Conference on Long - Term Behavior and Environmentally Friendly Rehabilitation Technologies of Dams, Tehran.

[27] HANSON G J, TEMPLE D M, HUNT S L, et al. Development and characterization of soil material parameters for embankment breach [J]. Applied Engineering in Agriculture, 2011, 27 (4): 587 - 595.

[28] MORRIS M W, HASSAN M A A M, Vaskinn K A. Breach formation technical report (WP2) [R]. Oxfordshire: HR Wallingford Ltd., 2005.

[29] XU Y, ZHANG L M. Breaching parameters for earth and rockfill dams [J]. Journal of Geotechnical and Geoenvironmental Engineering, 2009, 135 (12): 1957 - 1969.

[30] MORRIS M W. Breaching of earth embankments and dams [D]. London: the Open University, 2011.

[31] MORRIS MW. IMPACT Project field tests data analysis [R]. Oxfordshire: HR Wallingford Ltd., 2008.

[32] FREAD D L. BREACH: an erosion model for earthen dam failure [R]. Silver Spring: National Weather Service, 1988.

[33] U. S. Bureau of Reclamation (USBR). Downstream hazard classification guidelines [R]. Denver: ACER Tech. Memorandum No. 11, U. S. Department of the Interior, 1988.

[34] FROEHLICH D C. Peak outflow from breached embankment dam [J]. Journal of Water Resources Planning and Management, 1995, 121 (1): 90 - 97.

[35] WAHL T L. Prediction of embankment dam breach parameters: A literature review and needs assessment [R]. Denver: Bureau of Reclamation, 1998.

第 6 章

混凝土面板堆石坝漫顶溃坝数学模型及应用

6.1 概述

混凝土面板堆石坝是一种以堆石料为主要筑坝材料，以上游侧钢筋混凝土面板、趾板以及各类接缝止水结构为防渗系统的土石坝[1-2]，与均质土坝和心墙坝相比，该坝型具有断面尺寸较小、施工几乎不受气候影响等特点，是一种极具竞争力的坝型[2-4]。我国自1985年采用现代振动碾压技术修建了西北口水库大坝（最大坝高95m）后，混凝土面板堆石坝在30余年的建设中得到了快速发展[5]。

据不完全统计[3]，截至2011年年底，我国已建成、在建和拟建的混凝土面板堆石坝已达305座，其中坝高100m或超过100m的高混凝土面板堆石坝有94座，高坝中已建成48座，在建20座，拟建26座，遍布全国29个省（自治区、直辖市）。对照国际大坝委员会的不完全统计，中国混凝土面板堆石坝的总数已经占全世界的50%以上，高混凝土面板堆石坝的数量已经占全世界的60%左右[3]。

20世纪末21世纪初我国相继建成了一批高混凝土面板堆石坝，如天生桥一级（最大坝高178m）、水布垭（最大坝高233m）、三板溪（最大坝高185.5m）、洪家渡（最大坝高179.5m）、滩坑（最大坝高162m）、紫坪铺（最大坝高156m）、吉林台一级（最大坝高157m）和马鹿塘二期（最大坝高154m）等，已建混凝土面板堆石坝最高的是水布垭大坝（最大坝高233m），也是世界上已建最高的面板堆石坝。我国正在建设的阿尔塔什面板堆石坝最大坝高164.8m，坝基砂卵石覆盖层最大厚度近100m；另外，中国规划建设的面板砂砾石坝已经达到250m量级，如新疆库玛拉克河上的大石峡面板砂砾石坝（最大坝高247m），以及位于黄河干流的青海茨哈峡面板砂砾石坝（最大坝高256m）[6]。通过开展相关建设关键技术的科研论证，我国也即将开工建设世界最高的大石峡面板堆石坝（最大坝高247m）。

近年来，随着我国高混凝土面板堆石坝建设数量和坝高的不断攀升，已建成的高面板堆石坝也暴露出一系列的安全问题[7-11]，例如：天生桥一级面板坝施工期出现面板顶部弯曲裂缝、垫层料拉伸裂缝，运行期面板沿垂直缝挤压破坏；普西桥面板坝面板垂直缝挤压破坏；布西面板坝面板水平施工缝挤压破坏；三板溪面板坝面板脱空，蓄水后产生大量裂缝；株树桥面板坝、白云面板坝由于坝体变形量以及不均匀沉降变形过大，导致面板及其接缝发生破坏，渗漏量急剧增加等。另外，由我国混凝土面板堆石坝的分布可以看出，众多的大坝建立在强震区或地质构造复杂的地区，其中四川紫坪铺面板坝已在2008年经受了汶川8级地震的考验[12-13]。尤其值得关注的是，混凝土面板堆石坝在给经济社会带来巨大效益的同时，也存在着溃决的风险。据统计[14-16]，截至2018年年底，国内外共发生过5起面板堆石坝溃坝事故，其中美国3起、阿根廷1起、中国1起。发生的溃坝事件中，有3座面板堆石坝为低于30m的低坝，产生较大影响的是1964年6月9日美国蒙大拿州坝高 57.6m 的 Swift 面板坝（修筑于 1914 年）发生漫顶溃决，导致至少 8 人死亡和约 6200 万美元的财产损失[17]；1993 年 8 月 7 日，中国青海省沟后水库坝高 71m 的混凝土面板坝发生溃决，造成 320 人死亡和重大财产损失（图 6.1-1）[18-19]，这也是国际坝工史上第一例采用现代施工工艺修筑的面板堆石坝溃坝案例。

图 6.1-1 沟后面板坝最终溃口

然而，令人遗憾的是，由于上述混凝土面板堆石坝溃决时很少有目击者，几乎没有溃决过程的测量数据，导致多年来混凝土面板堆石坝溃决机理尚不清楚，只得采用基于均质坝的溃坝机理建立的溃坝数学模型来计算其溃口发展过程和溃坝洪水流量过程。沟后水库混凝土面板坝发生溃决后，我国专家学者们针对该溃坝案例进行了深入的现场调查、试验研究和反馈计算分析，结果表明[20-25]，基于均质坝的溃坝机理建立的溃坝数学模型无法合理模拟其溃口发展过程和溃坝洪水流量过程。因此有必要深入研究混凝土面板堆石坝的漫顶溃决机理，揭示水土耦合条件下混凝土面板堆石坝的破坏规律及破坏过程，建立可合理考虑宽级配堆石料的水流冲蚀特性、堆石料与混凝土面板相互作用机制、复杂河谷形状的混凝土面板堆石坝漫顶溃坝过程数学模型，开发相应计算软件，提升混凝土面板堆石坝漫顶溃决时溃口发展过程和溃坝洪水流量过程的预测精度，进而为溃坝洪水风险分析和应急预案的编制提供理论支撑。

6.2 混凝土面板堆石坝漫顶溃决机理

沟后水库溃坝后，国内外多家科研单位围绕沟后面板坝的坝料特性及溃决机理开展了大量的研究[26-28]；作者研究团队利用自主研发的土石坝溃坝离心模型试验系统离心机开展了面板砂砾石坝的漫顶溃坝离心模型试验，再现了面板砂砾石坝的漫顶溃决过程[28]。研究发现，当混凝土面板堆石坝发生漫顶溃决时，漫顶水流首先对下游堆石体进行冲蚀，下游坝体高程虽然在不断降低，但上游面板仍起着挡水作用，此时漫顶水头并未因下游坝体高程降低而明显增加；随着冲蚀的加剧，面板的悬空长度逐渐增加，随后在水荷载和自重荷载的共同作用下，面板发生折断；随着溃口宽度的逐渐增大，相邻面板陆续折断，并且随着溃口深度的增加，单块面板可能发生数次折断；这一过程循环往复，直至库水位下降至无法使面板折断为止。

国内外关于混凝土面板堆石坝漫顶溃坝数学模型的报道较少，目前已有的报道主要包括基于沟后面板坝溃决案例反馈分析基础上提出的溃坝模型[19]，以及 Chiganne 等[29]提出的简化溃坝模型和王廷等[30]建立的动床耦合分析模型。上述模型虽采用不同的冲蚀公式模拟水流对坝料的冲蚀过程，但无法考虑宽级配堆石料在水流作用下的运动规律，而且对于面板破坏过程的分析过于简化，普遍采用分析单宽面板的受力状况模拟面板的破坏，无法考虑面板的三维特征。

本章基于混凝土面板堆石坝的漫顶溃决机理和前人的研究成果，重点考虑宽级配堆石料的物理力学特征和钢筋混凝土面板的结构特征，揭示水土耦合条件下混凝土面板堆石坝的破坏规律及破坏过程，建立可合理考虑宽级配堆石料的水流冲蚀特性、堆石料与混凝土面板相互作用机制的混凝土面板堆石坝漫顶溃坝数学模型。

6.3 溃坝数学模型

6.3.1 库水位变化及溃口流量

大坝漫顶溃决过程中，上游库水位是一个动态变化的过程，包括上游的入流和溃口及泄水建筑物的出流。在计算上游库水高程变化时，需同时考虑入库流量、溃口流量、溢洪道和闸门下泄流量，整个过程服从水量平衡方程：

$$A_s\frac{dz_s}{dt}=Q_{in}-Q_b-Q_{spill}-Q_{sluice} \tag{6.3-1}$$

式中：A_s 为水库库面面积；z_s 为水库水位；Q_{in}为入库流量；Q_b 为溃口流量；Q_{spill} 为溢洪道出流量；Q_{sluice}为闸门下泄流量。

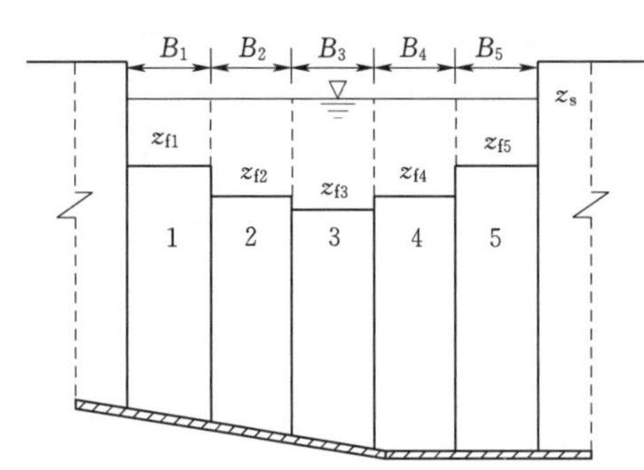

图 6.3-1 流经面板溃口的水流
(图中数字代表破坏的面板编号)

流经溃口的流量由于受面板的控制（图 6.3-1），采用如下的堰流公式进行计算：

$$Q_b=\sum_{i=1}^{n}c_d B_i H^{1.5} \tag{6.3-2}$$

式中：B_i 为第 i 块面板的宽度；H 为流经面板的水流深度，$H=z_s-z_{fi}$，其中 z_{fi} 为第 i 块面板的顶部高程；c_d 为修正系数，此处取 $1.7\text{m}^{0.5}/\text{s}$[31]。

6.3.2 坝料冲蚀

面板堆石坝的坝料一般具有宽泛的级配，图 6.3-2 为沟后面板坝的坝料级配曲线[27]。从图中可以看出，筑坝料的最大粒径大于 70mm，而最小粒径小于 0.1mm，因此，在漫顶水流作用下，坝料可能以不同的运动形式存在（如推移质或悬移质）。

为了考虑堆石材料的运动特征，采用可考虑推移质与悬移质运动特征的非平衡全沙输

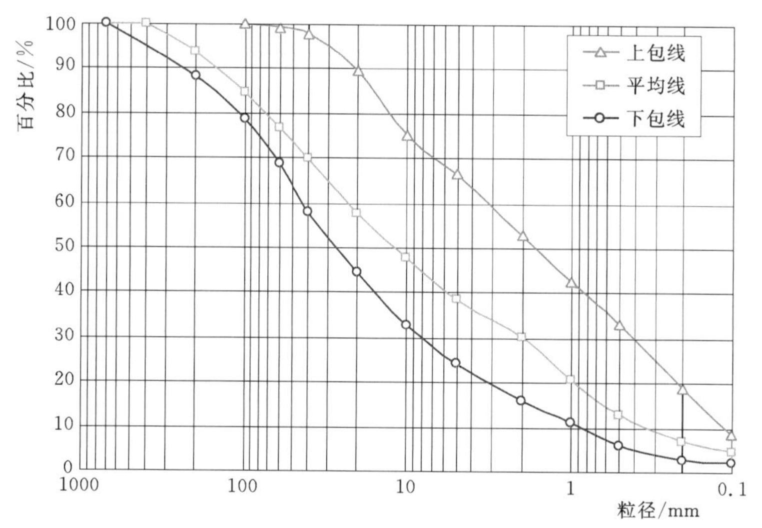

图6.3-2　沟后面板砂砾石坝坝料级配曲线

移公式模拟溃口水流作用下的坝料冲蚀[32]：

$$\frac{\partial(AC_t)}{\partial t}+\frac{\partial(Q_bC_t)}{\partial x}=-\frac{Q_b}{L_s}(C_t-C_{t*}) \tag{6.3-3}$$

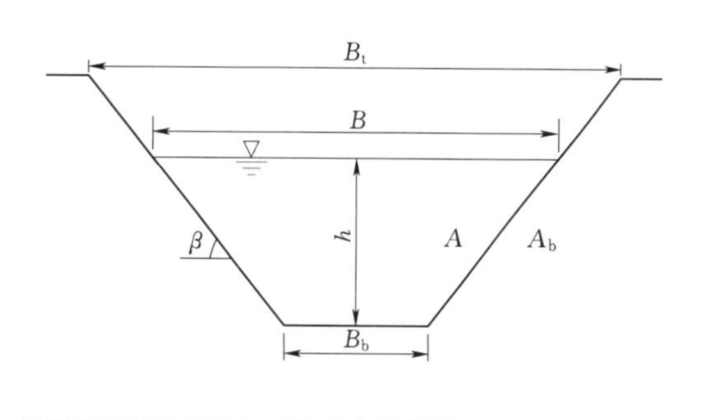

图6.3-3　溃口断面特征参数

式中：A 为溃口过水断面面积（图6.3-3）；C_t 为溃坝水流的含沙浓度；t 为时间；x 为坝体纵断面方向；C_{t*} 为平衡输沙时水流的含沙浓度；L_s 为水流由非平衡输沙状态转换到平衡输沙状态时的距离，选取采用 $L_s=6B$[33]，其中 B 为溃口处水面顶部宽度（图6.3-3）。

式（6.3-3）中，C_{t*} 可表示为推移质浓度与悬移质浓度之和：

$$C_{t*}=\frac{q_{b*}}{Q_b}+C_* \tag{6.3-4}$$

式中：q_{b*}/Q_b 为水流中推移质的浓度，其中 q_{b*} 为水流中推移质的单宽输移率；C_* 为水流中悬移质的浓度。

水流中悬移质部分的浓度可用下式计算[34]：

$$C_*=\frac{1}{20}\left(\frac{U^3}{gR\omega_s}\right)^{1.5}\Bigg/\left[1+\left(\frac{1}{45}\frac{U^3}{gR\omega_s}\right)^{1.15}\right] \tag{6.3-5}$$

式中：U 为水流流速；g 为重力加速度；R 为溃口处的水力半径；ω_s 为坝料颗粒沉降速度，可使用参考文献［35］提出的可考虑坝料颗粒形状的沉降速度公式计算。

水流中推移质的单宽输移率可用下式计算[33,36]：

$$q_{b*}=0.0053\left(\frac{\tau_b'}{\tau_c}-1\right)^{2.2}\sqrt{\left(\frac{\rho_s}{\rho_w}-1\right)gd_{50}^3} \tag{6.3-6}$$

式中：τ_b' 为颗粒剪应力，$\tau_b'=(n'/n)^{3/2}\tau_b$，其中 $n'=d_{50}^{1/6}/20$，d_{50} 为坝料的平均粒径，n 为

溃口处的糙率系数；τ_b 为溃口底部的水流切应力，可采用曼宁公式计算；ρ_w 为水的密度；ρ_s 为坝料的密度。

假设溃口流量 Q_b 在纵断面方向上保持一致，另外假设溃口水流在每个时间步长内浓度不变，且 C_{t*} 和 L_s 为常数，则式（6.3-3）的解为

$$C_{t,out}=C_{t*}+(C_{t,in}-C_{t*})e^{-\frac{\Delta x}{L_s}} \tag{6.3-7}$$

式中：$C_{t,in}$ 与 $C_{t,out}$ 分别为坝顶溃口入口处与出口处的水流含沙浓度，由于库水中一般含沙量较小，假设 $C_{t,in}=0$；Δx 为纵断面方向坝顶溃口的长度（图 6.3-4）。

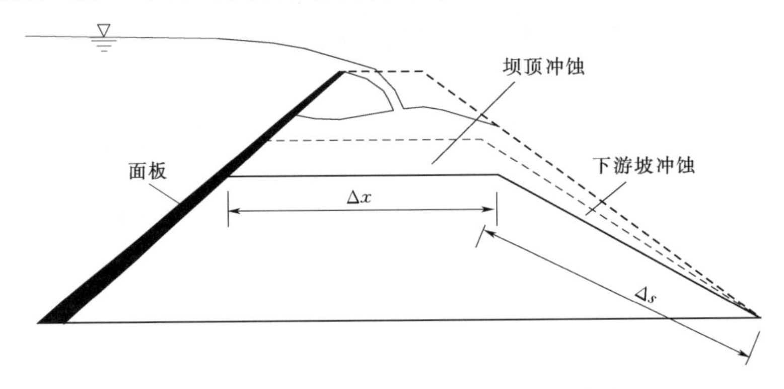

图 6.3-4　坝体纵断面坝顶与下游坡的冲蚀

另外，当计算下游坡出口的浓度时，将式（6.3-7）中的 Δx 替换为 Δs，其中 Δs 为纵断面方向下游坡溃口的长度，将坝顶溃口出口处的水流含沙浓度代入式（6.3-7），便可计算出下游坡出口处的水流含沙浓度。

则溃口坝料体积变化率可表示为

$$(1-p')\frac{dV_b}{dt}=Q_b\cdot(C_{t,in}-C_{t,out}) \tag{6.3-8}$$

式中：$\frac{dV_b}{dt}$ 为溃口坝料体积变化率；p' 为坝料孔隙率。

随后将每个时间步长的坝料体积变化分解到坝顶和下游坡的溃口上，计算得出堆石体溃口的发展过程。

6.3.3　堆石体溃口的发展

假定坝顶溃口的发展为一个连续的过程，并且溃口边坡在失稳之前保持不变（图 6.3-5）。溃口顶宽的增量可表示为

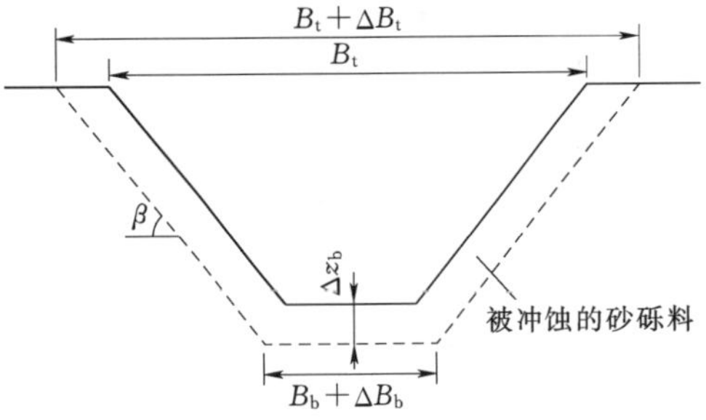

图 6.3-5　坝顶溃口发展示意图

$$\Delta B_t=\frac{n_{loc}\Delta z_b}{\sin\beta} \tag{6.3-9}$$

式中：ΔB_t 为溃口顶宽的增量；n_{loc} 为溃口位置参数（其中 $n_{loc}=1$ 或 2 分别代表溃口位于坝顶中部或坝肩）；Δz_b 为溃口深度的增量；β 为溃口边坡的坡角。

同时，溃口底宽的增量可表示为

$$\Delta B_b = n_{loc}\Delta z_b\left(\frac{1}{\sin\beta}-\frac{1}{\tan\beta}\right) \tag{6.3-10}$$

随着堆石体溃口深度的发展，溃口边坡可能发生失稳。采用极限平衡法分析溃口边坡的稳定性，当导致滑坡的驱动力大于抵抗力时，边坡将发生失稳坍塌，且破坏面为平面（图 6.3-6），可用式（6.3-11）表示：

$$F_d > F_r \tag{6.3-11}$$

式中：F_d 为驱动力；F_r 为抵抗力。

F_d 与 F_r 可分别表示为

$$F_d = W\sin\alpha = \frac{1}{2}\gamma_s H_s^2\left(\frac{1}{\tan\alpha}-\frac{1}{\tan\beta}\right)\sin\alpha \tag{6.3-12}$$

$$F_r = W\cos\alpha\tan\varphi + \frac{CH_s}{\sin\alpha} = \frac{1}{2}\gamma_s H_s^2\left(\frac{1}{\tan\alpha}-\frac{1}{\tan\beta}\right)\cos\alpha\tan\varphi + \frac{CH_s}{\sin\alpha} \tag{6.3-13}$$

式中：H_s 为溃口边坡高度；W 为滑移体的重量；γ_s 为砂砾料的容重；C 为砂砾料的黏聚力；φ 为砂砾料的内摩擦角；α 为边坡失稳后的坡角。

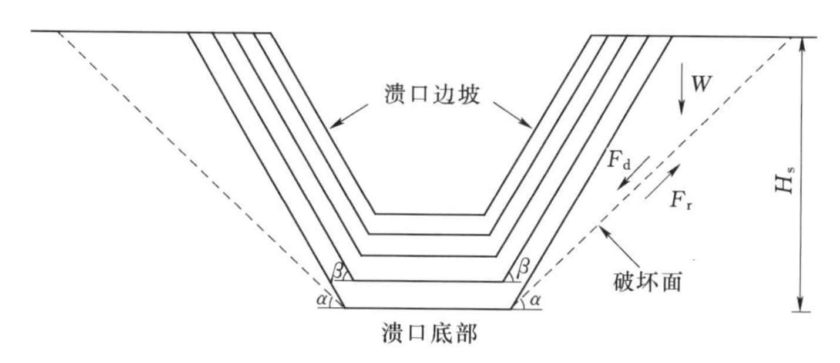

图 6.3-6 溃口边坡稳定性分析

6.3.4 面板破坏过程

对于堆石料上游的钢筋混凝土面板，一般都具有垂直缝和周边缝，并通过止水结构与相邻面板和趾板连接，而止水结构无法承担上部水压力产生的弯矩，因此面板的破坏都表现为个体的折断。

基于模型试验揭示的面板堆石坝溃决机理，模型首选考虑单块面板的破坏。对于编号为 1 的面板（图 6.3-7），当面板悬空长度逐渐增大后，面板在上游水荷载和自重的共同作用下发生折断。假定单块面板为悬臂板，其发生折断需同时满足如下条件：①上游水荷

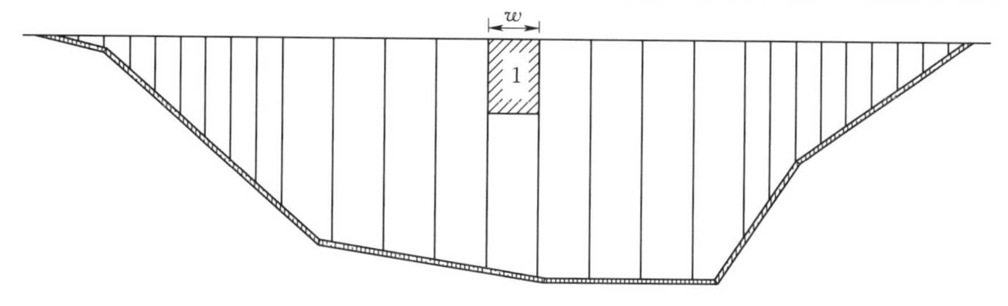

图 6.3-7 单块面板破坏分析示意图

载与面板自重产生的弯矩大于面板的极限弯矩；②面板下部堆石体的溃口顶宽大于单块面板的宽度。当第一块面板发生折断后，相邻的面板折断也采用同样的分析方法进行判别；需要指出的是，随着冲蚀过程的加剧，每块面板可能发生数次折断。

以编号为1的面板为例，自重产生的弯矩可表示为

$$M_1=\frac{\rho_m g m_1 \delta w L_d^2}{2\sqrt{1+m_1^2}} \tag{6.3-14}$$

式中：M_1 为自重产生的弯矩；ρ_m 为面板的密度；m_1 为上游坡的坡比（图6.3-8）；δ 为面板的厚度；w 为面板的宽度（图6.3-7）；L_d 为面板折断的长度（图6.3-8）。

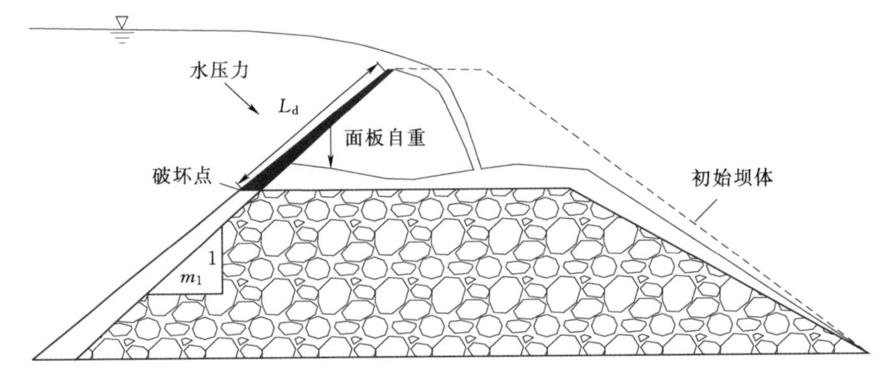

图6.3-8 溃坝过程中面板受力情况分析示意图

一般来说，在面板坝的设计中，面板的厚度自上而下会线性增加，可采用下式表示：

$$\delta=E_1+E_2\frac{L_d}{\sqrt{1+m_1^2}} \tag{6.3-15}$$

式中：E_1 与 E_2 为常数。

另外，水荷载产生的弯矩可表示为

$$\begin{cases} M_2=\dfrac{\rho_w g(z_s-z_f)wL_d^2}{2}+\dfrac{\rho_w g w L_d^3}{6\sqrt{1+m_1^2}}, & z_s\geqslant z_f \\ M_2=\dfrac{\rho_w g w[L_d-(z_f-z_s)]^3}{6\sqrt{1+m_1^2}}, & z_s<z_f \end{cases} \tag{6.3-16}$$

式中：M_2 为水荷载产生的弯矩；ρ_w 为水的密度；z_f 为面板顶部高程。

因此，自重荷载与水荷载产生的弯矩之和 M 可表示为

$$M=M_1+M_2 \tag{6.3-17}$$

参考水工混凝土结构设计规范[37]，面板的极限弯矩 M_u 可由下式求得：

$$M_u=f_y A_s\left(h_0-0.5\frac{f_y A_s}{f_c w}\right) \tag{6.3-18}$$

式中：f_y 为面板钢筋的抗拉强度；A_s 为面板钢筋的截面面积；h_0 为截面有效高度，即受拉钢筋的重心至截面受压边缘的距离；f_c 为混凝土轴心抗压强度。

则，面板折断的条件为

$$\begin{cases} M>M_u \\ B_t>w \end{cases} \tag{6.3-19}$$

当一块面板折断后，随着溃口宽度的发展，相邻的面板将陆续发生折断；随着深度的增加，一块面板可能会数次折断。由于面板的挡水作用，当溃口发展到一定深度后，水流将无法折断面板，可通过式（6.3-19）进行判断，当溃坝过程中面板无法破坏时，随着库水位的不断下降，溃坝过程也逐渐停止。

6.3.5　数值分析方法

采用按时间步长迭代的计算方法模拟混凝土面板堆石坝的漫顶溃坝过程，通过在每个时间步长计算溃口流量过程与溃口发展过程模拟溃坝过程中的水土耦合，计算流程见图6.3-9。

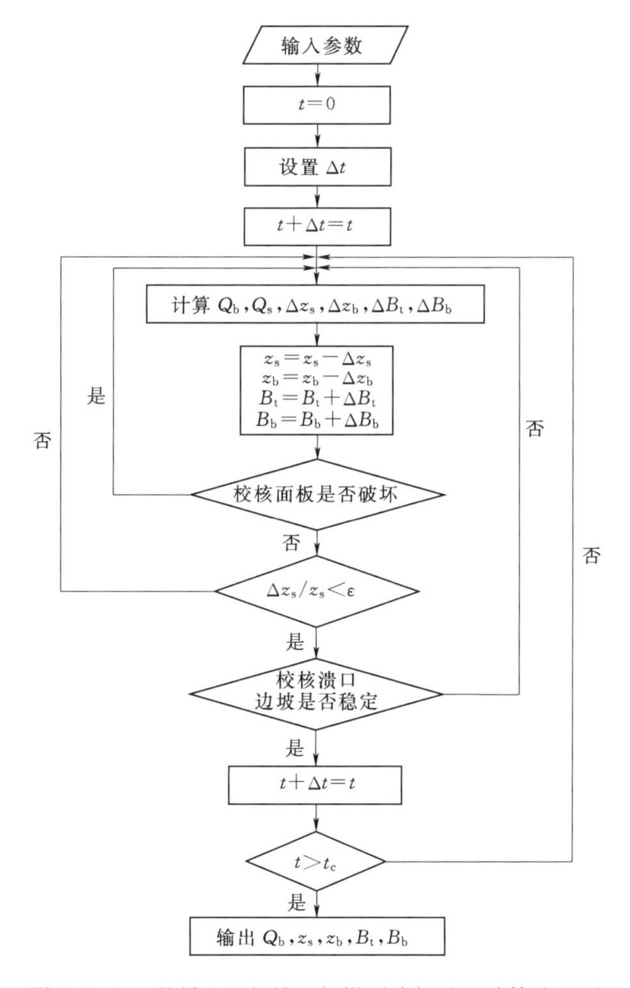

图6.3-9　混凝土面板堆石坝漫顶溃坝过程计算流程图

6.4　模型应用

选择沟后水库混凝土面板堆石坝溃决案例验证模型的合理性。沟后水库位于我国青海省海南藏族自治州共和县北13km的恰卜恰河上，总库容$3.30\times10^{6}m^{3}$，水库正常蓄水位、设计洪水位、校核洪水位均为 3278.00m，死水位 3241.00m。水库大坝为面板堆石坝，最大坝高 71.0m，坝顶高程 3281.00m，坝顶长 265.0m，顶宽 7.0m，上游坡坡比 1∶1.6，下游坡坡比 1∶1.5，坝顶有 5m 高的混凝土防浪墙（防浪墙顶高程 3282.00m），面板顶部高程 3277.20m。大坝的典型断面见图 6.4－1。

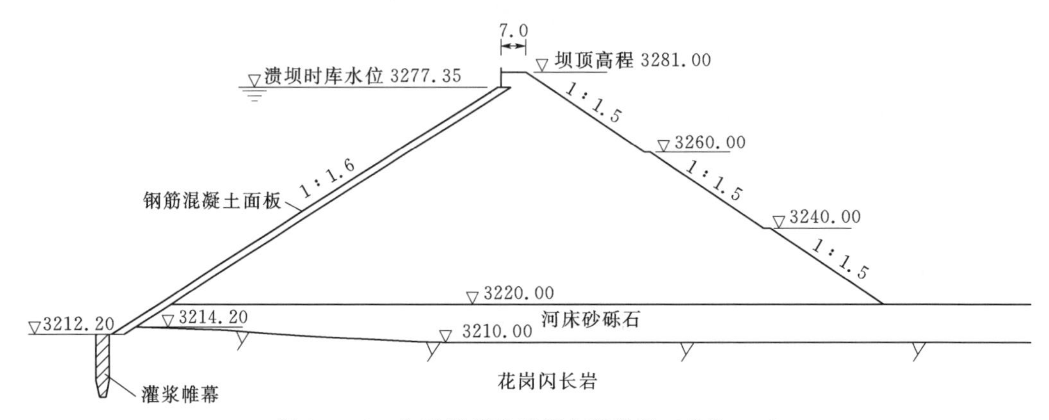

图 6.4－1　沟后面板堆石坝典型断面（单位：m）

1993 年 8 月 27 日晚间，沟后面板坝发生溃坝事故。调查资料显示[27]，大坝溃决的原因主要是暴雨导致库水位迅速上涨，坝顶防浪墙与混凝土面板的水平接缝发生渗漏（图 6.4－2），导致坝顶湿陷和坝体下游坡发生后退型滑坡、防浪墙倒塌而形成初始溃口，随后库水漫顶导致大坝溃决。溃坝下泄水量约 261 万 m^3，溃口峰值流量为 1500～3800m^3/s，溃坝历时约 2.3h。堆石体溃口的最终顶宽与底宽分别约为 138m 与 61m，溃口深度约为 60m（图 6.4－3）；溃口处共计有 9 块面板折断，每块面板的宽度均为 14m，面板溃口的最终顶宽与底宽分别为 126m 与 28m（图 6.4－3）。

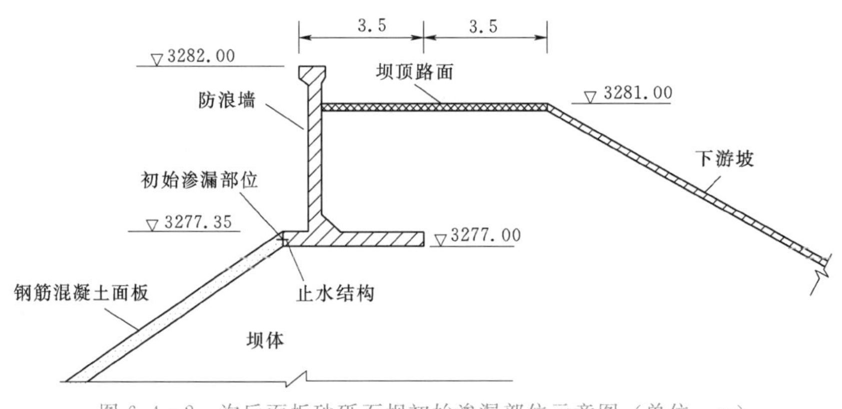

图 6.4－2　沟后面板砂砾石坝初始渗漏部位示意图（单位：m）

6.4.1　输入参数

模型求解时，选取坝基高程 3210.00m 为起始点，则坝高为 71m，溃坝时的初始库水位为 67.35m（对应高程为 3277.35m）。由于溃坝历时较短，本次计算不考虑水库的入库流量。由于漫顶溃决时的初始溃口是由防浪墙倒塌造成的，因此计算时假设初始溃口的深

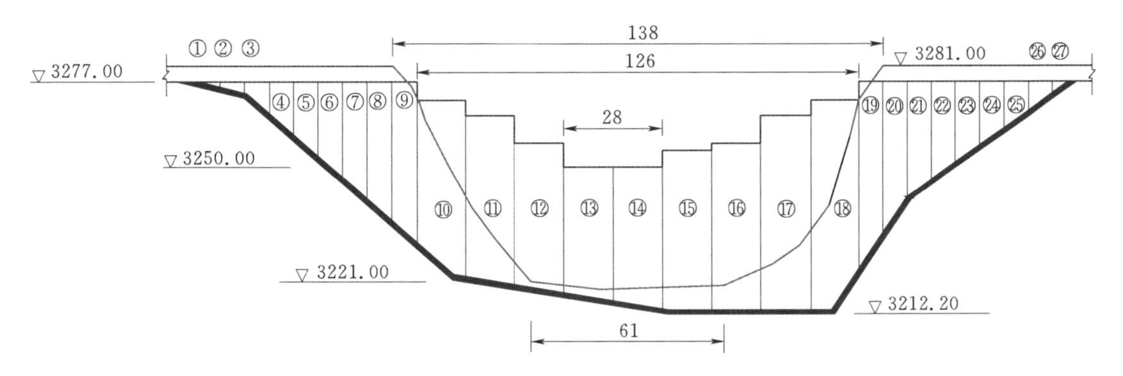

注：图中数字为面板的编号。

图 6.4-3 沟后面板砂砾石坝最终溃口形状（单位：m）

度设定为自坝顶而下 4m（对应高程为 3277.00m），初始溃口底宽假设为 8m，沟后水库的水位-库面面积关系曲线见图 6.4-4。

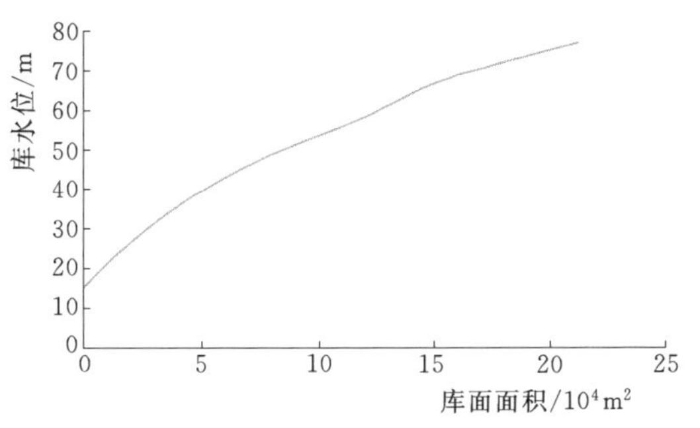

图 6.4-4 沟后水库的水位-库面面积关系曲线

依据上述数学模型，结合溃坝现场调查资料[26-27]及坝料试验结果[38-40]，并参考相关文献研究成果[14,41]，本次计算选取参数的取值见表 6.4-1。

表 6.4-1 沟后面板砂砾石坝溃坝分析输入参数

参　　数	取值	参　　数	取值
坝高/m	71.0	E_1	0.3
坝长/m	265.0	E_2	0.0047
坝顶宽/m	7.0	γ_d/(N/m³)	2.60×10^4
上游坡比（垂直/水平）	0.625	C/kPa	60
下游坡比（垂直/水平）	0.667	φ/(°)	40
水库库面面积/m²	A_s-h	f_y/(N/m²)	3.0×10^8
初始库水位/m	66.35	h_0/m	0.175
初始溃口深度/m	4.0	f_c/(N/m²)	9.6×10^6
初始溃口底宽/m	8.0	A_t/m²	0.018
z_f/m	66.00	ρ_m/(kg/m³)	2600.0
入库流量/(m³/s)	0.0	p'	0.23
d_{50}/mm	12.0		

6.4.2 计算结果分析

表 6.4-2 给出了计算获得的溃口峰值流量（Q_p）、堆石体溃口最终顶宽（B_t）、堆石体溃口最终底宽（B_b）、堆石体溃口最终深度（B_d）、面板溃口最终顶宽（B_t'）、面板溃口

最终底宽（B_b'）、溃口峰值流量出现时间（T_p）及溃坝历时（T_f）与实测值的比较结果。另外，计算获得的溃口流量过程与堆石体溃口发展过程见图 6.4-5 和图 6.4-6。

表 6.4-2　　沟后面板坝溃坝案例实测结果与计算值比较

参　数	实测值	计算值	相对误差	参　数	实测值	计算值	相对误差
$Q_p/(m^3/s)$	3800	4023.2	+5.9%	B_t'/m	126	112.0	−11.1%
B_t/m	138	122.3	−11.4%	B_b'/m	28	28	0
B_b/m	61	64.8	+6.2%	T_p/h	—	1.56	—
B_d/m	60	54.7	−8.8%	T_f/h	2.33	2.51	+7.7%

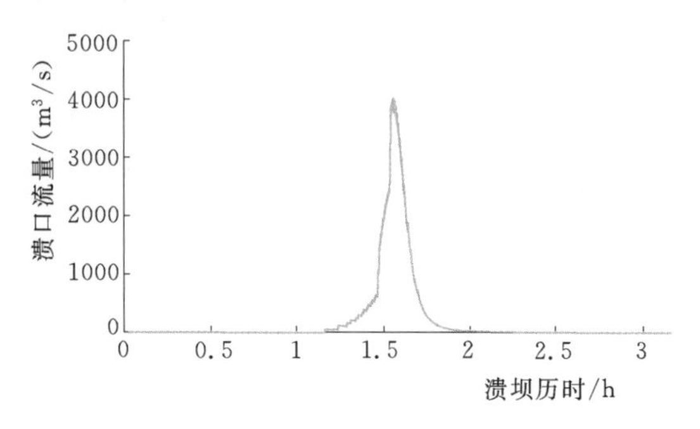

图 6.4-5　沟后面板坝溃口流量过程计算值

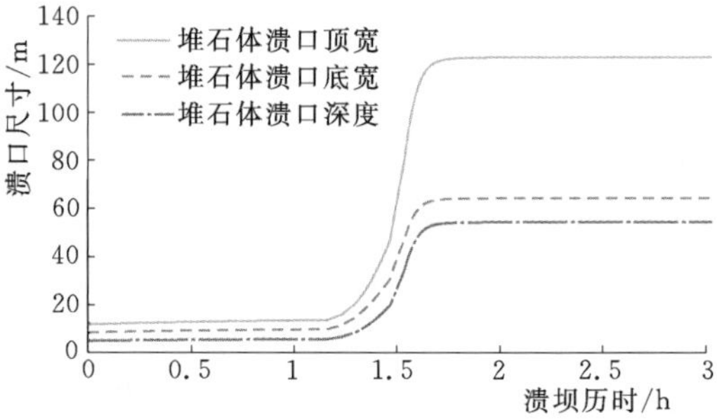

堆石体溃口顶宽
堆石体溃口底宽
堆石体溃口深度
溃口尺寸/m
溃坝历时/h

图 6.4-6　沟后面板坝溃口发展过程

表 6.4-3 给出了沟后面板坝溃坝过程中每块面板折断情况的实测结果与计算值的比较。计算值包括每块面板的折断次数、最终折断长度，实测值主要是每块面板的最终折断长度。

表 6.4-3　　面板折断情况实测结果与计算值比较

面板编号	面板折断次数计算值	最终垂向折断长度计算值/m	最终垂向折断长度实测值/m	相对误差
10	0	0	5	−100.0%
11	2	5.3	10	−47.0%
12	24	22.6	20	+13.0%
13	24	22.9	27	−15.2%
14	31	25.6	27	−5.2%
15	31	25.6	21	+21.9%
16	24	22.9	18	+27.2%
17	14	13	10	+30.0%
18	2	5.3	5	+6.0%

通过表 6.4-2 和表 6.4-3 可以看出，计算获得的溃坝主要特征参数与实测值的相对误差控制在±15%以内。图 6.4-5 显示溃口流量过程呈锯齿状，究其原因，应为面板每次折断后流量突然增大。综合可知，计算结果与实测值吻合较好，验证了模型的合理性。值得一提的是，溃坝后 1.09h，编号为⑭（图 6.4-3）的面板首先发生破坏，折断长度（L_d）为 3.1m。随后，相邻的面板陆续发生折断，溃口流量迅速增大（图 6.4-5）。

6.4.3 参数敏感性分析

由于坝料的抗冲蚀特性对溃坝过程具有重要影响，模型体现坝料冲蚀率的参数是 $1/L_s$，本节将对此参数的敏感性进行分析；另外，由于堆石料的宽级配特征，也对平均粒径 d_{50} 进行参数敏感性分析。分别将计算参数乘以 0.5 和 2，分析 2 个参数对溃坝过程的影响，计算结果见表 6.4-4 和表 6.4-5。

表 6.4-4 坝料冲蚀率对溃坝过程影响分析

计算参数		$1/L_s$	$1/2L_s$	$2/L_s$
Q_p	数值/(m^3/s)	4023.2	2315.9	6293.3
	增量百分数		−42.4%	+56.4%
B_t	数值/m	122.3	113.8	141.3
	增量百分数		−7.0%	+15.5%
B_t'	数值/m	112.0	98.0	126.0
	增量百分数		−12.5%	+12.5%
T_p	数值/h	1.56	3.28	0.72
	增量百分数		+110.3%	−53.8%

表 6.4-5 坝料级配特征对溃坝过程影响分析

计算参数		$1.0d_{50}$	$0.5d_{50}$	$2.0d_{50}$
Q_p	数值/(m^3/s)	4023.2	4874.5	3426.7
	增量百分数		+21.2%	−14.8%
B_t	数值/m	122.3	130.5	112.5
	增量百分数		+6.7%	−8.0%
B_t'	数值/m	112.0	126.0	98.0
	增量百分数		+12.5%	−12.5%
T_p	数值/h	1.56	1.26	1.89
	增量百分数		−19.2%	+21.2%

表 6.4-4 计算结果表明，对于坝料冲蚀率参数，溃口峰值流量出现时间最为敏感，堆石体和面板溃口最终宽度的敏感性最差，溃口峰值流量的敏感性居中。由表 6.4-5 可以看出，对于平均粒径参数，溃口峰值流量出现时间最为敏感，堆石体和面板溃口最终宽度的敏感性最差，溃口峰值流量的敏感性居中。

6.5 与国内外常用溃坝参数模型对比

由于国内外通用的面板堆石坝漫顶溃决过程数学模型较少，选择目前国内外较为通用的 3 个溃坝参数模型与作者建立的模型进行对比，分别比较溃口峰值流量（Q_p）、溃口最终平均宽度（B_{ave}）和溃坝历时（T_f）3 个输出参数。选择的模型为 USBR 模型[42]、

Froehlich 模型[43]及 Xu 与 Zhang 模型[14]，3 个模型的介绍可参阅本书 2.1 节。值得一提的是，由于沟后水库是渗透破坏导致溃坝，因此使用 Xu 与 Zhang 模型时选择的溃坝模式为渗透破坏。3 个溃坝参数模型的输入参数见表 6.5-1[13,29,35]。

表 6.5-1　　溃坝参数模型计算沟后水库溃坝案例输入参数

参数名称	取　值	参数名称	取　值
h_d/m	71.0	V_w/m^3	3.18×10^6
h_b/m	48.0	冲蚀率	LE
h_w/m	44.0		

注　LE—低冲蚀率；h_d—坝高；h_b—最终溃口深度；h_w—溃坝时溃口底部以上水深；V_w—溃坝时溃口底部以上水库库容。

表 6.5-2 给出了 3 个溃坝参数模型与作者模型的计算结果及相对误差。计算结果表明：对于溃口峰值流量，Xu 与 Zhang 模型与 Froehlich 模型的误差较小，USBR 模型的误差较大；对于溃口最终平均宽度，USBR 模型的误差最小，Froehlich 模型的误差最大，Xu 与 Zhang 模型的误差居中；对于溃坝历时，Xu 与 Zhang 模型的误差最小，Froehlich 模型的误差最大，USBR 模型的误差居中。总的来说，Xu 与 Zhang 模型的表现最优，USBR 模型的表现最差，Froehlich 模型的表现居中。

通过比较作者模型与其他 3 个参数模型发现，作者模型计算获取的溃口峰值流量、溃口最终平均宽度及溃坝历时与实测值的相对误差最小，表明基于物理机理的数学模型较参数模型更具优越性。

表 6.5-2　　3 个溃坝参数模型模拟沟后水库溃坝案例计算结果比较

模型名称	实测值/计算值	Q_p		B_{ave}		T_f	
		数值/(m^3/s)	相对误差	数值/m	相对误差	数值/h	相对误差
USBR 模型	实测值	3800		99.5		2.33	
	计算值	20961.4	+451.6%	132.0	+32.7%	1.45	−37.8%
Froehlich 模型	实测值	3800		99.5		2.33	
	计算值	5486.4	+44.4%	45.3	−54.5%	0.22	−90.6%
Xu 与 Zhang 模型	实测值	3800		99.5		2.33	
	计算值	2113.0	−44.4%	48.0	−51.8%	1.98	−15.0%
作者模型	实测值	3800		99.5		2.33	
	计算值	4023.2	+5.9%	93.6	−5.9%	2.51	+7.7%

6.6　本章小结

本章建立了一个可模拟混凝土面板堆石坝漫顶溃决的数学模型。该模型基于水量平衡原理和面板挡水特征，计算溃坝过程中的库水位变化与溃口流量过程，选择可考虑宽级配特征的坝料输移方程模拟砂砾石料的冲蚀过程，并采用极限平衡法分析溃口边坡的稳定性；建立基于力矩平衡的动水压力作用下的面板破坏方程，模拟钢筋混凝土面板的破坏过程。选择沟后面板坝溃坝案例来验证模型的合理性，模型计算结果与实测值的对比表明，溃坝输出参数的相对误差控制在±15%以内，验证了模型的合理性。另外，参数敏感性分析结果表明，溃口峰值流量出现时间对于坝料冲蚀率和平均粒径最为敏感，溃口宽度对于坝料冲蚀率和平均粒径的敏感性最差，溃口峰值流量对于坝料冲蚀率和平均粒径的敏感性居中。

选择国内外常用的溃坝参数模型计算沟后水库溃坝案例，计算结果的相对误差表明，基于物理机理的数学模型较参数模型更具优越性；对于所选择的3个参数模型，Xu与Zhang模型的表现最优，USBR模型的表现最差，Froehlich模型的表现介于上述两者之间。

参考文献

[1] 顾淦臣，束一鸣，沈长松. 土石坝工程经验与创新 [M]. 北京：中国电力出版社，2004.

[2] MODARES M, QUIROZ J E. Structural analysis framework for concrete-faced rockfill dams [J]. International Journal of Geomechanics, 2016, 16 (1): 04015024.

[3] 郦能惠，杨泽艳. 中国混凝土面板堆石坝的技术进步 [J]. 岩土工程学报，2012，34 (8)：1361-1368.

[4] GURBUZ A, PEKER I. Monitored performance of a concrete-faced sand-gravel dam [J]. Journal of Performance of Constructed Facilities, 2016, 30 (5): 04016011.

[5] 杨泽艳，周建平，蒋国澄，等. 中国混凝土面板堆石坝的发展 [J]. 水力发电，2011，37 (2)：18-23.

[6] 陈生水，阎志坤，傅中志，等. 特高面板砂砾石坝结构安全性论证 [J]. 岩土工程学报，2017，39 (11)：1949-1958.

[7] 曹克明，汪易森，徐建军，等. 混凝土面板堆石坝 [M]. 北京：中国水利水电出版社，2008.

[8] 钮新强，徐麟祥，廖仁强，等. 株树桥混凝土面板堆石坝渗漏处理设计 [J]. 人民长江，2002，33 (1)：1-3.

[9] 谭界雄，高大水，王秘学，等. 白云水电站混凝土面板堆石坝渗漏处理技术 [J]. 人民长江，2016，47 (2)：62-66.

[10] 杨启贵，谭界雄，周晓明，等. 关于混凝土面板堆石坝几个问题的探讨 [J]. 人民长江，2016，47 (14)：56-59.

[11] JIA J S, XU Y, HAO J T, et al. Localizing and quantifying leakage through CFRDs [J]. Journal of Geotechnical and Geoenvironmental Engineering, 2016, 142 (9): 06016007.

[12] 陈生水. 土石坝地震安全问题研究 [M]. 北京：科学出版社，2015.

[13] CHEN S S, FU Z Z, WEI K M, et al. Seismic responses of high concrete face rockfill dams: A case study [J]. Water Science and Engineering, 2016, 9 (3): 195-204.

[14] XU Y, ZHANG L M. Breaching parameters for earth and rockfill dams [J]. Journal of Geotechnical and Geoenvironmental Engineering, 2009, 135 (12): 1957-1970.

[15] XU Y. Analysis of dam failures and diagnosis of distresses for dam rehabilitation [D]. Hong Kong: Hong Kong University of Science and Technology, 2010.

[16] 水利部大坝安全管理中心. 全国水库垮坝登记册 [R]. 南京：水利部大坝安全管理中心，2018.

[17] PARRETT A. Montana's worst natural disaster: the 1964 flood on the Blackfeet Indian reservation [J]. Folia Parasitologica, 2004, 54 (2): 20-31.

[18] 李君纯. 沟后面板坝溃决的研究 [J]. 水利水运科学研究，1995 (4)：425-434.

[19] ZHONG Q M, CHEN S S, DENG Z. A simplified physically-based breach model for a high concrete-faced rockfill dam: A case study [J]. Water Science and Engineering, 2018, 11 (1): 46-52.
[20] 李君纯. 青海沟后水库溃坝原因分析 [J]. 岩土工程学报, 1994, 16 (6): 1-14.
[21] 刘杰, 丁留谦, 缪良娟, 等. 沟后面板砂砾石坝溃坝机理模型试验研究 [J]. 水利学报, 1998, 29 (11): 69-75.
[22] 陈生水. 土石坝溃决机理与溃决过程模拟 [M]. 北京: 中国水利水电出版社, 2012.
[23] 李雷. 沟后面板坝溃决过程初步模拟分析 [C]//沟后面板砂砾石坝破坏机理及溃决过程研究论文集. 西宁, 1996, 68-74.
[24] 胡去劣, 俞波. 面板坝溃决过程模拟计算 [J]. 水动力学研究与进展 (A辑), 2000, 15 (2): 169-176.
[25] 陈生水, 曹伟, 霍家平, 等. 混凝土面板砂砾石坝漫顶溃决过程数值模拟 [J]. 岩土工程学报, 2012, 34 (7): 1169-1175.
[26] 汝乃华, 牛运光. 大坝事故与安全·土石坝 [M]. 北京: 中国水利水电出版社, 2001.
[27] 国家防汛抗旱总指挥部办公室, 水利部科学技术司. 沟后水库砂砾石面板坝: 设计、施工、运行与失事 [M]. 北京: 中国水利水电出版社, 1996.
[28] 陈生水. 土石坝溃决机理与溃决过程模拟 [M]. 北京: 中国水利水电出版社, 2012.
[29] CHIGANNE F, MARCHE C, MAHDI T F. Evaluation of the overflow failure scenario and hydrograph of an embankment dam with a concrete upstream slopeprotection [J]. Natural Hazards, 2014, 71 (1): 21-39.
[30] 王廷, 沈振中. 一种模拟面板砂砾石坝漫顶溃决的动床耦合分析模型 [J]. 水利学报, 2015, 46 (6): 699-706.
[31] SINGH V P. Dam breach modelling technology [M]. Dordrecht: Kluwer Academic, 1996.
[32] WU W M. Simplified physically based model of earthen embankment breaching [J]. Journal of Hydraulic Engineering, 2013, 139 (8): 837-851.
[33] WU W M. Computational river dynamics [M]. London: Taylor and Francis, 2007.
[34] GUO J K. Logarithmic matching and its application in computational hydraulics and sediment transport [J]. Journal of Hydraulic Research, 2002, 40 (5): 555-565.
[35] WU W M, WANG S S Y. Formulas for sediment porosity and settling velocity [J]. Journal of Hydraulic Engineering, 2006, 132 (8): 858-862.
[36] HE Z G, WU T, WENG H X, et al. Numerical simulation of dam-break flow and bed change considering the vegetation effects [J]. International Journal of Sediment Research, 2017, 32 (1): 105-120.
[37] 水工混凝土结构设计规范: SL 191—2008 [S]. 北京: 中国水利水电出版社, 2008.
[38] 李雷, 盛金保. 沟后坝砂砾料的工程特性 [J]. 水利水运科学研究, 2000, (3): 27-32.
[39] 李恒茂, 宋明来, 王丰, 等. 沟后水库溃坝现场试验报告 [C]//沟后面板砂砾石坝破坏机理及溃决过程研究论文集. 南京, 1996: 116-145.
[40] 沈瑞福, 朱铁. 沟后坝砂砾石料大型室内试验报告 [C]//沟后面板砂砾石坝破坏机理及溃决过程研究论文集. 南京, 1996: 146-155.
[41] 刘杰, 丁留谦, 缪良娟, 等. 沟后面板砂砾石坝溃决机理模型试验研究 [J]. 水利学报, 1998, (11): 69-75.
[42] U. S. Bureau of Reclamation (USBR). Downstream hazard classification guidelines [R]. Denver: ACER Tech. Memorandum No. 11, U. S. Department of the Interior, 1988.
[43] FROEHLICH D C. Peak outflow from breached embankment dam [J]. Journal of Water Resources Planning and Management, 1995, 121 (1): 90-97.

第 7 章

堰塞坝漫顶溃坝数学模型及应用

7.1 概述

堰塞坝是指在一定的地质与地貌条件下，由于地震、降水及火山喷发引起山崩、滑坡、泥石流、熔岩流等阻塞山谷、河道的堆积体[1-4]。作为自然作用的产物，堰塞坝的几何特征、物质组成、颗粒级配等方面均不同于人工土石坝。首先在坝体形态上，堰塞坝堆积体一般呈不规则形状，沿河流运动方向大多较人工坝长，且坝顶凹凸不平，容易发生漫顶破坏；其次在坝体结构上，由于没有经过机械碾压，大部分堰塞坝结构松散，不均匀性强，坝体材料颗粒级配宽泛，在上游持续来流的情况下很容易发生溃决。由美国地质调查局对 73 座堰塞坝的寿命统计看出[1]，27%的堰塞坝在形成 1 天内溃决，50%的堰塞坝在形成 10 天内溃决，85%的堰塞坝在形成后 1 年内溃决；其后的研究者也获得了类似的结论[5-6]。图 7.1-1 为 Peng 和 Zhang 基于 204 座堰塞坝的溃决时间获得的统计数据[6]，堰塞坝的寿命在 6 分钟至 20000 年不等，其中 87%的堰塞坝寿命不超过 1 年，83%的堰塞坝寿命不超过 6 个月，51%的堰塞坝寿命不超过 1 周，34%的堰塞坝寿命不超过 1 天。尤为重要的是，堰塞坝的溃决可能给下游人民群众生命财产及生态环境带来巨大灾难。1786 年我国四川省康定—泸定地区的地震导致巨大的堰塞体堵塞大渡河，随后堰塞坝溃决导致 10 万人以上的死亡[7]。1933 年我国四川省茂县发生地震，在岷江干流上自下而上形成了叠溪海子、小海子和大海子 3 个堰塞湖，3 个堰塞坝的形成导致岷江干道断流 40 余天，至 1933 年 10 月 9 日堰塞坝溃决酿成巨灾[8-9]。1974 年 4 月 25 日，秘鲁 Mantaro 河岸山体发生 190 亿 m^3 的巨大滑坡，形成约 130 亿 m^3 的巨型堰塞湖，当年 6 月 6 日堰塞湖溃决造成巨大灾难[10]。2008 年我国四川汶川 8.0 级大地震形成了 200 多座堰塞湖，对下游群众的生命财产安全造成重大的威胁[4,11-12]。

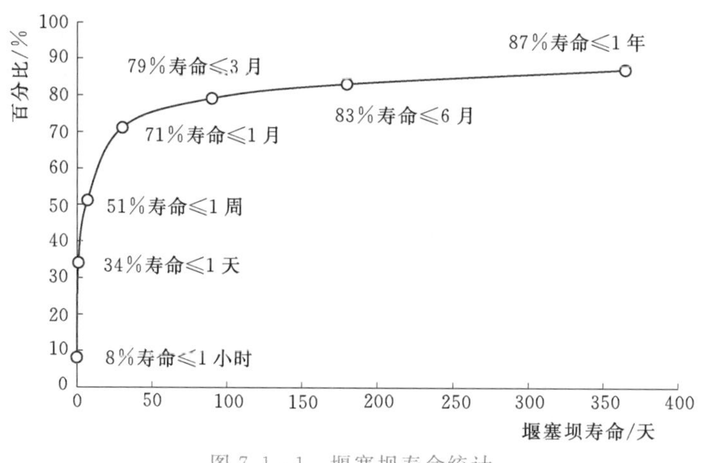

图 7.1-1 堰塞坝寿命统计

另外，美国地质调查局的研究发现[1]，已发生溃决的堰塞坝中，漫顶导致的溃坝案例约占90%，而渗透破坏导致的溃坝数仅占10%。因此，有必要深入研究堰塞坝的漫顶溃决机理，揭示水土耦合条件下堰塞坝的破坏规律及破坏过程，建立能正确揭示堰塞坝漫顶溃决机理，合理模拟其漫顶溃坝过程的数学模型，提升堰塞坝漫顶溃决时溃口发展过程和溃坝洪水流量过程的预测精度，进而为溃坝洪水风险分析和应急预案的编制提供理论和技术支撑。

7.2 堰塞坝漫顶溃决机理

鉴于堰塞坝溃决对人民生命财产和环境造成的极大危害，开展堰塞坝溃决机理的研究对堰塞坝的风险评估与排险处置至关重要。由于堰塞坝溃决过程的复杂性，加上溃坝历史资料稀缺，开展小尺度物理模型试验是研究堰塞坝溃决机理的主要手段[13-24]；近年来，国内开展了诸如易贡、唐家山、舟曲和红石岩等堰塞坝的抢险应急处置工作[4]，我国堰塞坝应急处置技术研究取得快速发展，并积累了丰富的现场实测资料，为堰塞坝溃决机理的研究提供了重要的基础资料。

由于堰塞坝沿河流运动方向的堆积体一般较长，应重点关注溃坝过程中坝体沿河流运动方向形态的变化，同时研究溃口在坝顶和下游坡的发展过程。通过一系列堰塞坝漫顶溃坝小尺度物理模型试验[15,18,22]和唐家山现场实测资料[4,12]均发现，堰塞坝在溃决过程中，水流的冲蚀作用主要表现为表层冲刷，堰塞体在水流作用下沿河流运动方向的坡角也逐渐减小，这与黏性土坝在溃坝水流作用下的“陡坎”冲蚀具有明显区别，“陡坎”冲蚀一般表现为下游坡坡角逐渐增大形成“陡坎”并不断向上游发展[25-26]。以四川大学水力学与山区河流开发保护国家重点实验室开展的堰塞坝漫顶溃坝物理模型试验为例，其获取的坝体纵坡面形态演化过程见图7.2-1[15]；南京水利科学研究院开展的堰塞坝漫顶溃坝离心模型试验也发现了边坡逐渐变缓与粗化的现象（图7.2-2）[27]；另外，图7.2-3为唐家

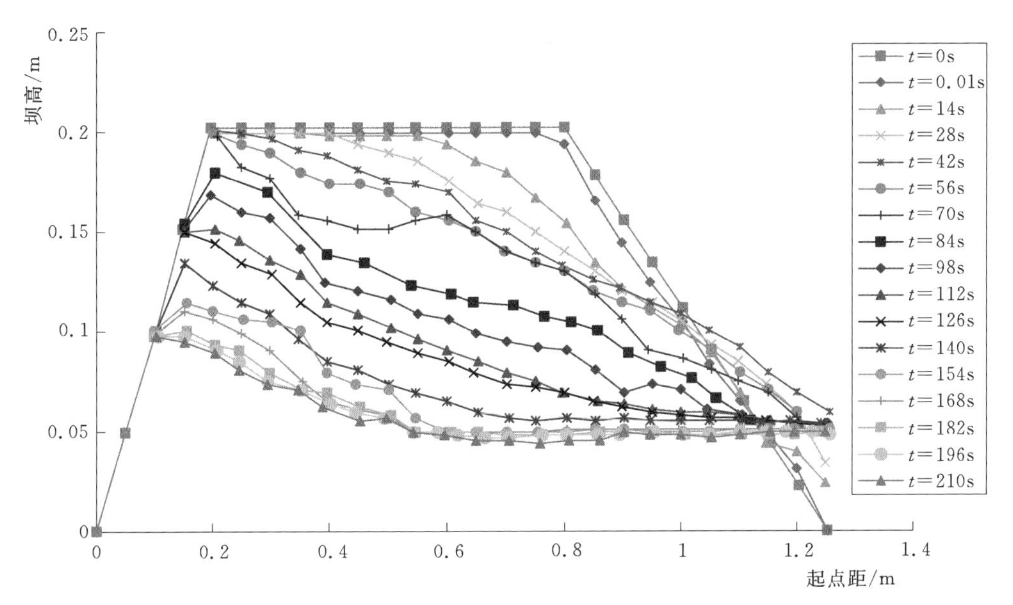

图7.2-1 小尺度堰塞坝漫顶溃坝模型试验坝体纵坡面演化过程

山堰塞坝泄流前后堰塞体形态图[12]，图中Ⅰ～Ⅻ为断面编号。

(a) t=0min　(b) t=6.5min　(c) t=10min　(d) t=24min　(e) t=35min　(f) t=58min

图 7.2-2　南京水利科学研究院堰塞坝漫顶溃坝离心模型试验

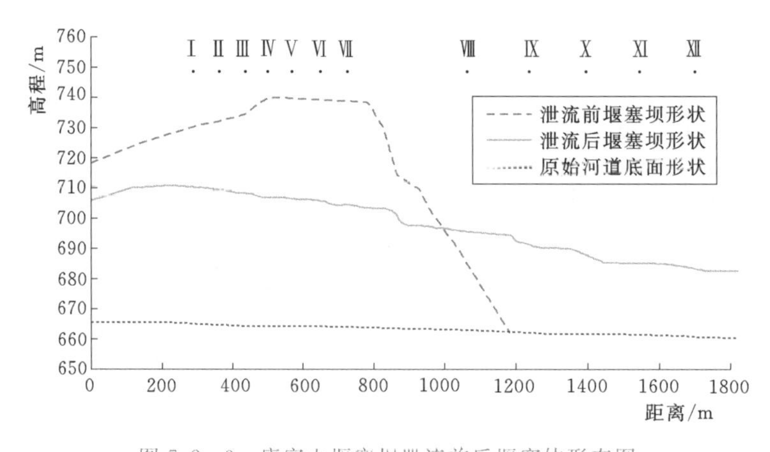

图 7.2-3　唐家山堰塞坝泄流前后堰塞体形态图

对于坝顶的溃口，由小尺度物理模型试验和唐家山堰塞坝泄流过程可以看出，溃口的宽度和深度在过坝水流作用下逐渐增加，并伴随间歇性失稳坍塌，且失稳坍塌时滑动面一般为经过溃口底部的平面。对于下游坝坡处的溃口，由于重力的作用，水流的冲蚀更加强烈，溃口的宽度往往大于坝顶处的溃口（图7.2-4）。

图7.2-4　唐家山堰塞湖泄流图

综上所述，在进行堰塞坝漫顶溃坝过程数值模拟时，应充分考虑堰塞坝的漫顶溃决机理，建立可合理模拟溃口演化规律的数学模型，统一考虑坝顶及下游坝坡溃口的发展，并合理反映沿河流运动方向的坝体形态变化。

7.3　溃坝数学模型

堰塞坝的漫顶溃决过程是一个复杂的水土耦合过程，目前常用的模型主要有参数模型和基于物理过程的数学模型。参数模型是基于收集得到的溃坝案例数据进行统计回归，直接得出相关参数的表达式[28-29]，如溃口峰值流量、溃口最终宽度和溃坝历时等变量，但大多无法考虑坝体材料的物理力学特性及上游水库的特征，且无法获取溃口流量过程。近年来，国内外学者建立了一系列模拟堰塞坝漫顶溃坝过程的数学模型[30-34]，但这些模型在反映堰塞坝漫顶溃决机理方面还存在不同程度的问题。本节借鉴前人研究成果，基于堰塞坝的形态特征及筑坝材料的物理力学特性，充分考虑堰塞坝漫顶溃决机理，建立了一个可模拟堰塞坝漫顶溃坝过程的数学模型[35-36]，模型各模块介绍如下。

7.3.1　溃口流量

堰塞坝漫顶溃决过程中，上游堰塞湖的库水位是一个动态变化的过程，在计算库水高程变化时，需同时考虑不同高程处的库面面积、入库流量及溃口出流量，整个过程服从水量平衡方程：

$$A_s \frac{dz_s}{dt} = Q_{in} - Q_b \tag{7.3-1}$$

式中：t为时间；z_s为库水位；A_s为水库库面面积；Q_{in}为入库流量；Q_b为溃口出流量。

流经溃口的流量可以采用宽顶堰流公式进行计算：

$$Q_b = k_{sm}(c_1 bH^{1.5} + c_2 mH^{2.5}) \tag{7.3-2}$$

式中：b为溃口底宽；H为溃口处水深，$H = z_s - z_b$，其中z_b为溃口底部高程；m为溃口边坡系数；c_1、c_2为修正系数，模型选取$c_1 = 1.7\mathrm{m}^{0.5}/\mathrm{s}$，$c_2 = 1.1\mathrm{m}^{0.5}/\mathrm{s}$[37]；$k_{sm}$为尾

水淹没修正系数[38]，可由下式计算：

$$k_{sm}=\begin{cases}1.0, & \dfrac{z_t-z_b}{z_s-z_b}<0.67\\ 1.0-27.8\left(\dfrac{z_t-z_b}{z_s-z_b}-0.67\right)^3, & \dfrac{z_t-z_b}{z_s-z_b}\geqslant 0.67\end{cases} \tag{7.3-3}$$

式中：z_t 为尾水高度。

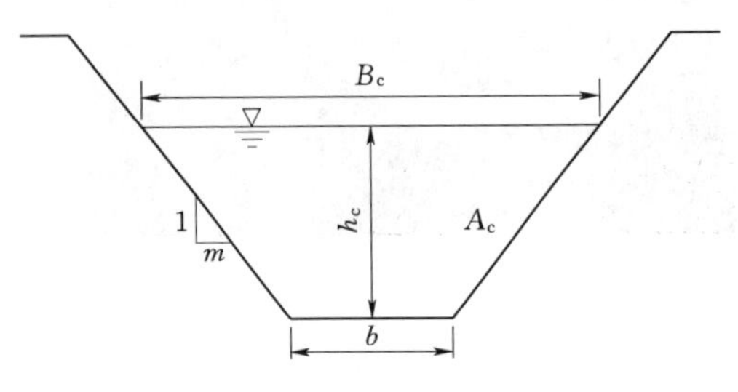

图 7.3-1　堰塞坝溃口水流

假设过坝水流的流态为临界流，从而对应获取溃口冲蚀过程中坝顶溃口的水流深度 h_c（图 7.3-1）。临界流满足如下关系式：

$$\frac{Q_b}{A_c\sqrt{gA_c/B_c}}=1 \tag{7.3-4}$$

式中：A_c 为堰塞坝顶部溃口的过流面积，$A_c=h_c(b+mh_c)$，其中 h_c 为溃口的临界水深；B_c 为堰塞坝顶部溃口的水面宽度，$B_c=b+2mh_c$；g 为重力加速度。

为了获取下游坡溃口的水深，假设下游坡面上的水流为均匀流，流量公式可采用曼宁公式表达：

$$Q_b=\frac{1}{n}A_dR^{2/3}S_0^{1/2} \tag{7.3-5}$$

式中：A_d 为下游坝坡溃口的过流面积，$A_d=h_d(b+mh_d)$，其中 h_d 为下游坝坡溃口水流的深度；R 为水力半径，$R=A_d/[b+2h_d(1+m^2)^{0.5}]$；$S_0$ 为下游坝坡溃口的坡比；n 为曼宁糙率系数。

7.3.2　冲蚀公式

模型选择基于水流剪应力原理的冲蚀速率公式模拟溃口的冲蚀[39]：

$$\frac{\mathrm{d}\varepsilon}{\mathrm{d}t}=k_d(\tau_b-\tau_c) \tag{7.3-6}$$

式中：$\mathrm{d}\varepsilon/\mathrm{d}t$ 为坝料冲蚀速率；k_d 为坝料冲蚀系数；τ_b 为水流切应力；τ_c 为坝料临界剪应力。

当坝顶溃口水深 h_c 与下游坡溃口水深 h_d 确定后，溃坝水流的剪应力可采用下式计算：

$$\tau_b=\frac{\rho_w g n^2 Q_b^2}{A^2R^{1/3}} \tag{7.3-7}$$

式中：ρ_w 为水的密度；A 为坝顶或下游坡溃口的过流面积。

曼宁糙率系数可采用下式计算获取[40]：

$$n=\frac{d_{50}^{1/6}}{A_k} \tag{7.3-8}$$

式中：d_{50} 为坝料平均粒径，m；A_k 为经验系数，模型取值为 12[40]。

冲蚀系数 k_d 与坝料临界剪应力 τ_c 可通过试验测定[41-43]，当参数无法通过试验获取时，对于冲蚀系数，采用 Chang 等[44]在汶川地震后依据现场实测资料拟合得出的经验公式计算：

$$k_d = 20075e^{4.77}C_u^{-0.76} \tag{7.3-9}$$

式中：e 为坝料的孔隙比；C_u 为坝料的不均匀系数，$C_u = d_{60}/d_{10}$。

考虑到堰塞坝材料宽级配的特征，临界剪应力采用 Annandale[45]提出的针对粗颗粒材料的计算公式：

$$\tau_c = \frac{2}{3}gd_{50}(\rho_s - \rho_w)\tan\varphi \tag{7.3-10}$$

式中：ρ_s 为坝料的密度；φ 为坝料的内摩擦角。

7.3.3　溃口发展

式（7.3－6）可用于计算给定时间段 Δt 内溃口的冲蚀深度 $\Delta\varepsilon$，依据相关研究成果[46-47]，假设溃口的纵向下切与横向扩展速度一致。当溃口处水深小于溃口深度时，按理论分析，溃口水流仅能冲蚀水面线以下的坝体材料（图 7.3－2）；但根据物理模型试验与现场观测结果发现，由于堰塞坝多由散粒材料构成，且未经碾压，当水面以下土体被冲蚀后，上部土体会发生滑落，形成新的溃口（图 7.3－2）。

通过以上分析，假设溃口在发展过程中保持边坡坡角不变直至溃口边坡失稳，溃口的发展情况如图 7.3－3 所示，溃口顶宽增量 ΔB 采用下式计算：

$$\Delta B = \frac{n_{loc}\Delta z_b}{\sin\beta} \tag{7.3-11}$$

式中：n_{loc} 为溃口位置参量（溃口位于坝体中部取 2，溃口位于坝肩取 1）；β 为溃口边坡坡角。

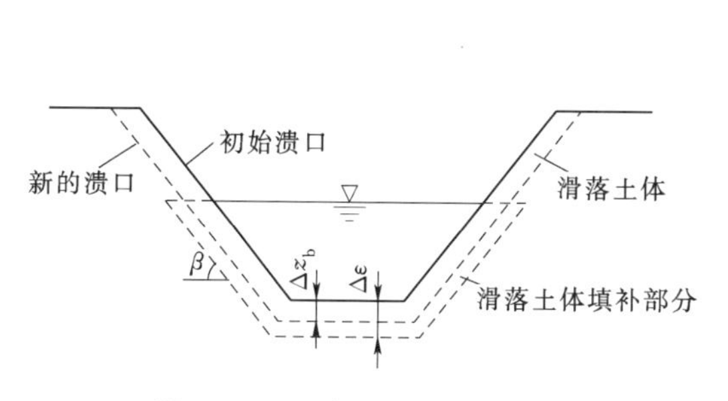

图 7.3－2　溃口实际发展情况

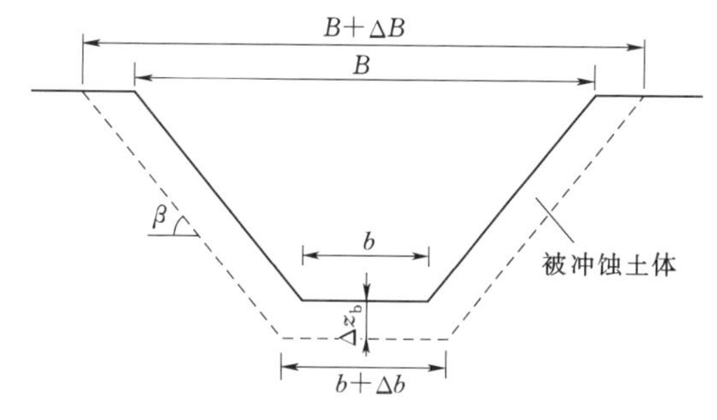

图 7.3－3　溃口顶宽和底宽发展过程

溃口底宽增量 Δb 可采用下式计算：

$$\Delta b = n_{loc}\Delta z_b\left(\frac{1}{\sin\beta} - \frac{1}{\tan\beta}\right) \tag{7.3-12}$$

由于下游坡的溃口宽度通常大于坝顶处的溃口宽度，借鉴前人的模拟方法[40]，模型引入修正系数 c_b 来描述下游坡溃口的发展（图 7.3-4），溃口顶宽表示为

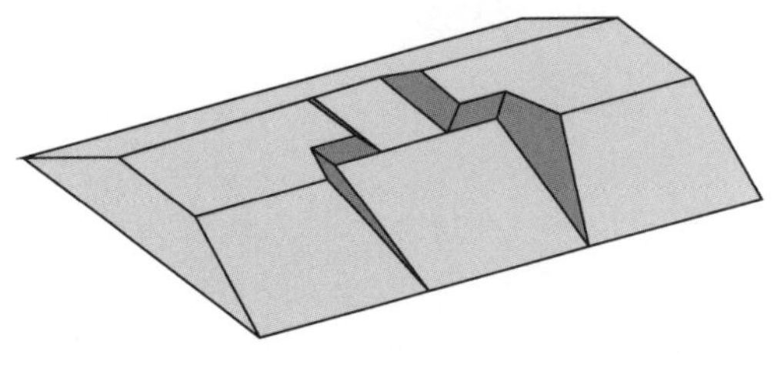

图 7.3-4　坝顶与下游坡溃口三维形状图

$$\Delta B=\frac{n_{loc}c_b\Delta z_b}{\sin\beta} \tag{7.3-13}$$

其中

$$c_b=\min\left[1,\quad \max\left(0,\quad 1.8\frac{b_{up}}{b_{down}}-0.8\right)\right] \tag{7.3-14}$$

式中：b_{up} 为坝顶溃口的底宽；b_{down} 为下游坝坡溃口的底宽。

对应于下游坡溃口顶宽的计算方法，下游坡溃口底宽可表示为

$$\Delta b=n_{loc}\Delta z_b\left[\max\left(\frac{c_b}{\sin\beta},\frac{1}{\tan\beta}\right)-\frac{1}{\tan\beta}\right] \tag{7.3-15}$$

7.3.4　沿河流运动方向坝体形状变化

由模型试验和现场实测数据发现，沿河流运动方向的坝坡在溃决过程中逐渐变缓，模型假设坝体形状的变化如图 7.3-5 所示，随着水流的冲蚀，坝顶高程逐渐降低，下游坡坡角逐渐减小，直至溃坝结束。下游坡坡角的变化可通过坝顶与下游坡溃口深度的变化推导获取。

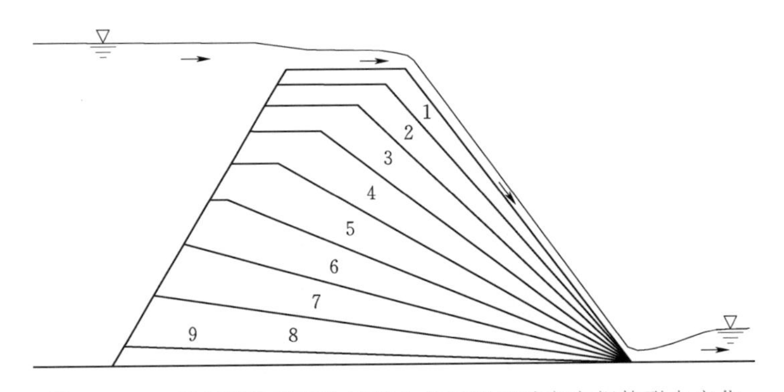

图 7.3-5　堰塞坝漫顶溃决过程中沿河流运动方向坝体形态变化

7.3.5　不完全溃坝与坝基冲蚀

不同的堰塞坝具有不同的几何尺寸、结构特征和颗粒级配，在漫顶溃决时也具有不同的水力条件。对于体型较大、拥有较多大颗粒的堰塞坝，溃坝后可能存在残留坝体。对于库容较大、水动力条件较强的堰塞坝，溃坝后也可能产生坝基冲蚀。对于不完全溃坝，模型根据堰塞坝的结构特征和坝料分布规律设置残留坝高，控制溃口底部高程。对于坝基冲蚀，模型假设可冲蚀的坝基呈水平层状分布，结合坝基材料的物理力学性质，采用冲蚀公式计算坝基的冲蚀过程。模型保证水量平衡关系，并采用式（7.3-3）中的尾水淹没修正

系数考虑坝基冲蚀时尾水对于溃口流量过程的影响。

7.3.6　溃口边坡稳定性

在堰塞坝漫顶溃决过程中，随着坝顶与下游坡溃口的逐渐发展，溃口边坡可能会发生失稳，模型采用极限平衡法分析边坡稳定性，并假设破坏面为平面。当满足下式时，边坡失稳（图7.3-6）：

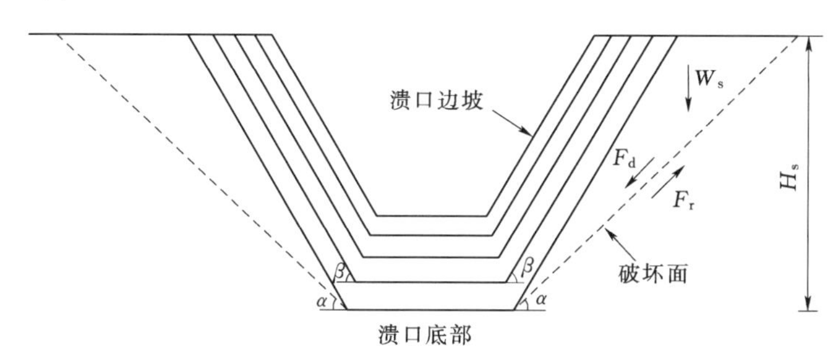

图7.3-6　溃口边坡稳定性分析

$$F_d > F_r \tag{7.3-16}$$

式中：F_d 为滑动力；F_r 为抗滑力。F_d 与 F_r 分别表示为：

$$F_d = W_s \sin\alpha = \frac{1}{2}\gamma_b H_s^2 \left(\frac{1}{\tan\alpha} - \frac{1}{\tan\beta}\right)\sin\alpha \tag{7.3-17}$$

$$\begin{aligned} F_r &= W_s \cos\alpha \tan\varphi + \frac{CH_s}{\sin\alpha} \\ &= \frac{1}{2}\gamma_b H_s^2 \left(\frac{1}{\tan\alpha} - \frac{1}{\tan\beta}\right)\cos\alpha \tan\varphi + \frac{CH_s}{\sin\alpha} \end{aligned} \tag{7.3-18}$$

式中：H_s 为溃口边坡高度；W_s 为破坏体重量；γ_b 为土体容重；C 为坝料黏聚力；φ 为坝料的内摩擦角。

7.3.7　数值计算方法

模型采用按时间步长迭代的数值计算方法模拟溃口发展过程与溃口流量过程之间的耦合关系，具体求解过程见图7.3-7。该计算流程图给出了各模块之间的相互联系，并且输出每个时间步长溃口流量、溃口尺寸和库水位的计算结果。

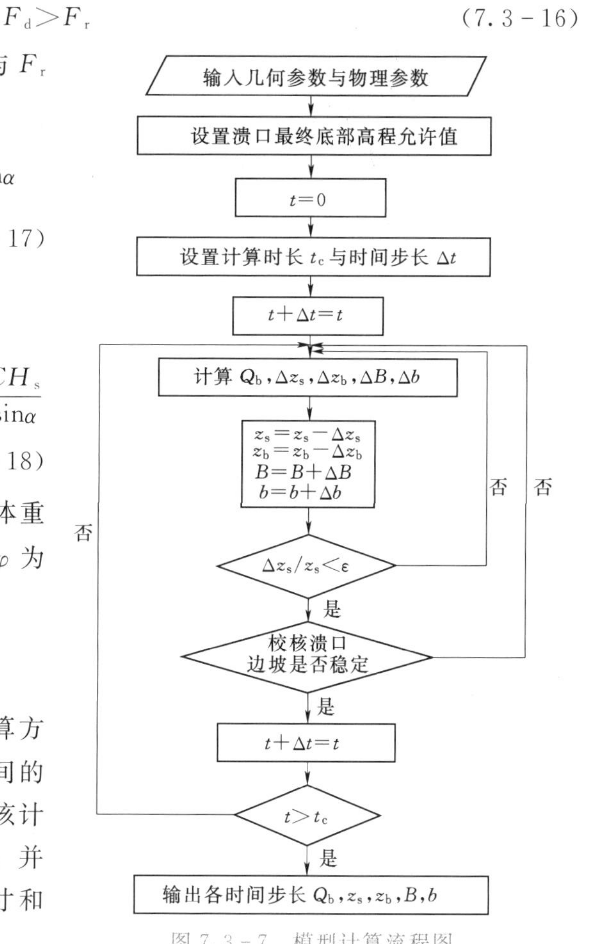

图7.3-7　模型计算流程图

7.4 模型验证

选择中国汶川地震时形成的唐家山堰塞坝的泄流案例验证模型的合理性。2008 年 5 月 12 日，四川省阿坝藏族羌族自治州汶川县发生里氏 8.0 级特大地震。汶川地震引发的大量地质灾害造成了众多山体滑坡堵江事件，在地震影响区内共形成了 256 座堰塞坝，其中位于北川县涪江支流通口河的大型滑坡堵江形成的唐家山堰塞坝体积最大、蓄水量最大、对下游威胁也最为严重，当时其潜在风险举世关注（图 7.4－1）[48]。

图 7.4－1　唐家山堰塞坝俯视图

7.4.1 唐家山堰塞坝几何特征

唐家山堰塞坝顺河向长 803.4m，横河向最大宽度为 611.8m，水平投影面积 30.7 万 m^2。该堰赛坝主要由石头和风化土组成，堰塞湖上游集雨面积 3550km^2，堰塞堆积体土方量 2037 万 m^3。堰塞坝坝顶最高点高程 793.9m，底部高程 669.5m，基岩弱风化顶板高程 638.0m，最大坝高 124.4m，垭口处坝高 82.6m。坝体左侧、中部和右侧共分布 3 条沟槽，右侧沟槽最高点高程 752.2m，宽 20～40m，贯通坝体上下游；中部和左侧沟槽主要分布于下游坝坡，长约 400m，宽 10～20m（图 7.4－2）[12]。上游坝坡较缓，坡度约为 20°。下游坝坡上部和下部均为陡坡，中部为缓坡：

图 7.4－2　唐家山堰塞坝几何形态

上部陡坡坡高约为50m，坡比1：0.7；中部坡度较缓，坡比约为1：2.5；下部仍为陡坡，高约20m，坡比1：0.5[49]。唐家山堰塞坝顺河向及横河向坝体剖面尺寸见图7.4－3[3,50]。

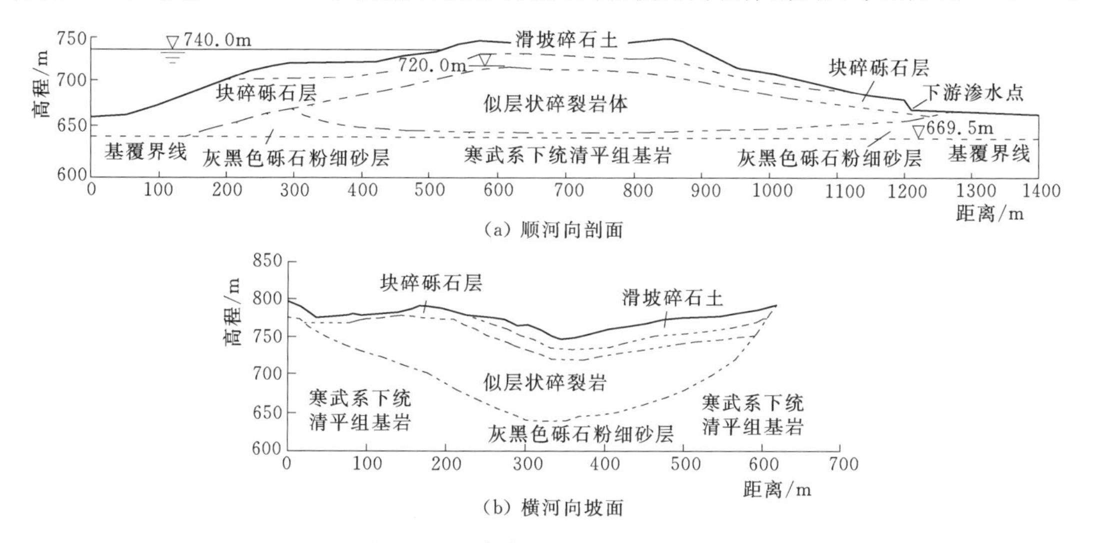

图7.4－3　唐家山堰塞坝地质剖面图

7.4.2　唐家山堰塞坝坝料特征

根据高速滑坡形成的地质环境状况分析，在滑坡相对高差约540m、通口河宽约100m的临空条件下，唐家山滑坡体在短短半分钟内快速下滑并堵江，滑坡体内原岩土体结构完全解体并破碎的可能性较小[50]。因此，除堰塞坝体上、下游两侧及前缘解体破碎强烈外，其余部位在很大程度上仍保持原滑坡体的岩土体结构特点，即在坝体剖面上，从上到下依次为黄褐色坡残积碎石土（厚5～15m）、强风化似层状硅质岩碎裂岩（厚10～15m）和弱风化似层状硅质岩碎裂岩。经过后期地质勘探揭露分析，唐家山山体滑坡堆积过程存在一定的分选，堰塞体自上而下共分成四层：碎石土层、块碎石层、似层状碎裂岩、灰黑色粉土质砂砾层（此层为原河床覆盖层）[51-52]。坝体表层为残积碎石土层，主要堆积于右岸上部及堰塞坝坝前；主体为基岩滑坡形成的巨石、孤块石；下部为弱风化～微风化岩体，仍保持原地层层序关系，结构密实、强度高；基岩位于坝体左岸及右岸下部[53]。唐家山堰塞坝坝体材料级配曲线如图7.4－4[12]所示。

7.4.3　唐家山堰塞坝泄流槽

为了尽快消除唐家山堰塞坝的危险性，水利部抗震救灾指挥部决定对唐家山堰塞坝进行开挖泄流槽导流除险。由于唐家山堰塞坝右侧坝肩位置的高程相对较小，因此在泄流除险过程中，选择了在右侧坝肩位置开挖泄流槽进行导流除险（图7.4－5）。

经过应急抢险，在堰塞体顶部开挖出一条横断面呈“倒梯形”的泄流槽，图7.4－6为施工中的唐家山堰塞坝泄流槽。泄流槽全长475m，进口引渠段槽底高程738.50m，槽底宽35m，综合边坡1：2；泄流槽中段槽底高程739.00～740.00m，槽底宽7～12m，综合边坡1：1.5；泄流槽出口段槽底高程739.00m，槽底宽10m，边坡1：1.35[49]。

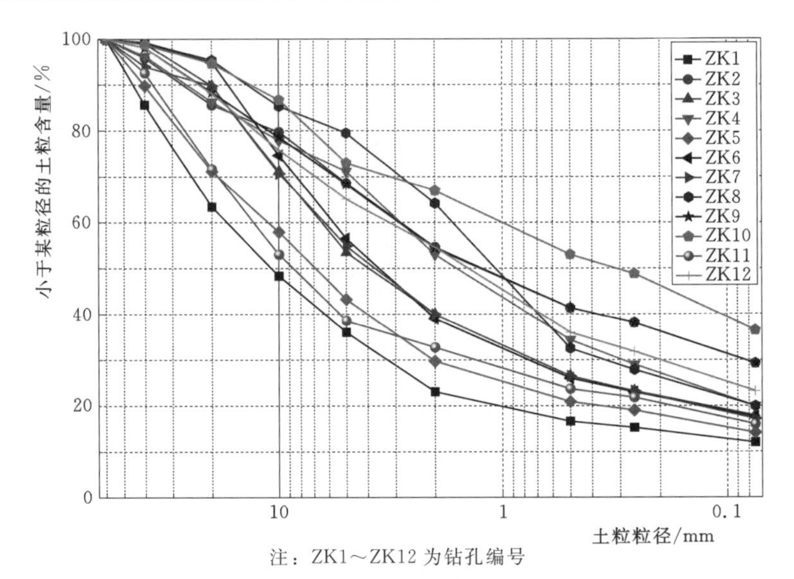

注：ZK1～ZK12 为钻孔编号

图 7.4-4　唐家山堰塞坝坝体级配曲线

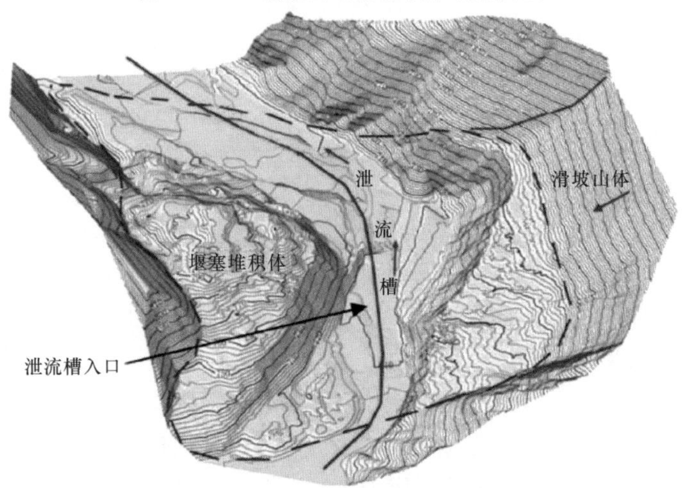

图 7.4-5　唐家山堰塞坝泄流槽地形图

图 7.4-6　施工中的唐家山堰塞坝泄流槽

7.4.4 计算参数选取

为了控制安全泄流，唐家山堰塞坝开挖了底宽8m、深度13m、边坡坡比1∶1.5（垂直/水平）的“倒梯形”泄流槽。由实测资料可知，唐家山堰塞湖在2008年6月10日6：00时水位上升至742.5m，库容达到2.3亿m^3时开始泄流（图7.4-7）[12,33]。

图7.4-7 唐家山堰塞坝泄流

由于唐家山堰塞坝形状不规整，为了便于计算分析，假设其在横河向与纵河向均为梯形，坝高取103m，坝顶宽300m，上下游坡比分别为0.364和0.25，初始库水位92.5m（对应高程742.5m），水位-库面面积关系参考文献［12］的成果，坝体材料的物理力学参数（如孔隙比e、黏聚力C、内摩擦角φ和密度ρ_s）取自唐家山坝料的试验结果[33]，冲蚀系数k_d和坝料临界剪应力τ_c参考文献［31］的成果。值得一提的是，通过现场实测资料发现，唐家山堰塞坝的溃坝属于不完全溃坝，溃口发展到距离坝体底部以上69m时，溃口纵向下切过程停止，究其原因，应为坝体内部的大块石阻滞了溃口的加深。本次计算设定溃口在坝体底部以上69m处停止纵向下切（图7.4-8），另外，为了合理模拟实际泄流过程，模型选择单侧冲蚀的溃坝模式模拟溃口的发展。

图7.4-8 唐家山堰塞坝最终溃口

模型的参数选择主要基于现场实测资料和相关模型试验[4,11-12,31,33]，具体计算参数取值见表 7.4-1。

表 7.4-1　　唐家山堰塞坝泄流过程计算参数

计算参数	取值	计算参数	取值
坝高/m	103	库面面积/m²	A_s-h
坝长/m	611.8	残留坝高/m	69
坝顶宽/m	300	d_{50}/mm	10
上游坡比（垂直/水平）	0.364	e	0.67
下游坡比（垂直/水平）	0.25	C/kPa	25
初始溃口底宽/m	8	φ/(°)	22
初始溃口深度/m	13	ρ_s/(kg/m³)	2400
初始溃口边坡坡比	0.667	k_d/[mm³/(N·s)]	2000
初始库水位/m	92.5	τ_c/Pa	42.7

7.4.5 计算结果分析

实测与计算的溃口峰值流量（Q_p）、溃口最终顶宽（B）、溃口最终底宽（b）及峰值流量到达时间（T_p）的对比情况见表 7.4-2。溃口流量过程、库水位变化过程的实测值与计算值的对比情况见图 7.4-9 和图 7.4-10。由于无法获取溃口顶宽与底宽发展过程的实测值，作者提供了溃口顶宽与底宽发展过程的计算值（图 7.4-11）。通过表 7.4-2 可以看出，溃口峰值流量计算值仅小于实测值 3.1%，溃口最终顶宽与底宽在实测值范围之内，溃口峰值流量到达时间较实测值提前 8.6%。通过图 7.4-9 和图 7.4-10 可以看出，模型较好地反映了唐家山堰塞坝的泄流全过程，计算获取的溃口流量过程和库水位变化过程与实测值基本一致。综上可知，作者模型的计算结果可较好地模拟唐家山堰塞坝的泄流过程。

表 7.4-2　　唐家山堰塞坝泄流过程参数实测值与计算值比较

参数	实测值	计算值	相对误差	参数	实测值	计算值	相对误差
Q_p/(m³/s)	6500	6299.3	−3.1%	b/m	100～145	106.6	0
B/m	145～225	179.0	0	T_p/h	6.5	5.94	−8.6%

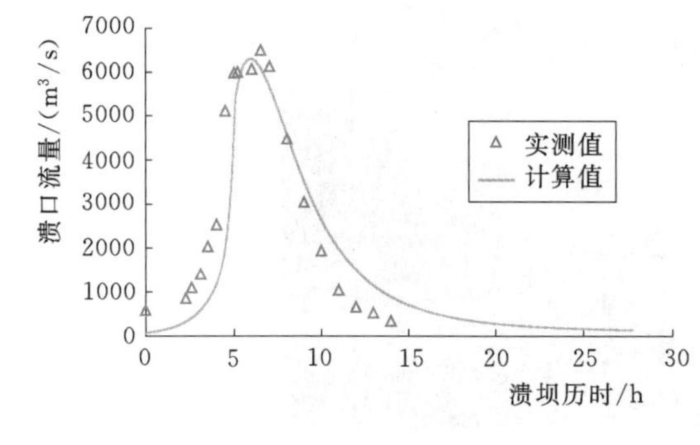

图 7.4-9　唐家山堰塞坝泄流溃口流量过程比较

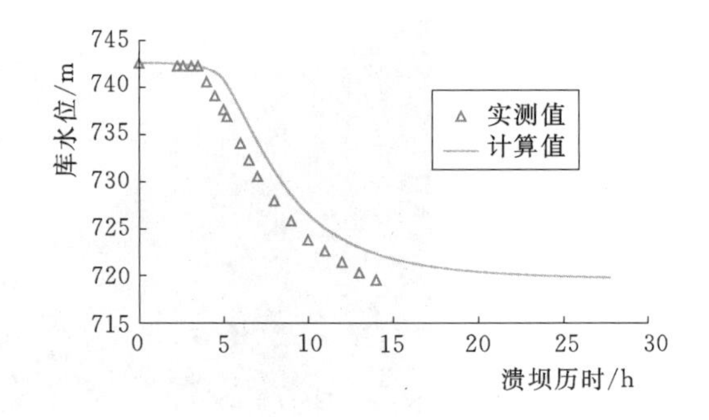

图 7.4-10　唐家山堰塞坝泄流库水位变化过程比较

7.4.6 参数敏感性分析

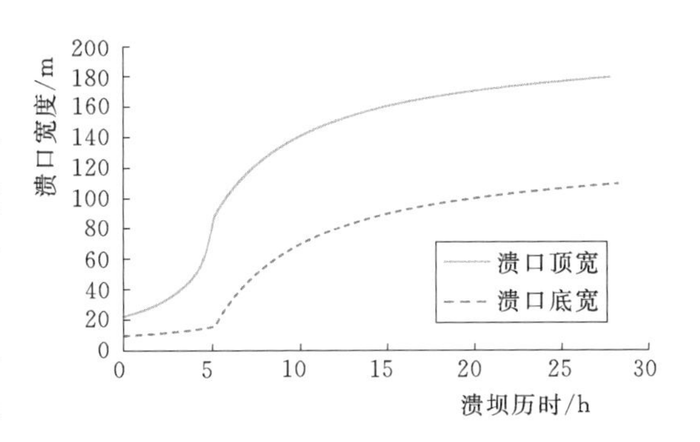

图 7.4-11 唐家山堰塞坝泄流溃口发展过程计算值

为了更进一步分析计算参数对模型计算结果的影响，对残留坝高、冲蚀模式(单侧冲蚀与两侧冲蚀)、冲蚀系数等重要参数分别进行敏感性分析。

对于残留坝高，分别设定溃口的最终底高程为 730.00m、710.00m 和 650.00m(完全溃决)，计算结果见表 7.4-3。由表 7.4-3 可以看出：当溃口最终底高程由 719.00m 变为 730.00m 时，溃口峰值流量减小 71.6%，溃口顶宽减小 29.4%，峰值流量到达时间滞后 17.2%；当溃口最终底高程由 719.00m 变为 710.00m 时，溃口峰值流量增大 84.6%，溃口顶宽增大 16.9%，峰值流量到达时间提前 1.9%；当溃口最终底高程由 719.00m 变为 650.00m 时，溃口峰值流量增大 457.5%，溃口顶宽增大 106.3%，峰值流量到达时间滞后 9.9%。

表 7.4-3 不同残留坝高对应的计算结果

溃口最终底高程/m	Q_p		B		T_p	
	数值/(m^3/s)	增量百分数	数值/m	增量百分数	数值/h	增量百分数
719.00	6299.3		179.0		5.94	
730.00	1788.7	−71.6%	126.4	−29.4%	6.96	+17.2%
710.00	11628.7	+84.6%	209.3	+16.9%	5.83	−1.9%
650.00	35115.7	+457.5%	369.2	+106.3%	6.53	+9.9%

计算结果表明，残留坝高对于溃坝过程具有重要的影响，随着残留坝高的逐渐减小，溃口峰值流量、溃口最终宽度逐渐增加，峰值流量到达时间逐渐提前（对于全溃的情况，由于溃坝历时较长，峰值流量到达时间会有所滞后），见图 7.4-12。

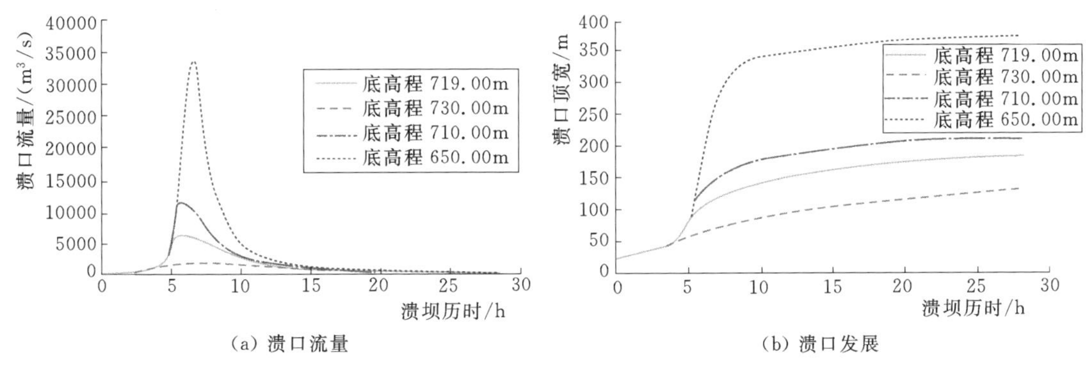

(a) 溃口流量　　(b) 溃口发展

图 7.4-12 不同溃口最终底高程对溃坝过程的影响

表 7.4-4 展现了冲蚀模式（单侧冲蚀与两侧冲蚀）的变化对溃坝过程的影响，由计

算结果可以看出：对于峰值流量，两侧冲蚀较单侧冲蚀增大20.6%；对于溃口顶宽，两侧冲蚀较单侧冲蚀增大25.7%；对于峰值流量到达时间，两侧冲蚀较单侧冲蚀滞后19.2%。因此，两侧冲蚀较单侧冲蚀具有更大的峰值流量和溃口宽度，但峰值流量出现时间滞后。图7.4-13给出了不同冲蚀模式对溃坝过程的影响，由图中可以看出，溃坝初期，单侧冲蚀的溃口流量和溃口顶宽上升较快，究其原因，应为溃坝初期，单侧冲蚀时的流速较大，水流冲蚀能力较强，因此溃口发展速度较快，从而导致了溃口流量上升较快；但随着溃口宽度与深度的增加，溃口流量逐渐增大，两侧冲蚀将拥有更大的溃口宽度增量，从而溃口流量的上升速度更快。

表7.4-4　不同冲蚀模式对应的计算结果

溃坝模式	Q_p/(m³/s)		B/m		T_p/h	
	数值	增量百分数	数值	增量百分数	数值	增量百分数
单侧冲蚀	6299.3		179.0		5.94	
两侧冲蚀	7598.7	+20.6%	225.0	+25.7%	7.08	+19.2%

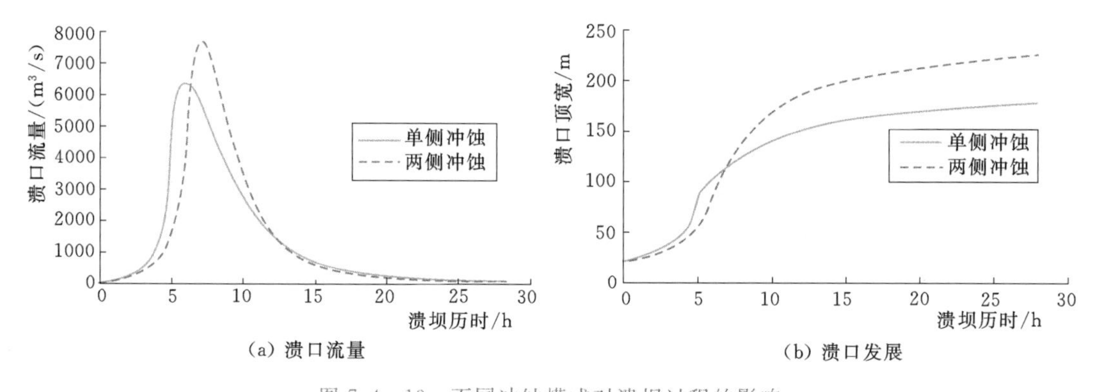

(a) 溃口流量　(b) 溃口发展

图7.4-13　不同冲蚀模式对溃坝过程的影响

冲蚀系数对于溃坝过程也具有重要影响，将冲蚀系数k_d分别乘以0.5和2.0，分析其对计算结果的影响。由表7.4-5可以看出：当冲蚀系数k_d变为原先计算值的1/2时，溃口峰值流量减小26.5%，溃口顶宽减小22.7%，峰值流量到达时间滞后84.2%；当冲蚀系数k_d变为原先计算值的2.0倍时，溃口峰值流量增大34.4%，溃口顶宽增大31.1%，峰值流量到达时间提前42.1%。

表7.4-5　不同冲蚀系数对应的计算结果

冲蚀系数	Q_p		B		T_p	
	数值/(m³/s)	增量百分数	数值/m	增量百分数	数值/h	增量百分数
$1.0k_d$	6299.3		179.0		5.94	
$0.5k_d$	4629.5	−26.5%	138.3	−22.7%	10.94	+84.2%
$2.0k_d$	8465.5	+34.4%	234.7	+31.1%	3.44	−42.1%

计算结果表明，随着冲蚀系数的增加，溃口峰值流量、溃口最终宽度逐渐增大，峰值流量到达时间逐渐提前（图7.4-14）。

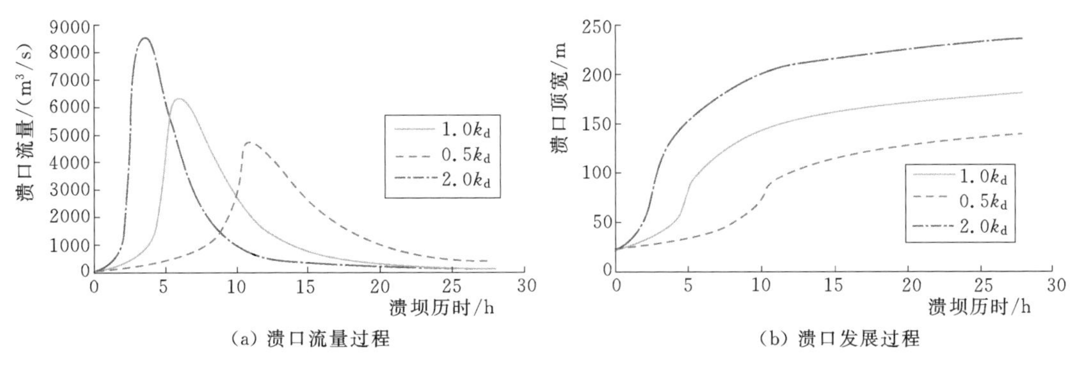

(a) 溃口流量过程　　(b) 溃口发展过程

图 7.4-14　不同冲蚀系数对溃坝过程的影响

7.4.7　与国外同类溃坝数学模型比较

为了进一步分析模型的合理性和优缺点，选择目前国外常用的溃坝过程数学模型（美国国家气象局 NWS BREACH 模型[57]）进行比对。选择该模型是由于 NWS BREACH 模型是目前国内外应用最为广泛的计算土石坝溃决过程的数学模型。NWS BREACH 模型计算参数见表 7.4-6。

表 7.4-6　　NWS BREACH 模型计算唐家山泄流过程计算参数

计　算　参　数	取值	计　算　参　数	取值
坝高/m	103	初始库水位/m	92.5
坝长/m	611.8	库面面积/m²	A_s-h
坝顶宽/m	300	d_{50}/mm	10
上游坡比	0.364	e	0.67
下游坡比	0.25	C/kPa	25
初始溃口底宽/m	8	φ/(°)	22
初始溃口深度/m	13	ρ_s/(kg/m³)	2400
初始溃口边坡坡比	0.667	d_{90}/d_{30}	60

表 7.4-7 给出了采用 NWS BREACH 模型和作者模型计算得出的唐家山泄流案例实测值与模型计算值的比较，并提供了各参数的相对误差；图 7.4-15 和图 7.4-16 为 NWS BREACH 模型和作者模型计算获得的溃口流量过程与实测值的对比及溃口发展过程的计算结果图。

表 7.4-7　　唐家山泄流案例 NWS BREACH 与作者模型计算值与实测值对比

实测值及模型计算值	Q_p		B_{ave}		T_p	
	数值/(m³/s)	相对误差	数值/m	相对误差	数值/h	相对误差
实测值	6500		145		6.5	
NWS BREACH 模型计算值	8618.8	+32.6%	97.0	-33.1%	4.99	-23.2%
作者模型计算值	6299.3	-3.1%	142.8	-1.5%	5.94	-8.6%

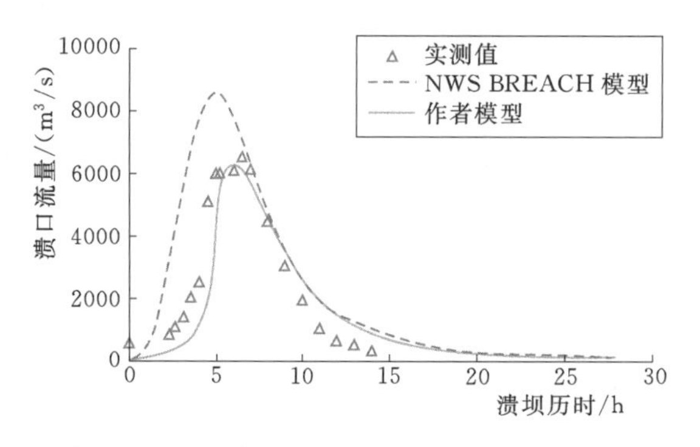

图 7.4-15　唐家山堰塞坝泄流案例流量过程实测值与不同模型计算值比较

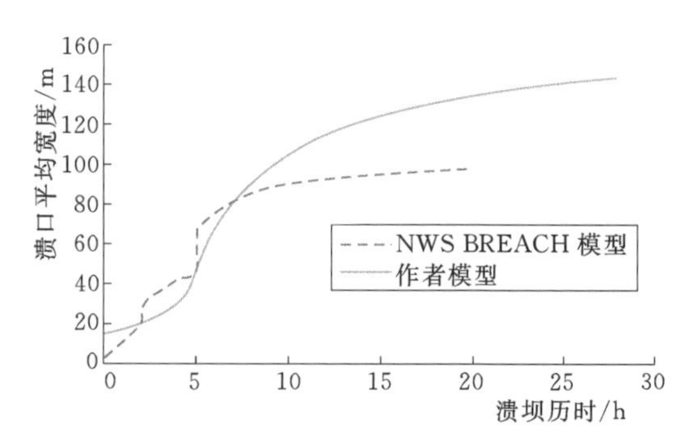

图 7.4-16　唐家山堰塞坝泄流案例溃口发展过程不同模型计算结果

从计算结果的分析比较可以看出，由于 NWS BREACH 模型的冲蚀公式中包含(d_{90}/d_{30})，因此可考虑宽级配坝料的冲刷，其计算结果的误差在±40%以内，但由于模型无法考虑溃口处残留坝高对溃坝过程的影响，因此溃口峰值流量偏大。

7.5　模型应用

为了进一步验证模型的合理性和应用作者模型解决堰塞坝溃坝案例的模拟问题，另外选择了 2 个堰塞坝漫顶溃决案例，分别为易贡与小岗剑堰塞坝溃坝案例。其中，易贡堰塞坝位于西藏自治区波密县易贡乡，2000 年 4 月 9 日，受气温转暖、冰雪融化及地质等因素的影响，由巨大山体滑坡所致[4,54]；小岗剑堰塞坝位于绵竹市汉旺镇沱江支流绵远河小岗剑水电站上游 300m 处，由“5·12”汶川特大地震所致[55]。

7.5.1　易贡堰塞坝溃坝案例分析

现场调查资料显示[4,34,56]，易贡堰塞坝的坝高为 80m，上、下游的坡角分别平均约为 5°与 8°。当库水位上升至 79.7m 时，堰塞坝开始溃决。溃口（图 7.5-1）的最终高程约为坝底以上 23.6m。模型计算使用的参数见表 7.5-1。

图 7.5-1　易贡堰塞坝最终溃口

表 7.5-1　　易贡堰塞坝溃坝过程计算参数

计算参数	取值	计算参数	取值
坝高/m	80	库面面积/m^2	A_s-h
坝长/m	1000	残留坝高/m	23.6
坝顶宽/m	200	d_{50}/mm	8
上游坡比	0.09	e	0.4
下游坡比	0.14	C/kPa	13
初始溃口底宽/m	5	φ/(°)	37
初始溃口深度/m	1	ρ_s/(kg/m^3)	2400
初始溃口边坡坡比	0.5	k_d/[mm^3/(N·s)]	2400
初始库水位/m	79.7	τ_c/Pa	42.6

实测与计算的溃口峰值流量（Q_p）、溃口最终顶宽（B）、溃口最终底宽（b）及峰值流量到达时间（T_p）的对比情况见表 7.5-2。溃口流量过程实测值与计算值的对比情况见图 7.5-2，由于无法获取溃口顶宽与底宽发展过程的实测值，此处仅提供了溃口顶宽与底宽发展过程的计算值（图 7.5-3）。

表 7.5-2　　易贡堰塞坝溃决过程实测值与作者模型计算值比较

参数	实测值	计算值	相对误差	参数	实测值	计算值	相对误差
Q_p/(m^3/s)	94013	91693.7	−2.5%	b/m	430	437.2	+1.7%
B/m		538.5		T_p/h	7.0	6.24	−10.9%

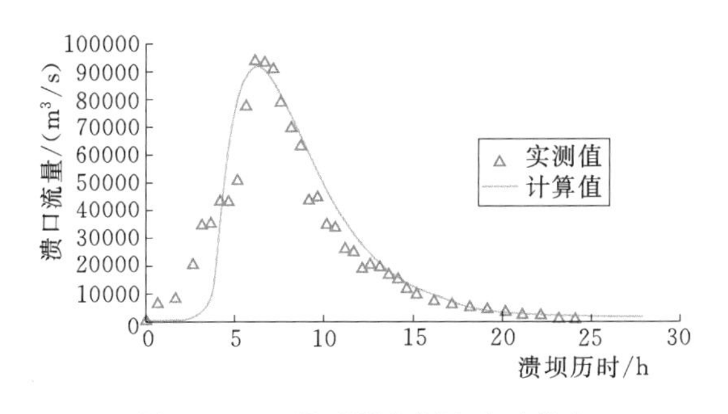

图 7.5-2　易贡堰塞坝溃决过程中溃口流量过程比较

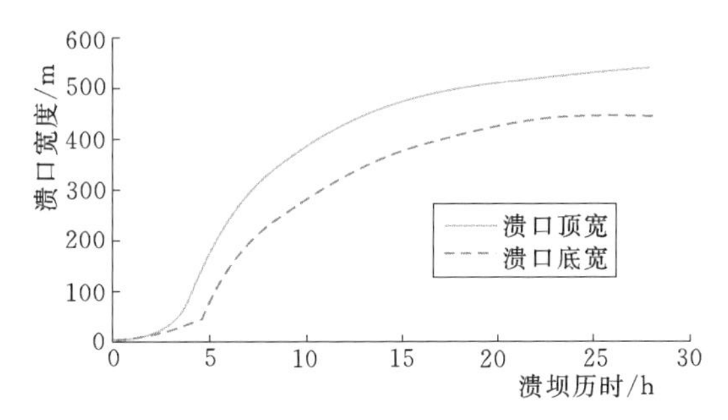

图 7.5-3　易贡堰塞坝溃决过程中溃口发展过程计算值

通过表 7.5-2 可以看出：溃口峰值流量计算值仅小于实测值 2.5%；由于无溃口最终顶宽实测值，因此不做对比；溃口最终底宽仅大于实测值 1.7%；溃口峰值流量到达时间较实测值提前 10.9%。通过图 7.5-2 可以看出，模型较好地反映了易贡堰塞坝的溃决全过程，计算获取的溃口流量过程与实测值基本一致。综上可知，作者模型的计算结果可较好地模拟易贡堰塞坝的溃决过程。

7.5.2 小岗剑堰塞坝溃坝案例分析

现场调查资料显示[4,55,58]，小岗剑堰塞坝的坝高为70m，上、下游的坡角分别平均约为20°与30°。当库水位上升至69.7m时，堰塞坝开始溃决。溃口（图7.5-4）的最终高程约为坝底以上39m。模型计算使用的参数见表7.5-3。

图7.5-4 小岗剑堰塞坝最终溃口

表7.5-3 小岗剑堰塞坝溃坝过程计算参数

计算参数	取值	计算参数	取值
坝高/m	70	库面面积/m^2	A_s-h
坝长/m	200	残留坝高/m	39
坝顶宽/m	80	d_{50}/mm	9
上游坡比	0.36	e	0.4
下游坡比	0.58	C/kPa	20
初始溃口底宽/m	30	φ/(°)	30
初始溃口深度/m	2	ρ_s/(kg/m^3)	2400
初始溃口边坡坡比	0.5	k_d/[mm^3/(N·s)]	2000
初始库水位/m	69.7	τ_c/Pa	42.6

实测与计算的溃口峰值流量（Q_p）、溃口最终平均宽度（B_{ave}）及峰值流量到达时间（T_p）的对比情况见表7.5-4。溃口流量过程实测值与计算值的对比情况见图7.5-5，由于无法获取溃口顶宽与底宽发展过程的实测值，作者提供了溃口顶宽与底宽发展过程的计算值（图7.5-6）。

表7.5-4 小岗剑堰塞坝溃决过程实测值与计算值比较

参数	实测值	计算值	相对误差
Q_p/(m^3/s)	3000	2968.9	−1.0%
B_{ave}/m	80	91.6	+14.5%
T_p/h	3.0	3.20	+6.7%

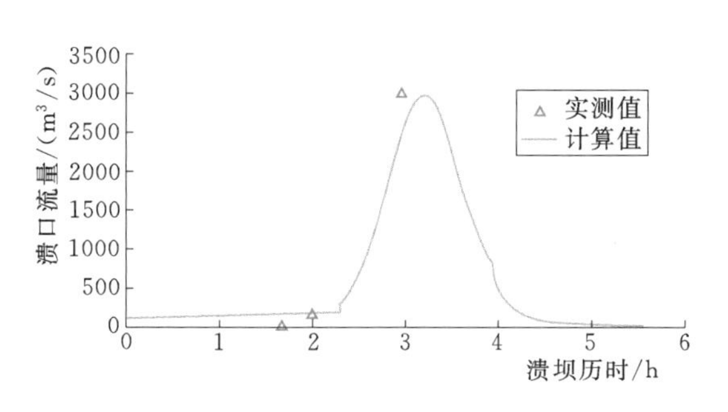

图 7.5-5　小岗剑堰塞坝溃决过程中溃口流量过程比较

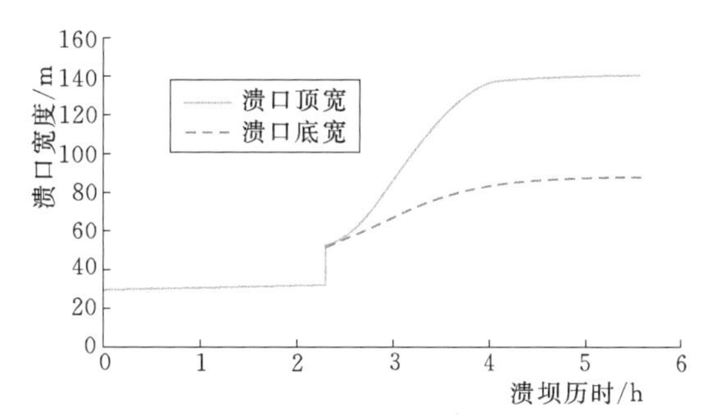

图 7.5-6　小岗剑堰塞坝溃决过程中溃口发展过程计算值

通过表 7.5-4 可以看出：溃口峰值流量计算值仅小于实测值 1.0%，溃口最终平均宽度大于实测值 14.5%，溃口峰值流量到达时间较实测值滞后 6.7%。通过图 7.5-6 可以看出，模型较好地反映了小岗剑堰塞坝的溃决全过程，计算获取的溃口流量过程与实测值基本一致。综上可知，作者模型的计算结果可较好地模拟小岗剑堰塞坝的溃决过程。

7.6　本章小结

本章基于小尺度溃坝水工模型试验、溃坝离心模型试验以及实际案例揭示的堰塞坝漫顶溃决机理，建立了一个可模拟其漫顶溃坝过程的数学模型。针对堰塞坝的形态特征和坝料特性，模型统一考虑了坝顶与下游坡溃口的发展，并可模拟沿河流方向坝体形态的变化过程。

（1）首先选择具有实测数据的唐家山堰塞坝泄流案例对模型的合理性进行了验证。计算值与实测值的对比表明，作者提出的模型可较好地模拟溃口发展过程与溃口流量过程。参数敏感性分析表明，残余坝高、冲蚀系数等参数对溃坝过程具有重要影响，冲蚀模式对溃坝过程影响相对较小。

（2）同时，选择国外具有代表性的溃坝计算模型 NWS BREACH 对唐家山堰塞坝的泄流过程进行了模拟，该模型的冲蚀公式考虑了宽级配坝料的冲刷，但由于模型无法考虑溃口处残留坝高对溃坝过程的影响，因此溃口峰值流量偏大。

（3）最后选择易贡和小岗剑 2 座具有实测资料的堰塞坝溃决案例对作者提出的模型开展了进一步验证。计算结果表明，作者模型计算得出的溃口峰值流量、溃口最终宽度及溃口峰值流量出现时间等各输出参数的相对误差均控制在±15%以内，溃口流量过程计算值与实测值大体一致，进一步证明了作者模型对堰塞坝的适用性和计算结果的合理性。

参　考　文　献

［1］ COSTA J E, SCHUSTER R L. The formation and failure of natural dams [J]. Geological Society of America Bulletin, 1988, 100 (7): 1054-1068.

［2］ 严祖文，魏迎奇，蔡红. 堰塞坝形成机理及稳定性分析 [J]. 中国地质灾害与防治学报，2009，

20 (4): 55 - 59.

[3] 陈生水. 土石坝溃决机理与溃坝过程模拟 [M]. 北京: 中国水利水电出版社, 2012.

[4] 刘宁, 杨启贵, 陈祖煜. 堰塞湖风险处置 [M]. 武汉: 长江出版社, 2016.

[5] CASAGLI N, ERMINI L. Prediction of the behavior of landslide dams using a geomorphological dimensionless index [J]. Earth Surface Processes and Landforms, 2003, 28 (1): 31 - 47.

[6] PENG M, ZHANG L M. Breaching parameters of landslide dams [J]. Landslides, 2012, 9 (1): 13 - 31.

[7] DAI F C, LEE C F, DENG J H, et al. The 1786 earthquake - triggered landslide dam and subsequent dam - break flood on the Dadu River, southwestern China [J]. Geomorphology 2005, 65 (3 - 4): 205 - 221.

[8] 段启忠, 姜明月. 岷江叠溪大海子地震堰塞坝稳定性分析 [J]. 四川水力发电, 2004, 23 (1): 93 - 96.

[9] 聂高众, 高建国, 邓砚. 地震诱发的堰塞湖初步研究 [J]. 第四纪研究, 2004, 24 (3): 293 - 301.

[10] LEE K L, DUNCAN J M. Landslide of April 25, 1974 on the Mantaro River, Peru: report of inspection [J]. National Academies, 1975.

[11] 刘宁, 张建新, 林伟, 等. 汶川地震唐家山堰塞湖引流除险工程及溃坝洪水演进过程 [J]. 中国科学: E辑 技术科学, 2009, 39 (8): 1359 - 1366.

[12] LIU N, CHEN Z Y, ZHANG J X, et al. Draining the Tangjiashan barrier lake [J]. Journal of Hydraulic Engineering, 2010, 136 (11): 914 - 923.

[13] 姜华. 天然坝决堤过程及流量变化的研究 [J]. 水土保持应用技术, 2007 (1): 24 - 26.

[14] 牛志攀, 许唯临, 张建民, 等. 堰塞湖冲刷及溃决试验研究 [J]. 四川大学学报: 工程科学版, 2009 (3): 90 - 95.

[15] 张婧, 曹叔尤, 杨奉广, 等. 堰塞坝泄流冲刷试验研究 [J]. 四川大学学报: 工程科学版, 2010, 42 (5): 191 - 196.

[16] 党超, 程尊兰, 刘晶晶. 泥石流堰塞坝溃决模式实验 [J]. 灾害学, 2008, 23 (3): 15 - 19.

[17] 赵万玉, 陈晓清, 高全, 等. 不同横断面泄流槽的地震堰塞湖溃决实验研究 [J]. 泥沙研究, 2011, (4): 30 - 37.

[18] NIU Z P, XU W L, LI N W, et al. Experimental investigation of the failure of cascade landslide dams [J]. Journal of Hydrodynamics, 2012, 24 (3): 430 - 441.

[19] 张大伟, 权锦, 何晓燕, 等. 堰塞坝漫顶溃决试验及相关数学模型研究 [J]. 水利学报, 2012, 43 (8): 979 - 986.

[20] 刘磊, 钟德钰, 张红武, 等. 堰塞坝漫顶溃决试验分析与模型模拟 [J]. 清华大学学报: 自然科学版, 2013, 53 (4): 583 - 588.

[21] 杨阳, 曹叔尤. 堰塞坝漫顶溃决与演变水槽试验指标初探 [J]. 四川大学学报: 工程科学版, 2015, 47 (2): 1 - 7.

[22] 蒋先刚, 崔鹏, 王兆印, 等. 堰塞坝溃口下切过程试验研究 [J]. 四川大学学报: 工程科学版, 2016, 48 (4): 38 - 44.

[23] 王道正, 陈晓清, 罗志刚, 等. 不同颗粒级配条件下堰塞坝溃决特征试验研究 [J]. 防灾减灾工程学报, 2016, 36 (5): 827 - 833.

[24] 石振明, 郑鸿超, 彭铭, 等. 考虑不同泄流槽方案的堰塞坝溃决机理分析——以唐家山堰塞坝为例 [J]. 工程地质学报, 2016, 24 (5): 741 - 751.

[25] ROBINSON K M, HANSON G J. Headcut erosion research [C] // Proceedings of 7th Federal Interagency Sedimentation Conference, Reno, 2001.

[26] 朱勇辉，廖鸿志，吴中如. 国外土坝溃坝模拟综述 [J]. 长江科学院院报，2003，20 (2)：26-29.

[27] 赵天龙，陈生水，王俊杰，等. 堰塞坝漫顶溃坝离心模型试验研究 [J]. 岩土工程学报，2016，38 (11)：1965-1972.

[28] 谢亚军，朱勇辉，国小龙. 土坝溃决研究进展及存在问题 [J]. 长江科学院院报，2013，30 (4)：29-33.

[29] ASCE/EWRI Task Committee on Dam/Levee Breach. Earthen embankment breaching [J]. Journal of Hydraulic Engineering，2011，137 (12)：1549-1564.

[30] DAVIES T R，MANVILLE V，KUNZ M，et al. Modeling landslide dambreak flood magnitudes：case study [J]. Journal of Hydraulic Engineering，2007，133 (7)：713-720.

[31] CHANG D S，ZHANG L M. Simulation of the erosion process of landslide dams due to overtopping considering variations in soil erodibility along depth [J]. Natural Hazards and Earth System Sciences，2010，10 (4)：933-946.

[32] SHI Z M，GUAN S G，PENG M，et al. Cascading breaching of the Tangjiashan landslide dam and two smaller downstream landslide dams [J]. Engineering Geology，2015，193：445-458.

[33] CHEN Z Y，MA L Q，YU S，et al. Back analysis of the draining process of the Tangjiashan barrier lake [J]. Journal of Hydraulic Engineering，2015，141 (4)：05014011.

[34] WANG L，CHEN Z Y，WANG N X，et al. Modeling lateral enlargement in dam breaches using slope stability analysis based on circular slip mode [J]. Engineering Geology，2016，209：70-81.

[35] ZHONG Q M，CHEN S S，MEI S A，et al. Numerical simulation of landslide dam breaching due to overtopping [J]. Landslides，2017，14 (12)：1-10.

[36] 钟启明，陈生水，邓曌. 堰塞坝漫顶溃决机理与溃坝过程模拟 [J]. 中国科学：E辑　技术科学，2018，48 (9)：959-968.

[37] SINGH V P. Dam breach modeling technology [M]. Dordrecht：Kluwer Academic Publishers，1996.

[38] FREAD D L. DAMBREAK：The NWS dam break flood forecasting model [R]. Silver Spring：National Oceanic and Atmospheric Administration，1984.

[39] U. S. Dept. of Agriculture，Natural Resources Conservation Service (USDA-NRCS). Chapter 51：Earth spillway erosion model [M]. Washington DC：National Engineering Handbook，1997.

[40] WU W M. Simplified physically based model of earthen embankment breaching [J]. Journal of Hydraulic Engineering，2013，139 (8)：837-851.

[41] MCNEIL J，TAYLOR C，LICK W. Measurements of erosion of undisturbed bottom sediments with depth [J]. Journal of Hydraulic Engineering，1996，122 (6)：316-324.

[42] BRIAUD J L，TING F C K，Chen H C，et al. Erosion function apparatus for scour rate prediction [J]. Journal of Geotechnical and Geoenvironmental Engineering，2001，127 (2)：105-113.

[43] HANSON G J，COOK K R. Apparatus，test procedures，and analytical methods to measure soil erodibility in situ [J]. Applied Engineering in Agriculture，2004，20 (4)：455-462.

[44] CHANG D S，ZHANG L M，XU Y，et al. Field testing of erodibility of two landslide dams trigged by the 12 May Wenchuan earthquake [J]. Landslides，2011，8 (3)：321-332.

[45] ANNANDALE G W. Scour technology - mechanics and engineering practice [M]. New York：Mcgraw-Hill，2006.

[46] KNIGHT D W，DEMETRIOU J D，HAMED M E. Boundary shear in smooth rectangular channels [J]. Agricultural Water Management，1984，110 (4)：405-422.

[47] JAVID S，MOHAMMADI M. Boundary shear stress in a trapezoidal channel [J]. International Journal of Engineering：Transactions A，2012，25 (4)：365-373.

[48] 赵天龙. 堰塞坝漫顶溃决机理及溃坝过程模拟 [D]. 南京：南京水利科学研究院，2015.

[49] 赵万玉，陈晓清，高全. 地震堰塞湖人工排泄断面优化初探 [J]. 灾害学，2010，25 (2)：26-29.

[50] 胡卸文，罗刚，王军桥，等. 唐家山堰塞体渗流稳定及溃决模式分析 [J]. 岩石力学与工程学报，2010，29 (7)：1409-1417.

[51] 马贵生，罗小杰. 唐家山滑坡形成机制与堰塞坝工程地质特征 [J]. 人民长江，2008，39 (22)：46-47.

[52] 邬爱清，林绍忠，马贵生，等. 唐家山堰塞坝形成机制 DDA 模拟研究 [J]. 人民长江，2008，39 (22)：91-95.

[53] 李书飞，胡维忠. 唐家山堰塞湖可能起溃水位分析研究 [J]. 人民长江，2008，39 (22)：73-75.

[54] 刘宁，姜乃明，杨启贵，等. 易贡巨型滑坡堵江灾害抢险处理方案研究 [J]. 人民长江，2000，31 (9)：10-12.

[55] 邱炽兴，李书健. 绵远河小岗剑（上）堰塞湖应急排险处理 [J]. 水利水电技术，2008，39 (8)：36-38.

[56] 邢爱国，徐娜娜，宋新远. 易贡滑坡堰塞湖溃坝洪水分析 [J]. 工程地质学报，2010，18 (1)：78-83.

[57] FREAD D L. BREACH：an erosion model for earthen dam failure [R]. Silver Spring：National Weather Service，1988.

[58] CHEN S J，CHEN Z Y，RAN T，et al. Emergency response and back analysis of the failures of earthquake triggered cascade landslide dams on the Mianyuan River，China [J]. Natural Hazards Review，2018，19 (3)：05018005.

第 8 章

土石坝渗透破坏溃坝数学模型及应用

8.1 概述

据统计[1-2]，1954—2018年中国3541座发生溃决的水库大坝中，由于渗透破坏导致的溃坝数量约占总数的40%。美国地质调查局Costa的统计数据也表明[3]，美国的大坝失事案例中，34%的溃坝事件是由漫顶导致，30%的溃坝案例是由坝基缺陷导致，28%的溃坝案例是由渗透破坏导致。据美国斯坦福大学National Performance of Dams Program（NPDP）对美国国内发生事故的2974座大坝的调查统计[4]，渗透破坏导致的事故约占总数的22%，而世界范围内由于渗透破坏而导致的溃坝事件约占溃坝总数的50%。另外，各国学者也对渗透破坏溃坝案例进行了调查分析，也获得了类似的统计数据[5-7]。

1976年6月5日，美国爱达荷州Teton河上坝高93m的Teton坝（心墙坝）由于坝体渗透破坏发生溃坝（图8.1-1），导致Teton河和Snake河下游130km、面积780km^{2}的地区全部或局部遭受溃水泛滥；4万hm^{2}农田被淹，冲毁铁路52km，11人死亡，25000人无家可归[8]。1993年8月27日，我国青海省沟后水库坝高71.0m的混凝土面板砂砾石坝因渗透破坏导致溃坝，造成320人死亡和大量财产损失[9]。2001年10月3日，我国四川省大路沟水库坝高44.0m的均质土坝因渗透破坏发生溃决，造成26人死亡、10人失踪和大量财产损失[10]。2007年4月19日，我国甘肃省小海子水库坝高8.7m的均质土坝因坝基渗透破坏，在很短时间内发生溃决，造成直接经济损失179.84万元[11]。2013

图8.1-1　美国Teton坝溃坝现场

年 2 月 15 日，我国山西省曲亭水库灌溉输水洞发生渗透破坏导致洞顶坍塌发生溃坝，政府紧急转移水库下游 14 个村庄的涉险群众 2.4 万余人，所幸未造成人员伤亡。

从 20 世纪初开始，各国学者对渗透破坏的机理展开了深入研究，但研究大多围绕坝（堤）基的渗透破坏，重点研究渗透破坏发生的临界条件、渗透破坏发展过程中渗流场和应力场的变化以及渗控措施[12-21]，对如何合理模拟因渗透破坏导致土石坝溃决的全过程还缺乏深入研究。国内外学者也开展了土石坝渗透破坏溃决全过程的物理模型试验和相关参数测定的试验，取得了一定的研究成果，但相关成果的应用仅限于经验模型或简化的模型[10,22-23]。近年来，国内外学者也开展了一系列基于计算流体力学（computational fluid dynamics）与离散元（discrete element method）耦合（CFD－DEM）的渗透破坏模型研究[24-31]，但目前该类基于渗透破坏细观机理的模型受颗粒形状特征、渗透破坏溃坝物理力学机理的认识程度及模型自身计算能力等客观条件的限制，尚无法大规模应用于工程实际。为此，有必要对土石坝渗透破坏导致溃坝的机理和溃坝过程进行深入的研究，并提出能合理描述土石坝渗透破坏溃决溃口发展及溃坝洪水流量过程的数值模型和相应的数值计算方法，为溃坝致灾后果的评价提供理论支撑。

8.2　土石坝渗透破坏溃坝机理

渗透破坏一般发生在坝体薄弱部位、土体裂隙中或坝体不同构筑物的接触部位，甚至是坝体内的动物巢穴所在之处[5-6,32]。溃坝调查表明，由渗透破坏导致溃坝的土石坝一般存在初始渗透通道[8,11,33]。为了研究土石坝的渗透破坏溃坝机理，国内外开展了大量的物理模型试验[10,22]，其中有代表性的为欧盟 IMPACT 项目开展的坝高 4.5m 的均质土坝大尺度渗透破坏溃坝模型试验[34]和美国农业部开展的坝高 1.3m 的不同黏性均质土坝大尺度渗透破坏溃坝模型试验[35]。通过大尺度模型试验揭示了渗透通道的扩展规律及坝料的冲蚀特性对溃坝过程的影响。

欧盟 IMPACT 项目开展了坝高 4.5m 的大尺度均质土坝渗透破坏溃坝模型试验，溃坝所需的上游来水由 Røssvass 坝下泄提供（图 8.2－1）[36]。

图 8.2－1　欧盟 IMPACT 项目溃坝试验场地

大坝上、下游坡比均为1∶1.3，坝顶宽度为3m，坝料含水量为6%，d_{50}=7mm，干容重为20.5kN/m^3；在坝体底部埋设直径为0.2m贯穿坝体的管道模拟初始渗透通道，并且在管道上打孔，其管道周围布设1m×1m的砂质填土，试验时将通道出口端的阀门关闭，保证渗透水流由埋设管道周围的小孔进入坝体发生冲蚀。模型坝纵断面设计如图8.2-2所示[37]。

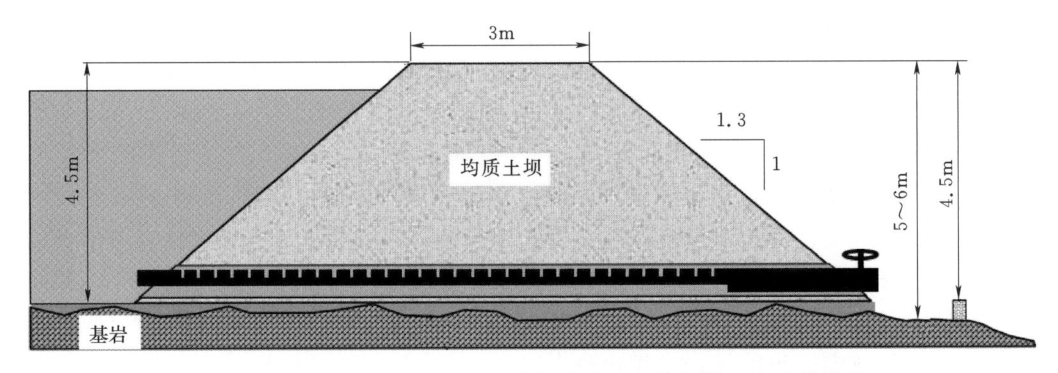

图8.2-2　IMPACT项目均质土坝渗透破坏溃坝模型试验设计图

模型试验的过程如图8.2-3所示[36]，在水流作用下，初始渗透通道随着水流的冲蚀不断向四周扩展。由图可以看出，在渗透破坏溃坝过程中，渗透通道的形状呈城门洞形，即由矩形底部加一个拱形构成，并随着水流的冲蚀而不断发展，直至坝顶发生坍塌。

(a) 水流沿渗透通道冲蚀坝体　(b) 渗透通道向四周扩展

(c) 渗透通道继续扩展　(d) 渗透通道坍塌后漫顶溃决

图8.2-3　欧盟IMPACT项目大尺度渗透破坏溃坝模型试验

为了研究坝料冲蚀特性对土石坝渗透破坏溃决过程的影响，美国农业部 Hanson 等开展了 4 组坝高 1.3m 的均质土坝渗透破坏溃坝模型试验，模型坝纵断面设计如图 8.2-4 所示[38]。在填筑坝体时，管道埋设在坝体内部；蓄水时，封堵管道上游端，蓄水完毕后，将管道取出。大坝通过上游一座长度为 43m 的宽顶堰为水库供水（图 8.2-5），以此保证模型试验时的库水位基本不变。选择两组坝料抗冲蚀能力最弱（P1）与最强（P4）的试验，分析坝料特性对溃坝过程的影响，两组试验的坝料参数见表 8.2-1，其中坝料冲蚀系数 k_d 通过喷射侵蚀试验获取[39-40]。

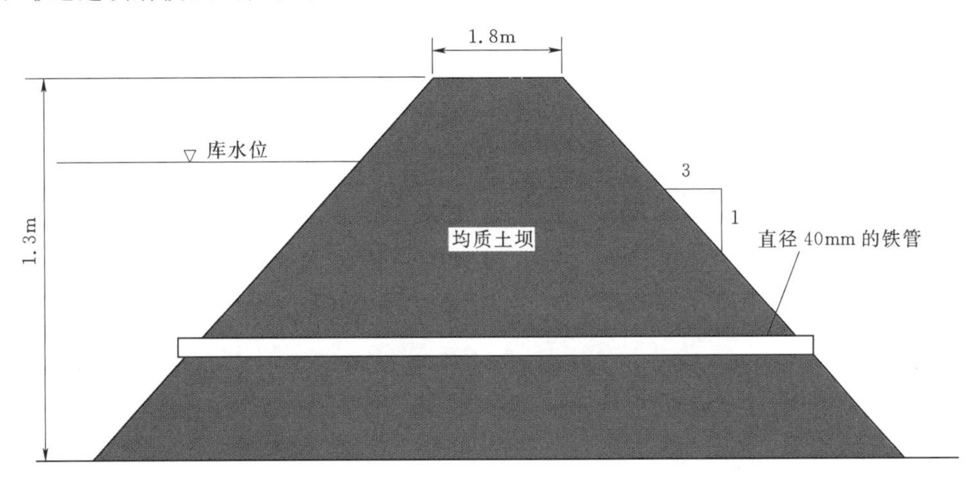

图 8.2-4　美国农业部均质土坝渗透破坏溃坝模型试验设计示意图

图 8.2-5　为图 8.2-4 模型大坝供水的上游宽顶堰

表 8.2-1　　美国农业部模型试验坝料特性

组次	土体分类	粒径＞75μm 颗粒含量	粒径＞2μm 颗粒含量	粒径＜2μm 颗粒含量	塑性指数 (PI)	k_d /[cm³/(N·s)]
P1	粉质砂土	64%	29%	7%	非塑性土	100
P4	低液限黏土	25%	49%	26%	17	0.03

通过模型试验 P1（图 8.2-6）与 P4（图 8.2-7）可以看出，坝料特性对渗透破坏溃坝的过程具有重要影响。对于试验 P1，渗透通道在试验后 13min 发生坍塌，而试验 P4 在模型试验 72h 后仍在继续发展；另外，在渗透破坏溃坝过程中，P1 与 P4 试验渗透通道的形状与 IMPACT 项目渗透破坏溃坝模型试验类似，在坍塌前均呈城门洞形。

(a) 初始渗透通道　(b) 渗透通道扩展(t=5min)

(c) 渗透通道继续发展(t=8min)　(d) 渗透通道扩展至最大(t=13min)

(e) 渗透通道坍塌(t=13min)　(f) 最终溃口(t=60min)

图 8.2-6　美国农业部大尺度渗透破坏溃坝模型试验 P1

由于目前开展的土石坝渗透破坏溃坝模型试验很难监测到坝体内部渗透通道的扩展过程。为此，美国南卡罗来纳大学 Sharif 等[41]使用透明的模型箱，将初始渗透通道设置在模型箱一侧，使用两台 SONY HDR-XR 160 高分辨率摄像机和图像处理技术记录了坝体内部渗透通道的发展过程。

模型试验在美国南卡罗来纳大学水力学实验室长 6.1m、宽 0.46m、深 0.25m 的木质

(a) 初始渗透通道溃口　(b) 渗透通道扩展(t=15min)

(c) 渗透通道继续发展(t=7h)　(d) 渗透通道缓慢发展(t=21h)

(e) 渗透通道继续缓慢发展(t=46h)　(f) 试验结束时溃口(t=72h)

图 8.2-7　美国农业部大尺度渗透破坏溃坝模型试验 P4

水槽中开展，模型试验设计见图 8.2-8。模型坝上游通过宽度为 0.3m 的侧堰提供水流，保持 0.13m 的库水位。模型坝坝高 0.15m，坝顶宽 0.1m，上、下游坡比分别为 1∶1 和 1∶2。坝料是由 64%的中砂、29%的淤泥和 7%的高岭土混合组成的砂壤土，坝料的黏聚力

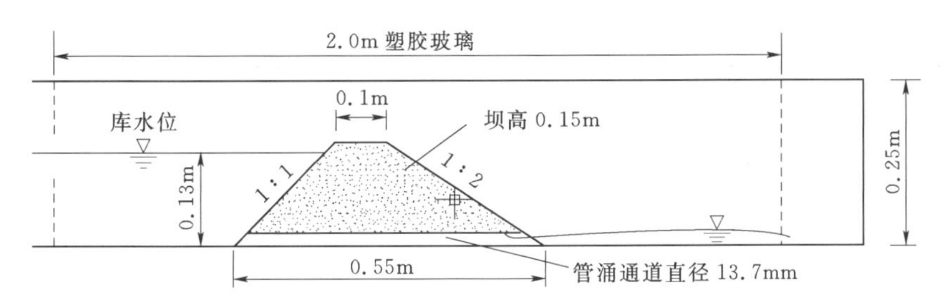

图 8.2-8　小尺度土石坝渗透破坏模型试验设计图

和内摩擦角分别为 32.79kPa 和 32°，坝料在最优含水率 9%对应的干容重为 20.5kN/m³。

通过对影像进行处理，获得了渗透通道的发展过程图，其中纵断面的发展过程如图 8.2－9 所示。渗透通道为底部矩形、顶部约四分之一圆形的形状，图 8.2－10 为坝体自上游而下 300mm 和 500mm 处的渗透通道形状。由于模型试验时渗透通道设置在塑胶玻璃一侧，因此若渗透通道位于坝体内部，其形状应为矩形顶部加半圆形。由此可见，小尺度细观模型试验揭示的渗透通道发展机理与大尺度模型试验基本一致。

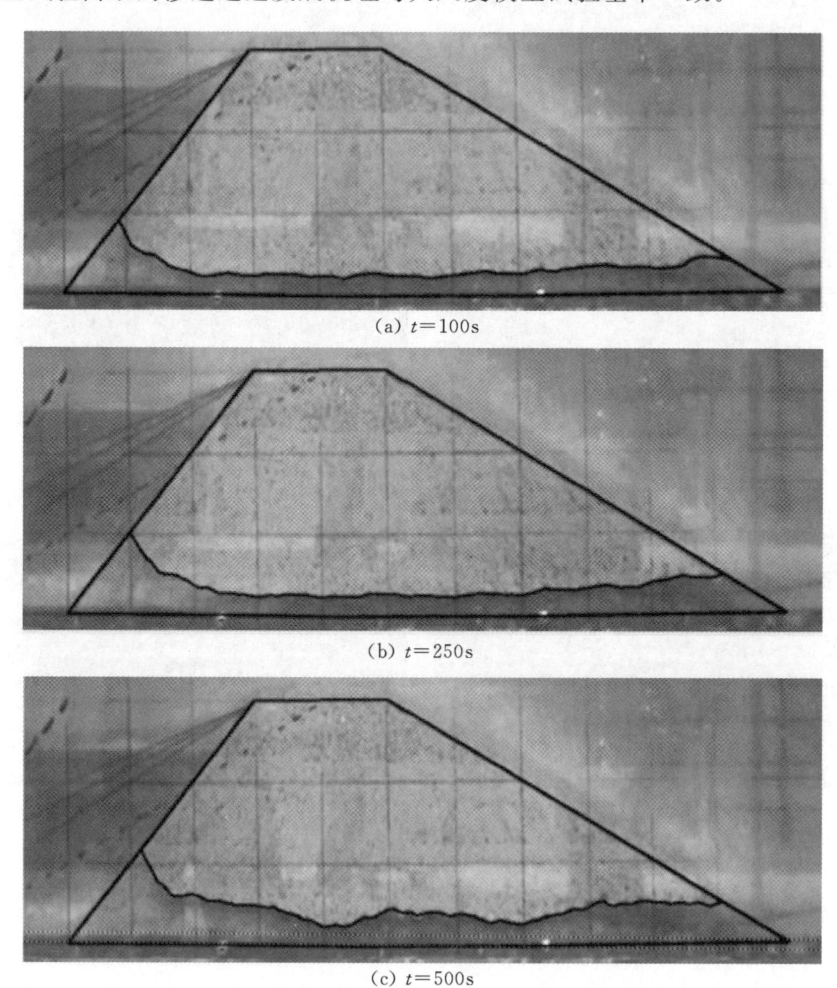

(a) $t=100$s

(b) $t=250$s

(c) $t=500$s

图 8.2－9　渗透通道沿纵断面方向的发展过程

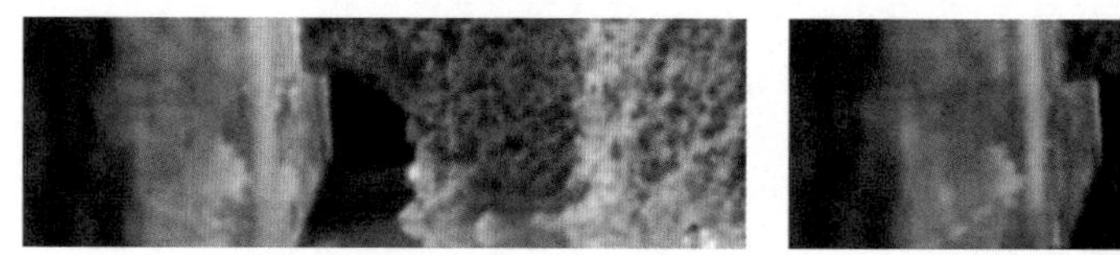

(a) 上游而下 300mm 处　　(b) 上游而下 500mm 处

图 8.2－10　坝体内部不同部位渗透通道的断面形状

比较分析不同尺度的土石坝渗透破坏溃坝模型试验结果发现：渗透通道在水流的作用下呈城门洞形并不断扩大，溃口顶部的拱形跨度亦不断增大，当渗透通道上部坝体的重力超过渗透通道两侧土体的抗剪强度时，通道以上坝体发生垮塌，坝顶高程突然降低而发生漫顶溃决。

基于上述土石坝渗透破坏溃坝机理，作者提出一个土石坝渗透破坏溃坝过程数学模型。模型采用基于水流剪应力的冲蚀公式模拟渗透通道两侧边向外的发展，采用普罗托季亚科诺夫压力拱理论模拟渗透通道顶拱的发展，通过比较渗透通道上部坝体的重力与渗透通道两侧土体的抗剪强度判断渗透通道的垮塌。模型采用按时间步长迭代的数值计算方法模拟溃口的水土耦合过程，即通过冲蚀公式和力学平衡分析计算出每个时间步长的溃口发展过程，继而模拟出每个时间步长的溃口流量变化过程。

8.3 溃坝数学模型

8.3.1 水量平衡与库水位变化

大坝溃决过程中，上游库水位是一个动态变化的过程，需同时考虑入库流量、溃口出流量、溢洪道和闸门下泄流量，整个过程服从水量平衡方程：

$$A_s \frac{\mathrm{d}z_s}{\mathrm{d}t} = Q_{in} - Q_b - Q_{spill} - Q_{sluice} \tag{8.3-1}$$

式中：t 为时间；z_s 为库水位；A_s 为水库库面面积；Q_{in} 为入库流量；Q_b 为溃口出流量；Q_{spill} 为溢洪道出流量；Q_{sluice} 为闸门下泄流量。

8.3.2 溃口流量过程

土石坝渗透破坏溃坝过程分为两个阶段：渗透破坏阶段与漫顶破坏阶段。对于渗透破坏，若渗透通道内充满水，溃口流量采用孔流公式：

$$Q_b = A\sqrt{\frac{2g(z_s - z_{bp})}{1 + fL/(4R)}} \tag{8.3-2}$$

式中：A 为渗透通道断面面积；g 为重力加速度；z_{bp} 为渗透通道中心线高度；f 为达西摩擦因子；L 为渗透通道长度；R 为水力半径。f 可以通过下式计算：

$$f = \frac{8gn^2}{R^{1/3}} \tag{8.3-3}$$

$$n = \frac{d_{50}^{1/6}}{A_k} \tag{8.3-4}$$

式中：n 为曼宁糙率系数；d_{50} 为坝料平均粒径，此处单位为 m；A_k 为经验系数，取 12[42]。

对于渗透通道部分充水的情况或漫顶破坏，采用堰流公式计算溃口流量：

$$Q_b = 1.7k_{sm}bH^{1.5} \tag{8.3-5}$$

式中：b 为溃口底宽；H 为渗透通道内水深，$H=z_s-z_b$，其中 z_b 为溃口底部高程；k_{sm} 为尾水淹没修正系数[43]。

8.3.3 坝料冲蚀与渗透通道扩展

假设初始渗透通道的形状为正方形顶部加一个半圆形，随着水流的冲蚀，通道沿着横截面和长度方向均发生扩展（图 8.3-1）。

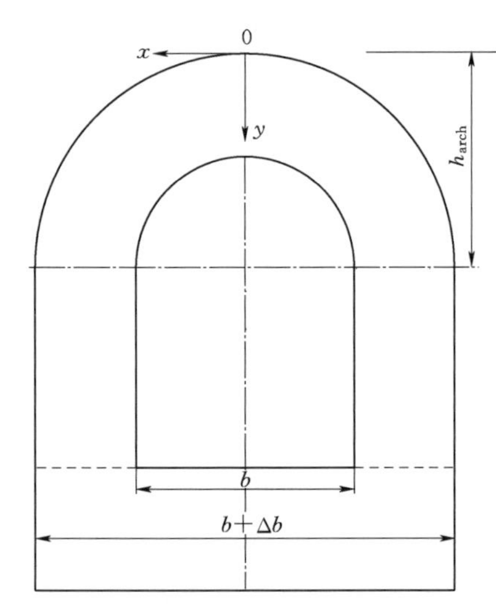

图 8.3-1 渗透通道横断面及其扩展

渗透通道向坝体底部的扩展可采用下式计算[44]：

$$\frac{dz_b}{dt} = k_d(\tau_b - \tau_c) \tag{8.3-6}$$

式中：dz_b/dt 为溃口底部冲蚀速率；k_d 为坝料冲蚀系数，常通过试验量测[46-47]或采用经验公式[48]求取；τ_b 为水流作用于溃口底部的剪应力，可由曼宁公式求取；τ_c 为坝料的临界剪应力，可由希尔兹曲线获得[45]。

τ_b 与 k_d 计算公式如下：

$$\tau_b = \frac{\rho_w g n^2 Q_b^2}{A_w^2 R^{1/3}} \tag{8.3-7}$$

$$k_d = \frac{10\rho_w}{\rho_d}\exp\left[-0.121c\%^{0.406}\left(\frac{\rho_d}{\rho_w}\right)^{3.1}\right] \tag{8.3-8}$$

式中：ρ_w 为水的密度；A_w 为水流面积；ρ_d 为土体干密度；c 为黏粒含量，%。

采用 Chow 的研究成果[49]，水流的侧向冲蚀力是底部冲蚀力的 0.7，则溃口的侧向扩展速率可表示为

$$\frac{db}{dt} = 0.7n_{loc}k_d(\tau_b - \tau_c) \tag{8.3-9}$$

式中：$\frac{db}{dt}$为溃口侧向冲蚀速率；n_{loc}为溃口位置参数，$n_{loc}=1$ 代表单侧冲蚀，$n_{loc}=2$ 代表两侧冲蚀。

8.3.4 渗透通道顶部坍塌及漫顶破坏

采用普罗托季亚科诺夫压力拱理论模拟渗透通道顶拱的发展[50]。普氏理论认为，当具有一定黏聚力的土体内形成渗透通道后，通道顶部土体的应力将重新分布，继而形成稳定的压力拱，典型的压力拱如图 8.3-1 所示。定义 φ_k 为综合考虑土体摩擦力与黏聚力的广义摩擦角，由下式表达：

$$\tan\varphi_k = \tan\varphi + \frac{C}{\sigma} \tag{8.3-10}$$

式中：φ 为土体内摩擦角；C 为土体的黏聚力；σ 为土体竖向压力。

由于压力拱由不连续介质构成，普罗托季亚科诺夫假设压力拱稳定的条件为拱壁处不存在剪应力，拱的高度 h_{arch} 可用下式表示（图 8.3-1）：

$$y = h_{\mathrm{arch}} = \frac{x^2}{0.5b\tan\varphi_{\mathrm{k}}} \tag{8.3-11}$$

随着渗透通道在横向与纵向的不断扩展，压力拱的跨度越来越大，当通道上部土体的重力大于通道两侧土体的抗剪强度时，通道顶部发生坍塌［图 8.3-2（a）］，作者假设整个渗透通道均沿着侧壁发生垂直坍塌［图 8.3-2（b）］。

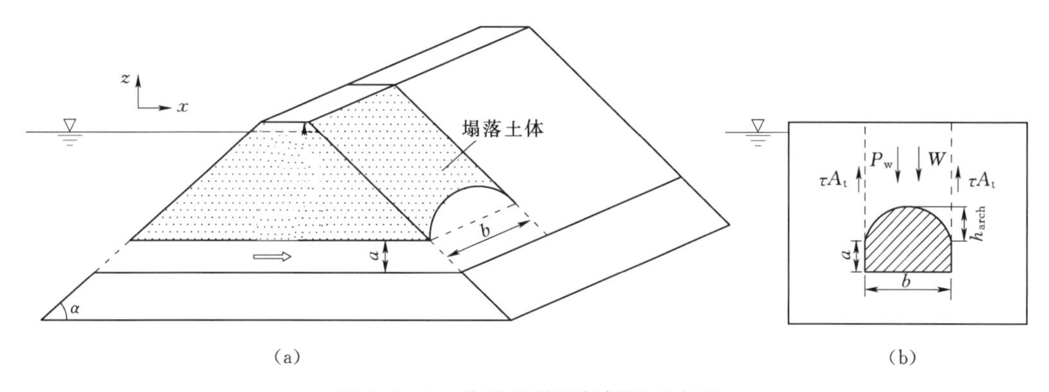

图 8.3-2　渗透通道顶部坍塌示意图

如图 8.3-2 所示，通道顶部发生坍塌时，垂直方向处于极限平衡状态。导致坍塌的驱动力 F_{d} 可表示为

$$F_{\mathrm{d}} = W = \rho_{\mathrm{w}} g b \{G_{\mathrm{s}}(1-p')(A_{\mathrm{a}} - A_{\mathrm{arch}}) + [G_{\mathrm{s}}(1-p') + p']A_{\mathrm{b}}\} \tag{8.3-12}$$

式中：F_{d} 为通道坍塌的驱动力；W 为通道上部土体的重力；G_{s} 为土颗粒的容重，选取为 2.65；p' 为土体的孔隙率；A_{a} 为水面线以下坍塌块体断面面积；A_{arch} 为拱形面积；A_{b} 为水面线以上坍塌块体断面面积。

阻止坍塌的抵抗力 F_{r} 可表示为

$$F_{\mathrm{r}} = 2\tau(A_{\mathrm{a}} + A_{\mathrm{b}}) \tag{8.3-13}$$

其中

$$\tau = \frac{F_{\mathrm{d}}}{w_{\mathrm{r}} b}\tan\varphi + C \tag{8.3-14}$$

式中：F_{r} 为通道坍塌的抵抗力；τ 为土体的抗剪强度；C 为土体黏聚力；w_{r} 为坍塌土体的底宽。

当驱动力大于抵抗力时，渗透通道顶部的坝体将发生坍塌。模型假设通道顶部坍塌的土体立刻被水流带走，随后将发生漫顶溃坝。溃口流量可通过式（8.3-5）计算得出，溃口底部和侧壁的冲蚀速率可分别采用式（8.3-6）和式（8.3-9）计算得出。

8.3.5　漫顶溃坝时溃口发展与边坡稳定性

当发生漫顶溃决时，假设溃口在发展过程中保持边坡坡角不变直至溃口边坡失稳，溃口的发展情况如图 8.3-3 所示，溃口顶宽增量 ΔB 采用下式计算：

$$\Delta B=\frac{n_{\mathrm{loc}}\Delta z_{\mathrm{b}}}{\sin\beta} \tag{8.3-15}$$

式中：n_{loc} 为溃口位置参量（溃口位于坝体中部取 2，溃口位于坝肩取 1）；β 为溃口边坡坡角。

溃口底宽增量 Δb 可采用下式计算：

$$\Delta b=n_{\mathrm{loc}}\Delta z_{\mathrm{b}}\left(\frac{1}{\sin\beta}-\frac{1}{\tan\beta}\right) \tag{8.3-16}$$

当溃口边坡直立时，即 $\beta=90°$时，$\Delta B=\Delta b$。

随着溃口深度的增加，溃口边坡可能会发生失稳，采用极限平衡分析法对边坡的稳定性进行分析（图 8.3-4）。边坡失稳的驱动力 F_{D} 为

$$F_{\mathrm{D}}=W_{\mathrm{s}}\sin\theta=\frac{1}{2}\gamma_{\mathrm{s}}H_{\mathrm{s}}^{2}\left(\frac{1}{\tan\theta}-\frac{1}{\tan\beta}\right)\sin\theta \tag{8.3-17}$$

式中：F_{D} 为边坡失稳的驱动力；W_{s} 为失稳土体的重力；γ_{s} 为失稳土体的容重；θ 为边坡失稳后的坡角；β 为边坡失稳时的坡角；H_{s} 为溃口边坡的高度。

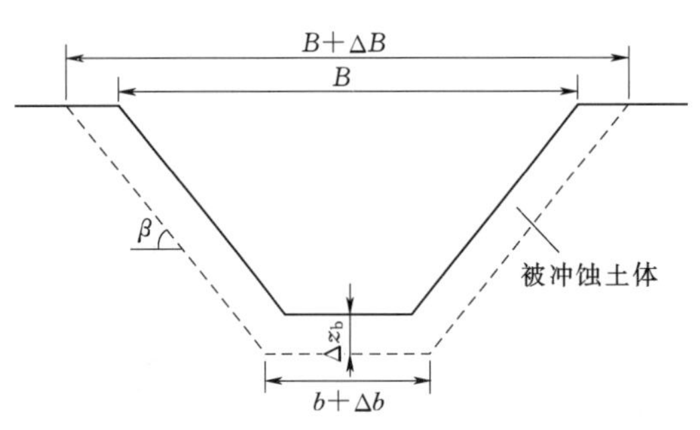

图 8.3-3 溃口顶宽和底宽发展过程

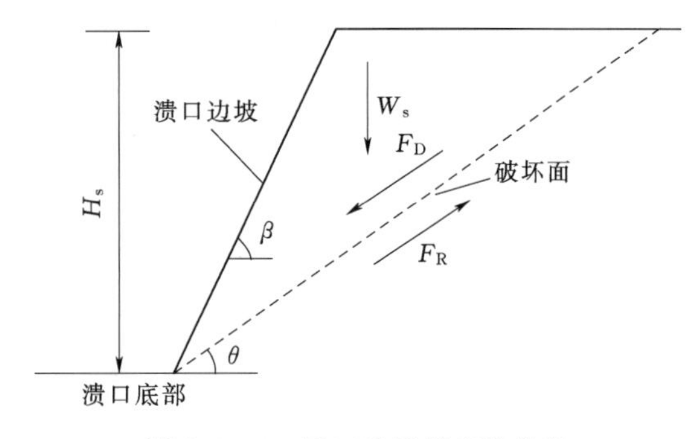

图 8.3-4 溃口边坡稳定性分析

边坡失稳的抵抗力 F_{R} 为

$$F_{\mathrm{R}}=W_{\mathrm{s}}\cos\theta\tan\varphi+\frac{CH_{\mathrm{s}}}{\sin\theta}=\frac{1}{2}\gamma_{\mathrm{s}}H_{\mathrm{s}}^{2}\left(\frac{1}{\tan\theta}-\frac{1}{\tan\beta}\right)\cos\theta\tan\varphi+\frac{CH_{\mathrm{s}}}{\sin\theta} \tag{8.3-18}$$

当驱动力大于抵抗力时，边坡发生失稳。

8.3.6 不完全溃坝与坝基冲蚀

不同几何尺寸的水库以及不同的初始渗透通道位置，使得坝体在渗透破坏溃决过程中具有不同的水力条件，因此可能发生不完全溃坝或坝基冲蚀的情况。对于不完全溃坝，模型根据土石坝的结构特征和坝料分布规律设置残留坝高，控制溃口底部高程；对于坝基冲蚀，模型假设可冲蚀的坝基呈水平层状分布，结合坝基材料的物理力学性质，采用冲蚀公式计算坝基的冲蚀过程。模型保证水量平衡关系，并采用式（8.3-5）中的尾水淹没修正系数考虑坝基冲蚀时尾水对溃口流量过程的影响。

8.3.7 数值计算方法

模型采用按时间步长迭代的数值计算方法模拟渗透破坏溃坝过程中的水土耦合作用，

计算流程如图 8.3-5 所示。

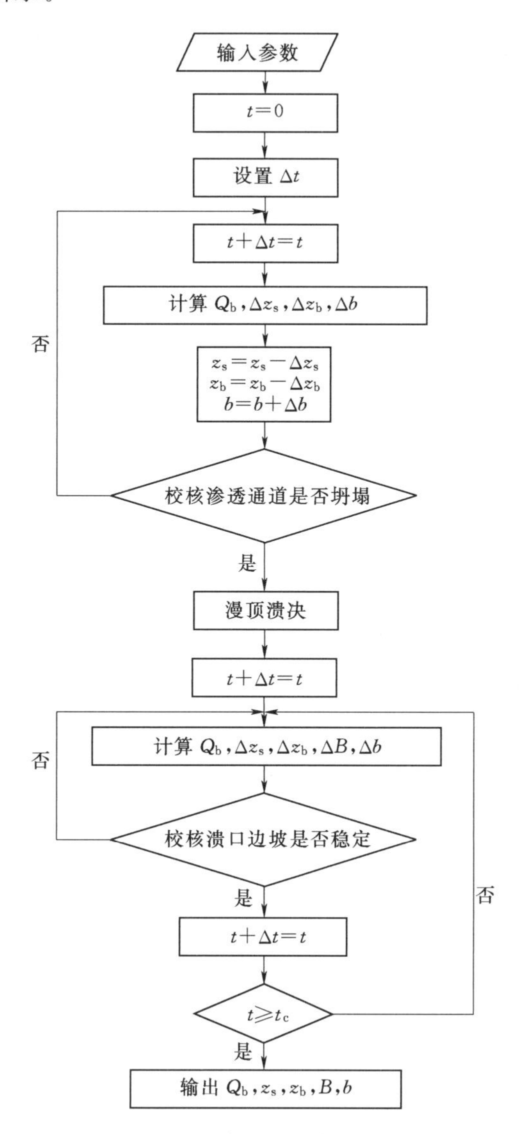

图 8.3-5 土石坝渗透破坏溃坝过程计算流程

8.4 模型验证

8.4.1 美国农业部渗透破坏溃坝模型试验 P1

采用上述数学模型及数值模拟方法对具有实测数据的美国农业部开展的渗透破坏溃坝模型试验 P1 进行反馈分析，验证模型的合理性。模型的计算参数见表 8.4-1[38,51]。其中，模型试验水库水位与库面面积关系曲线见图 8.4-1，水库入流流量过程线见图8.4-2。

表 8.4-1　　美国农业部渗透破坏溃坝模型试验 P1 计算参数

参数名称	取值	参数名称	取值
坝高/m	1.3	初始渗透通道宽度（高度）/m	0.04
坝长/m	100	d_{50}/mm	0.05
坝顶宽/m	1.8	p'	0.36
上游坡比（垂直/水平）	0.333	C/kPa	15
下游坡比（垂直/水平）	0.333	φ/(°)	40
水库库面面积/m^2	A_s-h	冲蚀系数/[cm^3/(N·s)]	100
初始水位/m	1.1	坝料临界剪应力/Pa	0.1
入库流量/(m^3/s)	$Q_{in}-t$	计算时长/h	1.0
初始渗透通道底部高程/m	0.2	时间步长/s	1

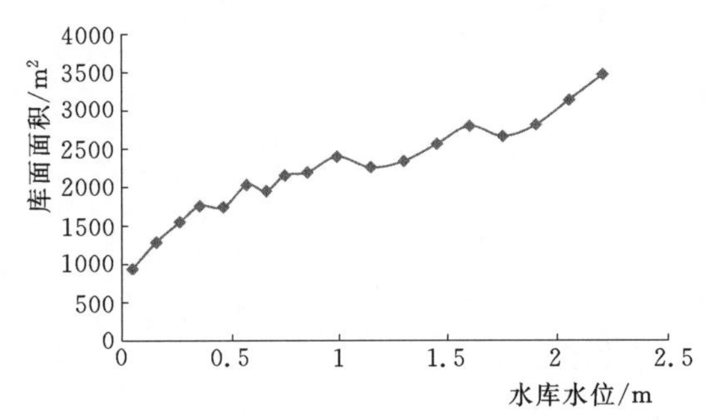

图 8.4-1　美国农业部渗透破坏溃坝模型试验 P1 水库水位-库面面积关系曲线

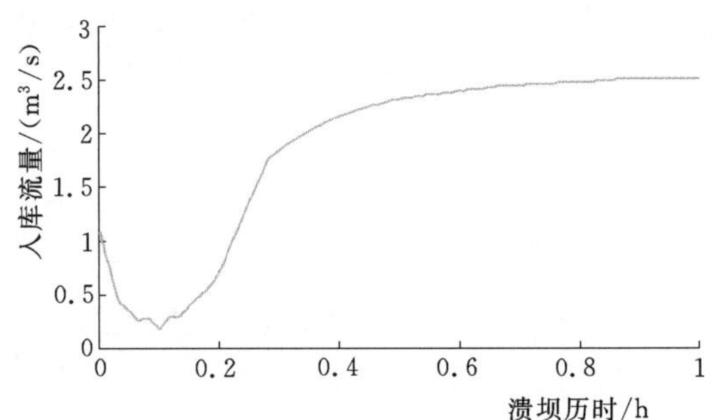

图 8.4-2　美国农业部渗透破坏溃坝模型试验 P1 入库流量过程线

利用作者模型与数值计算方法，计算获得了渗透破坏溃坝过程的相关参数。模型计算获得的溃口流量过程及溃口发展过程与现场模型试验 P1 实测结果的对比见图 8.4-3 和图 8.4-4；模型计算获取的溃口峰值流量、峰值流量出现时间、溃口宽度等参数与实测结果的对比见表 8.4-2。

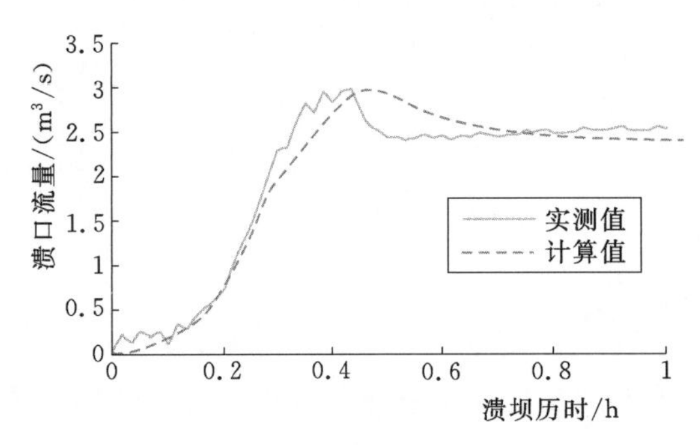

图 8.4-3　美国农业部渗透破坏溃坝模型试验 P1 计算与实测溃口流量过程对比图

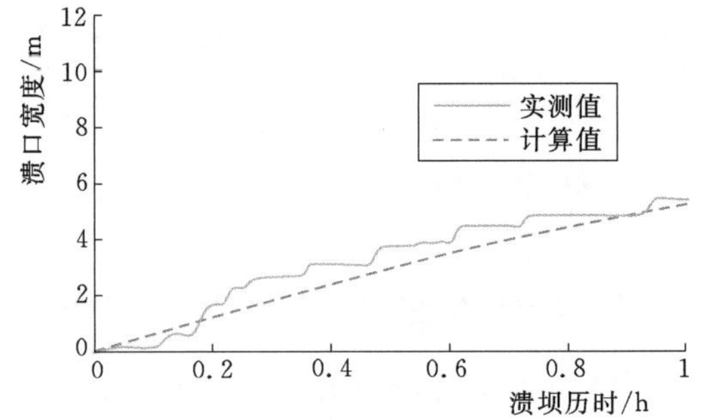

图 8.4-4　美国农业部渗透破坏溃坝模型试验 P1 计算与实测溃口发展过程对比图

表 8.4-2　美国农业部渗透破坏溃坝模型试验 P1 模型计算值与实测值比较

参　数	实测值	计算值	相对误差	参　数	实测值	计算值	相对误差
Q_p/(m^3/s)	3.0	3.0	0	T_p/h	0.43	0.46	+7.0%
B_f/m	5.4	5.2	−3.7%	T_f/h	—	1.00	
T_c/h	0.22	0.25	+13.6%				

注　Q_p 表示峰值流量；B_f 表示溃口最终宽度；T_c 表示渗透通道顶部坍塌的时间；T_p 表示峰值流量出现的时间；T_f 表示溃坝历时。

由图 8.4-3 和图 8.4-4 与表 8.4-2 可知，对于美国农业部渗透破坏溃坝模型试验 P1，各参数的计算误差控制在±15%以内，验证了作者模型的合理性。

8.4.2　3 个实际溃坝案例模拟

选择 3 个实际的渗透破坏溃坝案例，即美国 Apishapa 坝、美国 French Landing 坝和美国 Teton 坝，进一步验证作者模型的合理性。坝体的形状参数、坝料的物理力学特性、水库特征参数等见表 8.4-3。对于坝料的冲蚀系数 k_d，由于 3 座大坝没有实测资料，因此本章采用式（8.3-11）进行计算，得出美国 Apishapa 坝、美国 French Landing 坝和美国 Teton 坝的冲蚀系数分别为 5.4cm^3/(N·s)、5.7cm^3/(N·s) 和 5.7cm^3/(N·s)。3 座实际渗透破坏溃坝案例的计算参数见表 8.4-3[42,52-55]。

表 8.4-3　3 个实际渗透破坏溃坝案例计算参数

参　　数	Apishapa 坝	French Landing 坝	Teton 坝
坝高/m	34.1	12.2	93
坝长/m	100	271.3	250
坝顶宽/m	6.1	2.4	10.5
上游坡比（垂直/水平）	0.33	0.5	0.33
下游坡比（垂直/水平）	0.5	0.4	0.4
水库库容/m^3	2.25×10^7	2.19×10^7	3.56×10^8
水库库面面积/m^2	—	—	A_s-h
初始水位/m	31.04	8.53	83.5
入库流量/(m^3/s)	0	0	0
初始渗透通道底部高程/m	21.2	0.7	48.1
初始渗透通道宽度（高度）/m	0.2	0.2	0.2
不完全溃坝或坝基冲蚀深度①/m	3.0	−2.0	6.1
n_{loc}	2	2	1
d_{50}/mm	0.005	0.03	0.03
p'	0.3	0.3	0.3
C/kPa	60	8.5	25

续表

参　数	Apishapa 坝	French Landing 坝	Teton 坝
$\varphi/(°)$	31	35	35
黏粒含量	40%	30%	30%
$k_d/[cm^3/(N\cdot s)]$	5.4	5.7	5.7
τ_c/Pa	0.3	0.15	0.2
计算时长/h	10.0	8.0	6.0
时间步长/s	1	1	1

① 正值代表不完全溃坝残留坝高，负值代表坝基冲蚀深度。

对于 Apishapa 坝溃坝案例，计算获取的溃口流量过程与发展过程如图 8.4-5 和图 8.4-6 所示，计算获得的溃口峰值流量（Q_p）、溃口最终顶宽（B_t）、溃口最终底宽（B_b）、渗透通道顶部坍塌的时间（T_c）、峰值流量出现时间（T_p）及溃坝历时（T_f，即溃口宽度发展到溃口最终宽度 99%时所经历的时间）与实测值的对比见表 8.4-4。

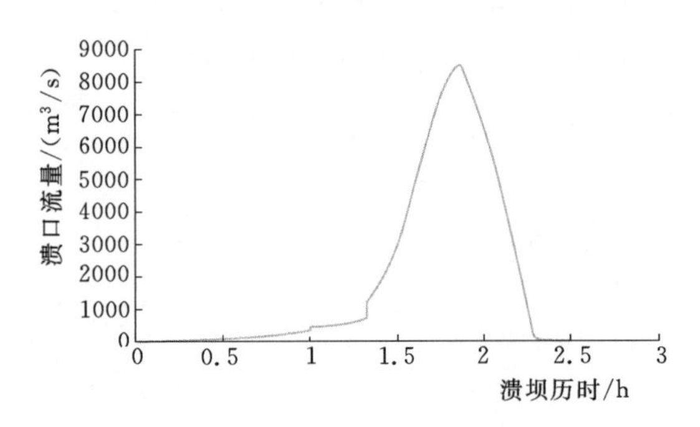

图 8.4-5　Apishapa 坝溃口流量过程计算值

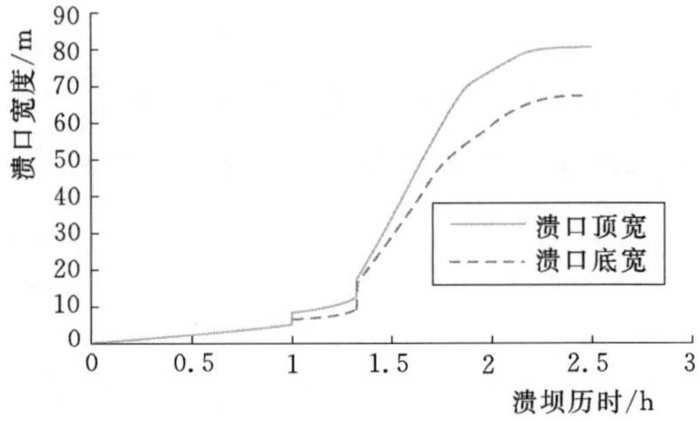

图 8.4-6　Apishapa 坝溃口发展过程计算值

表 8.4-4　Apishapa 坝溃坝模拟计算结果与实测结果对比

项　目	实测值	计算结果	相对误差	项目	实测值	计算结果	相对误差
$Q_p/(m^3/s)$	6850	8514.0	+24.3%	T_c/h	—	0.99	
B_t/m	91.5	80.4	−12.1%	T_p/h	—	1.86	
B_b/m	81.5	67.2	−17.6%	T_f/h	2.5	2.22	−11.2%

由图 8.4-5、图 8.4-6 和表 8.4-4 可以看出，对于 Apishapa 坝溃坝案例，与实测结果对比，计算得到的主要变量的误差均小于±25%。其中，计算获得的峰值流量的相对误差为+24.3%，溃口最终顶宽的相对误差为−12.1%，溃口最终底宽的相对误差为−17.6%，溃坝历时的相对误差为−11.2%。

对于 French Landing 坝溃坝案例，计算获取的溃口流量过程与发展过程见图 8.4-7 和图 8.4-8，计算获得的溃口峰值流量（Q_p）、溃口最终顶宽（B_t）、溃口最终底宽（B_b）、渗透通道顶部坍塌的时间（T_c）、峰值流量出现时间（T_p）及溃坝历时（T_f）与实测值的对比见表 8.4-5。

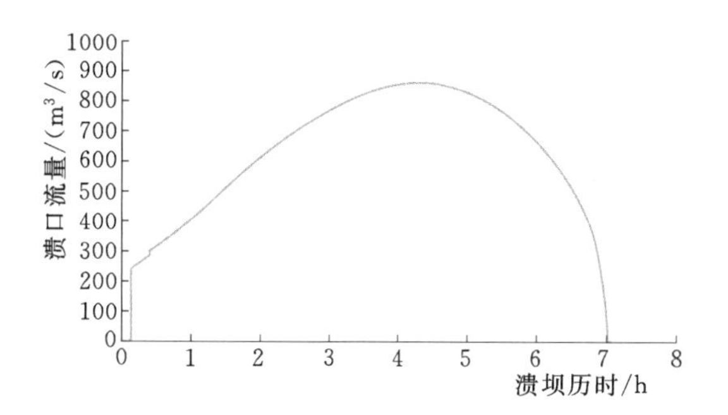

图 8.4-7　French Landing 坝溃口流量过程计算值

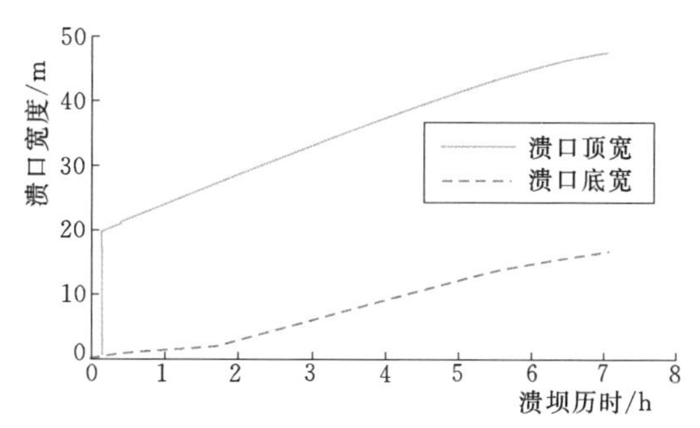

图 8.4-8　French Landing 坝溃口发展过程计算值

表 8.4-5　French Landing 坝溃坝模拟计算结果与实测结果对比

项　目	实测值	计算结果	相对误差	项　目	实测值	计算结果	相对误差
Q_p/(m³/s)	929	861.3	−7.3%	T_c/h	—	0.15	
B_t/m	41	47.4	+15.6%	T_p/h	—	4.30	
B_b/m	13.8	16.6	+20.3%	T_f/h	—	6.88	

由图 8.4-7、图 8.4-8 和表 8.4-5 可以看出，对于 French Landing 坝溃坝案例，与实测结果对比，计算得到的主要变量的误差均小于±25%。其中，计算获得的峰值流量的相对误差为−7.3%，溃口最终顶宽的相对误差为+15.6%，溃口最终底宽的相对误差为+20.3%。

对于 Teton 坝溃坝案例，计算获取的溃口流量过程与发展过程如图 8.4-9 和图 8.4-10所示，计算获得的溃口峰值流量（Q_p）、溃口最终顶宽（B_t）、溃口最终底宽（B_b）、渗透通道顶部坍塌的时间（T_c）、峰值流量出现时间（T_p）及溃坝历时（T_f）与实测值的对比见表 8.4-6。

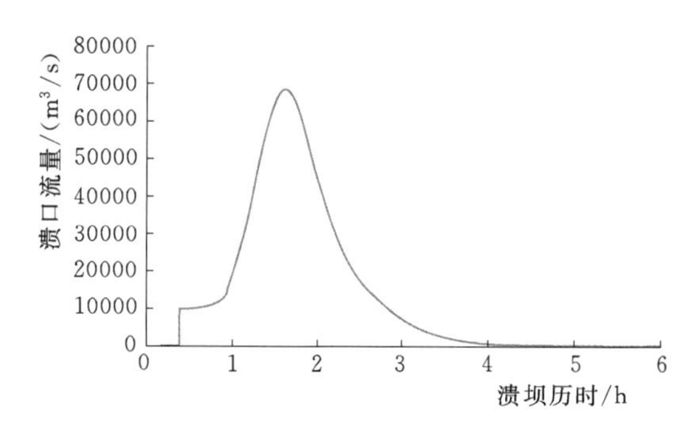

图 8.4-9　Teton 坝溃口流量过程计算值

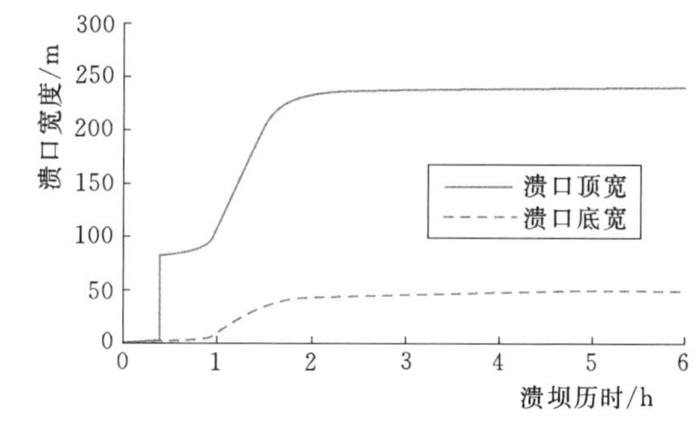

图 8.4-10　Teton 坝溃口发展过程计算值

表 8.4-6　Teton 坝溃坝模拟计算结果与实测结果对比

项　目	实测值	计算结果	相对误差	项　目	实测值	计算结果	相对误差
Q_p/(m³/s)	65120	68546.3	+5.3%	T_c/h	—	0.39	
B_t/m	237.9	240.0	+0.9%	T_p/h	—	1.62	
B_b/m	64.1	49.2	−23.2%	T_f/h	4.0	3.62	−9.5%

由图 8.4-9、图 8.4-10 和表 8.4-6 可以看出，对于 Teton 坝溃坝案例，与实测结果对比，计算得到的主要变量的误差均小于±25%。其中，计算获得的峰值流量的相对误差为+5.3%，溃口最终顶宽的相对误差为+0.9%，溃口最终底宽的相对误差为-23.2%，溃坝历时的相对误差为-9.5%。

8.4.3 参数敏感性分析

在所有的溃坝输入参数中，坝料的冲蚀特性是一个非常重要的控制变量，另外，初始渗透通道的位置对溃坝过程也可能产生重要影响。为了研究上述参数对渗透破坏溃坝过程的影响，对相关输入参数进行参数敏感性分析。本次敏感性分析，主要考虑坝料冲蚀系数 k_d、初始渗透通道底部高程及冲蚀模式（单侧冲蚀与两侧冲蚀）。

对于冲蚀系数 k_d，分别乘以 0.5、1.0 和 2.0，其他输入参数不变，研究其对溃坝过程的影响。对于初始渗透通道底部高程，结合溃坝时的库水位，分别设置在坝体的底部、中部和上部，其他输入参数不变，研究其对溃坝过程的影响，其中，分析 Apishapa 坝溃决时，初始渗透通道底部高程分别设置为 10.0m、21.2m（实际溃坝的渗透通道底部高程）和 30.0m；分析 French Landing 坝溃决时，初始渗透通道底部高程分别设置为 0.7m（实际溃坝的渗透通道底部高程）、4.0m 和 7.0m；分析 Teton 坝溃决时，初始渗透通道底部高程分别设置为 20.0m、48.1m（实际溃坝的渗透通道底部高程）和 70.0m。对于冲蚀模式，主要考虑单侧冲蚀与两侧冲蚀，其他输入参数不变，研究其对溃坝过程的影响。

由于美国农业部渗透破坏溃坝模型试验时，溃口流量主要受上游入流量控制，因此只对 3 个实际渗透破坏溃坝案例进行参数敏感性分析。

8.4.3.1 Apishapa 坝溃坝案例参数敏感性分析

1. 对 Apishapa 坝溃坝案例的冲蚀系数 k_d 进行参数敏感性分析

溃口流量过程与溃口发展过程的对比见图 8.4-11。表 8.4-7 给出了溃口峰值流量（Q_p）、溃口最终顶宽（B_t）、溃口最终底宽（B_b）、渗透通道顶部坍塌的时间（T_c）、峰值流量出现时间（T_p）和溃坝历时（T_f）的计算结果对比，以及冲蚀系数 k_d 及其乘以 0.5 和 2.0 后各输出参数计算结果的增量百分数。

表 8.4-7　Apishapa 坝溃坝案例冲蚀系数 k_d 敏感性分析

坝料冲蚀系数		$1.0k_d$	$0.5k_d$	$2.0k_d$
Q_p	数值/(m^3/s)	8514.0	4897.2	11050.3
	增量百分数		-42.5%	+29.8%
B_t	数值/m	80.4	69.3	100.6
	增量百分数		-13.8%	+25.1%
B_b	数值/m	67.2	42.8	74.0
	增量百分数		-36.3%	+10.1%
T_c	数值/h	0.99	1.98	0.49
	增量百分数		+100.0%	-50.5%

续表

坝料冲蚀系数		$1.0k_d$	$0.5k_d$	$2.0k_d$
T_p	数值/h	1.86	3.49	0.93
	增量百分数		+87.6%	−50.0%
T_f	数值/h	2.22	3.94	1.31
	增量百分数		+77.5%	−41.0%

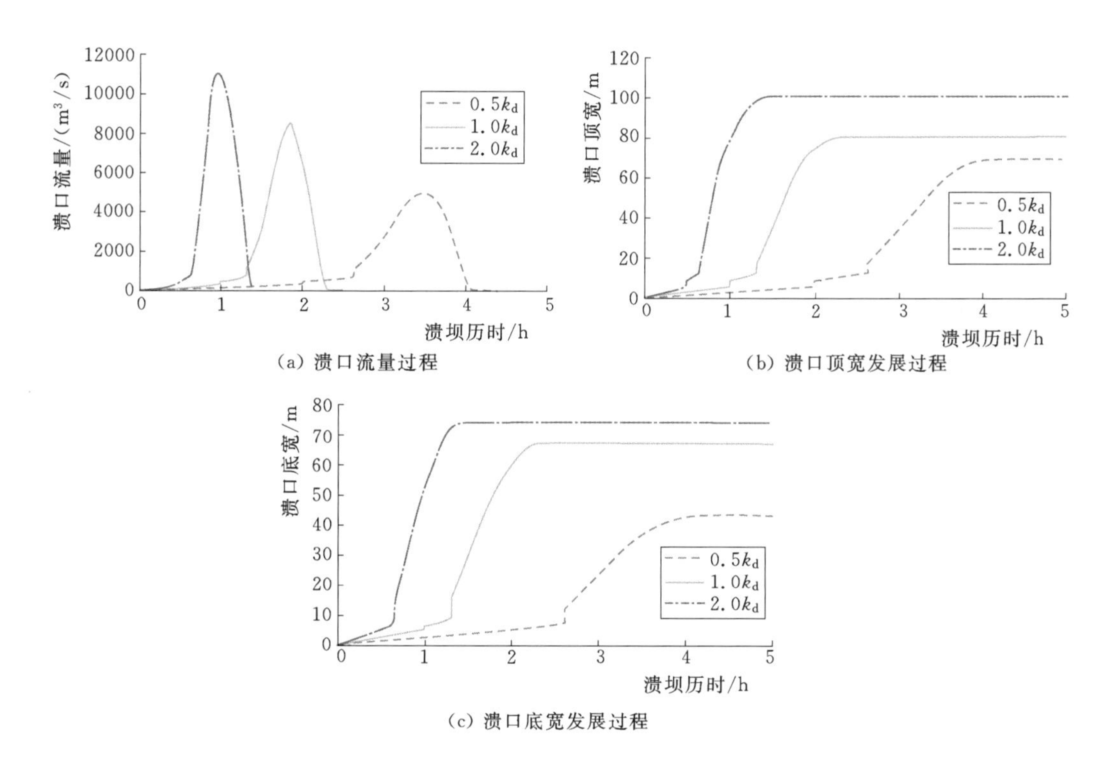

图 8.4-11　不同坝料冲蚀系数对 Apishapa 坝溃坝过程的影响

由图 8.4-11 和表 8.4-7 可以看出，坝料的冲蚀系数 k_d 对于 Apishapa 坝的溃坝过程具有重要影响。随着冲蚀系数的增加，溃口峰值流量和溃口宽度逐渐增大，渗透通道顶部坍塌时间和峰值流量出现时间逐渐提前，溃坝历时逐渐缩短。其中，渗透通道顶部坍塌时间、峰值流量出现时间、溃坝历时等参数对于冲蚀系数最为敏感，溃口顶宽与溃口底宽的敏感性最差，峰值流量的敏感性居中。

2. 对 Apishapa 坝溃坝案例的初始渗透通道底部高程进行参数敏感性分析

将初始渗透通道底部高程分别设置为 10.0m、21.2m（实际溃坝的渗透通道底部高程）和 30.0m，溃口流量过程与溃口发展过程的对比见图 8.4-12。溃口峰值流量（Q_p）、溃口最终顶宽（B_t）、溃口最终底宽（B_b）、渗透通道顶部坍塌的时间（T_c）、峰值流量出现时间（T_p）和溃坝历时（T_f）的计算结果对比见表 8.4-8，表 8.4-8 还给出了初始渗透通道底部高程变化后各输出参数计算结果的增量百分数。

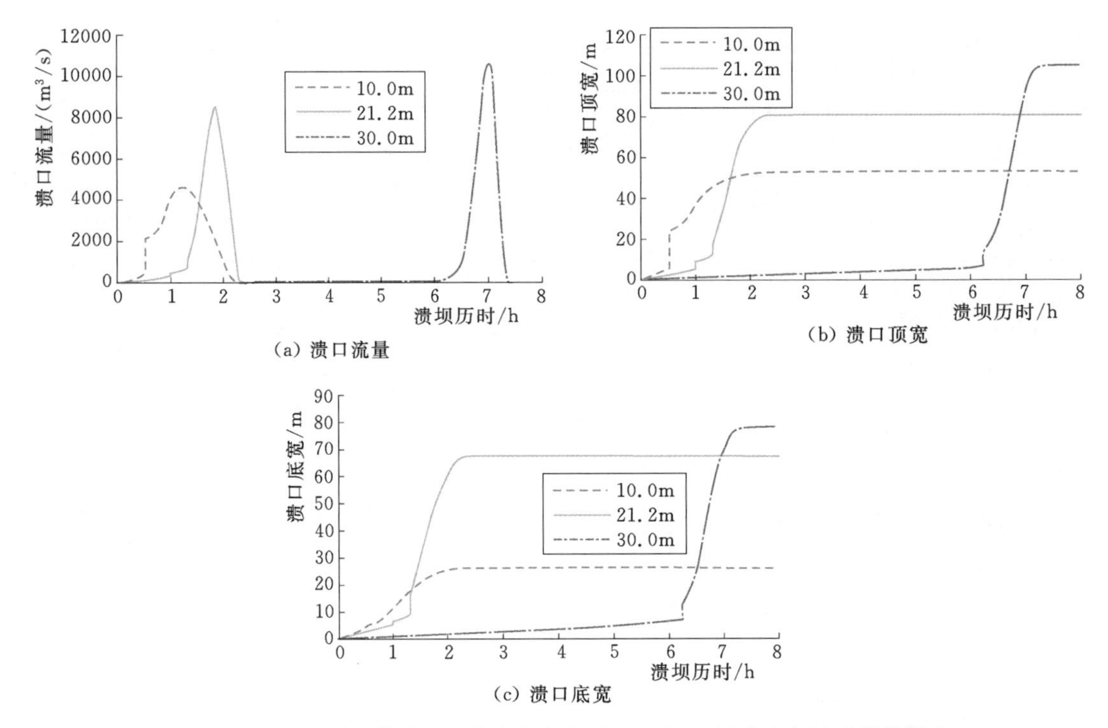

图 8.4-12 不同初始渗透通道底部高程对 Apishapa 坝泄流发展过程的影响

表 8.4-8 Apishapa 坝溃坝案例初始渗透通道底部高程敏感性分析

初始渗透通道底部高程		21.2m	10.0m	30.0m
Q_p	数值/(m³/s)	8514.0	4518.0	10646.9
	增量百分数		−46.9%	+25.1%
B_t	数值/m	80.4	52.5	104.5
	增量百分数		−34.7%	+30.0%
B_b	数值/m	67.2	25.9	77.9
	增量百分数		−61.5%	+15.9%
T_c	数值/h	0.99	0.53	5.82
	增量百分数		−46.5%	+487.9%
T_p	数值/h	1.86	1.21	7.01
	增量百分数		−34.9%	+276.9%
T_f	数值/h	2.22	2.02	7.22
	增量百分数		−9.0%	+225.2%

由图 8.4-12 和表 8.4-8 可以看出，初始渗透通道底部高程对于 Apishapa 坝的溃坝过程具有重要影响。随着渗透通道底部高程的增加，通道上部的土体重量逐渐减少，因此渗透通道坍塌的时间逐渐滞后；渗透通道坍塌后发生漫顶溃决时，通道坍塌后的残留坝高对溃坝过程具有重要影响：渗透通道底部高程越高时，溃口峰值流量越大，但峰值流量出现的时间越滞后，溃坝历时越长。其中，渗透通道顶部坍塌时间、峰值流量出现时间、溃

坝历时等参数对于渗透通道底部高程的变化最为敏感，溃口顶宽与溃口底宽以及峰值流量也较为敏感。

3. 对 Apishapa 坝溃坝案例的冲蚀模式（单侧冲蚀或两侧冲蚀）进行参数敏感性分析

分别设置冲蚀模式为单侧冲蚀与两侧冲蚀（实际溃坝模式），溃口流量过程与溃口发展过程的对比见图 8.4-13。表 8.4-9 给出了溃口峰值流量（Q_p）、溃口最终顶宽（B_t）、溃口最终底宽（B_b）、渗透通道顶部坍塌的时间（T_c）、峰值流量出现时间（T_p）和溃坝历时（T_f）的计算结果对比，还给出了初始渗透通道底部高程变化后各输出参数计算结果的增量百分数。

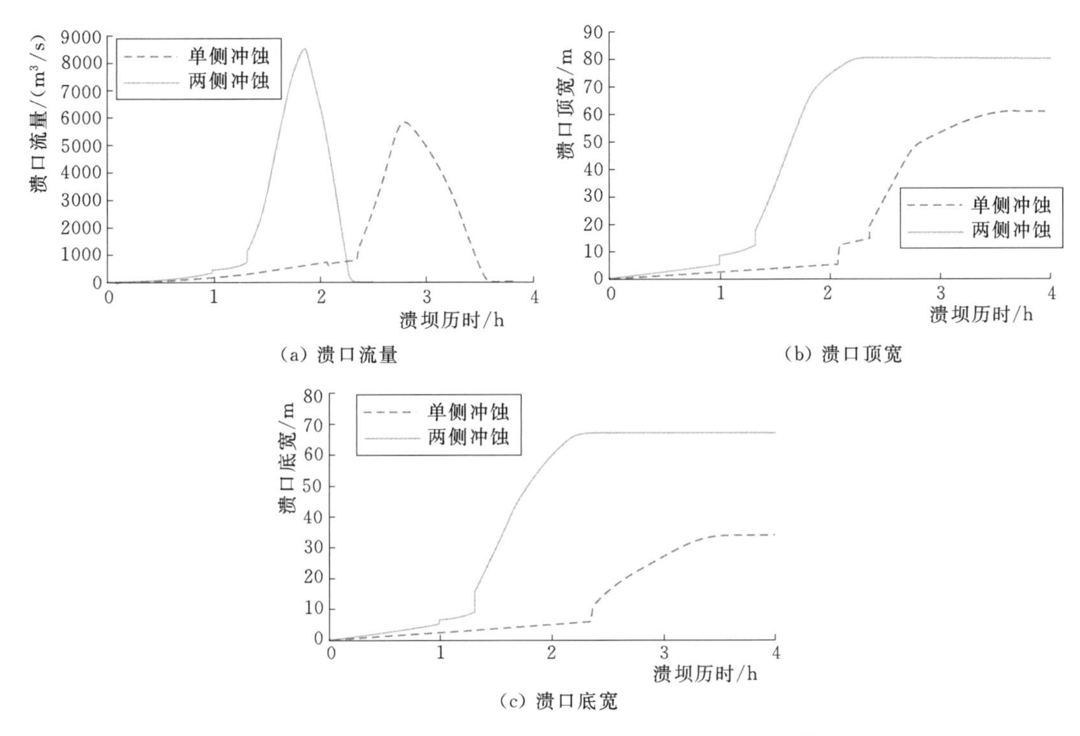

图 8.4-13　不同冲蚀模式对 Apishapa 坝泄流发展过程的影响

表 8.4-9　Apishapa 坝溃坝案例冲蚀模式敏感性分析

冲　蚀		两侧冲蚀	单侧冲蚀
Q_p	数值/(m³/s)	8514.0	5884.2
	增量百分数		−30.9%
B_t	数值/m	80.4	60.6
	增量百分数		−24.6%
B_b	数值/m	67.2	34.0
	增量百分数		−49.4%
T_c	数值/h	0.99	2.08
	增量百分数		+110.1%

续表

冲　　蚀		两侧冲蚀	单侧冲蚀
T_p	数值/h	1.86	2.78
	增量百分数		+49.5%
T_f	数值/h	2.22	3.45
	增量百分数		+55.4%

由图 8.4-13 和表 8.4-9 可以看出，冲蚀模式对于 Apishapa 坝的溃坝过程也具有重要影响。单侧冲蚀的峰值流量小于两侧冲蚀，且峰值流量出现时间滞后，相应的溃口顶宽与底宽也较两侧冲蚀更小，溃坝历时更长。其中，渗透通道顶部坍塌时间最为敏感，其他各参数也较为敏感。

8.4.3.2　French Landing 坝溃坝案例参数敏感性分析

1. 对 French Landing 坝溃坝案例的冲蚀系数 k_d 进行参数敏感性分析

溃口流量过程与溃口发展过程的对比见图 8.4-14。溃口峰值流量（Q_p）、溃口最终顶宽（B_t）、溃口最终底宽（B_b）、渗透通道顶部坍塌的时间（T_c）、峰值流量出现时间（T_p）和溃坝历时（T_f）的计算结果对比见表 8.4-10，表 8.4-10 还给出了冲蚀系数 k_d 乘以 0.5 和 2.0 后各输出参数计算结果的增量百分数。

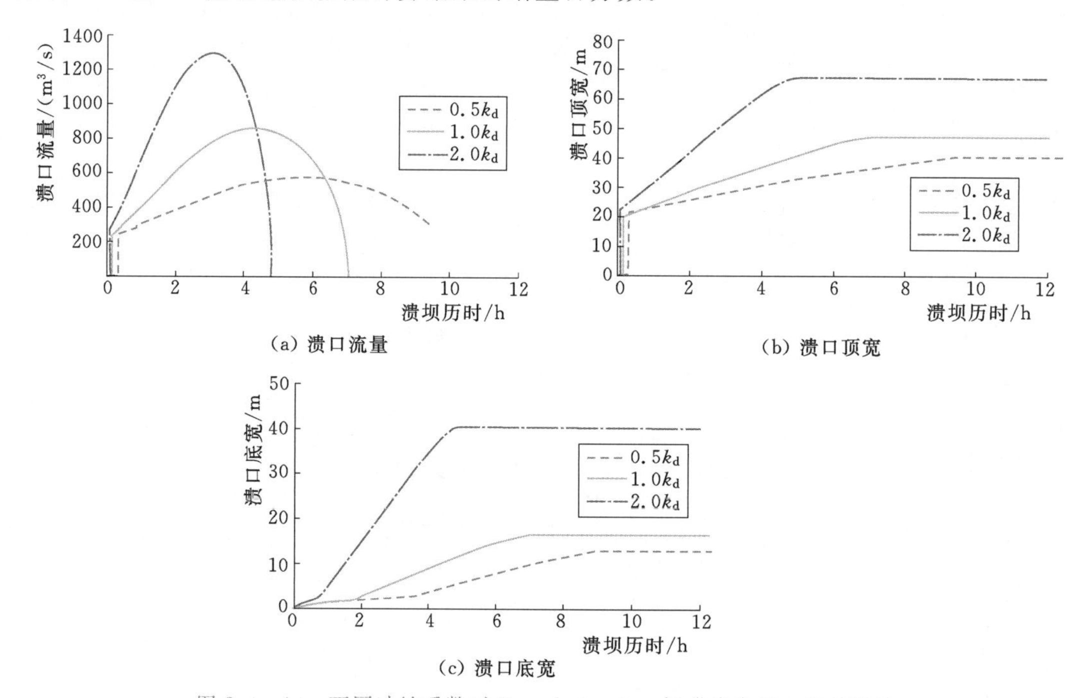

图 8.4-14　不同冲蚀系数对 French Landing 坝泄流发展过程的影响

由图 8.4-14 和表 8.4-10 可以看出，坝料的冲蚀系数 k_d 对于 French Landing 坝的溃坝过程具有重要影响。随着冲蚀系数的增加，溃口峰值流量和溃口宽度逐渐增大，渗透通道顶部坍塌的时间和峰值流量出现时间逐渐提前，溃坝历时逐渐缩短。其中，渗透通道顶部坍塌时间最为敏感，其他各参数也较为敏感。

表 8.4-10　　French Landing 坝溃坝案例冲蚀系数 k_d 敏感性分析

冲 蚀 系 数		$1.0k_d$	$0.5k_d$	$2.0k_d$
Q_p	数值/(m³/s)	861.3	577.4	1299.2
	增量百分数		-33.0%	+50.8%
B_t	数值/m	47.4	38.9	67.1
	增量百分数		-17.9%	+41.6%
B_b	数值/m	16.6	12.1	40.3
	增量百分数		-27.1%	+142.8%
T_c	数值/h	0.15	0.31	0.08
	增量百分数		+106.7%	-46.7%
T_p	数值/h	4.30	5.72	3.06
	增量百分数		+33.0%	-28.8%
T_f	数值/h	6.88	9.66	4.63
	增量百分数		+40.4%	-32.7%

2. 对 French Landing 坝溃坝案例的初始渗透通道底部高程进行参数敏感性分析

分别设置为 0.7m（实际溃坝时的渗透通道底部高程）、4.0m 和 7.0m，溃口流量过程与溃口发展过程的对比见图 8.4-15。溃口峰值流量（Q_p）、溃口最终顶宽（B_t）、溃口最终底宽（B_b）、渗透通道顶部坍塌的时间（T_c）、峰值流量出现时间（T_p）和溃坝历时（T_f）的计算结果对比见表 8.4-11，表 8.4-11 还给出了初始渗透通道底部高程变化后各输出参数计算结果的增量百分数。

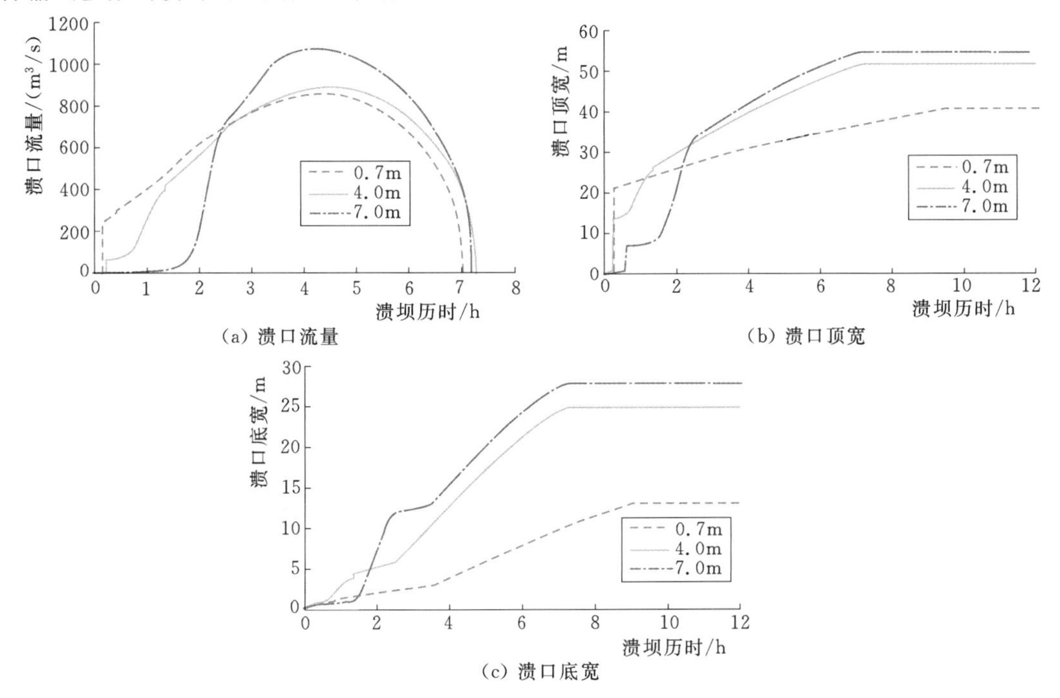

图 8.4-15　不同初始渗透通道底高程对 French Landing 坝泄流发展过程的影响

表 8.4-11　French Landing 坝溃坝案例初始渗透通道底部高程敏感性分析

初始渗透通道底部高程		0.7m	4.0m	7.0m
Q_p	数值/(m^3/s)	861.3	889.1	1066.2
	增量百分数		+3.2%	+23.8%
B_t	数值/m	47.4	51.7	54.6
	增量百分数		+9.1%	+15.2%
B_b	数值/m	16.6	24.9	27.8
	增量百分数		+50.0%	+67.5%
T_c	数值/h	0.15	0.23	0.60
	增量百分数		+53.3%	+300.0%
T_p	数值/h	4.30	4.50	4.68
	增量百分数		+4.7%	+8.8%
T_f	数值/h	6.88	7.01	7.12
	增量百分数		+1.9%	+3.5%

由图 8.4-15 和表 8.4-11 可以看出，初始渗透通道底部高程对于 French Landing 坝的溃坝过程具有重要影响。随着渗透通道底部高程的增加，通道上部的土体重量逐渐减少，因此渗透通道坍塌的时间逐渐滞后，但渗透通道坍塌后发生漫顶溃决时，通道坍塌后的残留坝高对溃坝过程具有重要影响，渗透通道底部高程越高，溃口峰值流量越大，但峰值流量出现的时间越滞后，溃坝历时也越长。其中，渗透通道顶部坍塌时间最为敏感，溃口底宽次之，峰值流量出现时间及溃坝历时的敏感性最差。

3. 对 French Landing 坝溃坝案例的冲蚀模式（单侧冲蚀或两侧冲蚀）进行参数敏感性分析

分别设置冲蚀模式为单侧冲蚀与两侧冲蚀（实际溃坝模式），溃口流量过程与溃口发展过程的对比见图 8.4-16。溃口峰值流量（Q_p）、溃口最终顶宽（B_t）、溃口最终底宽（B_b）、渗透通道顶部坍塌的时间（T_c）、峰值流量出现时间（T_p）和溃坝历时（T_f）的计算结果对比见表 8.4-12，表 8.4-12 还给出了初始渗透通道底部高程变化后各输出参数计算结果的增量百分数。

由图 8.4-16 和表 8.4-12 可以看出，冲蚀模式对于 French Landing 坝的溃坝过程也具有重要影响。单侧冲蚀的峰值流量小于两侧冲蚀，且峰值流量出现时间滞后，相应的溃口顶宽与底宽也较两侧冲蚀更小，溃坝历时也更长。其中，渗透通道坍塌时间最为敏感，溃口峰值流量次之，溃口宽度的敏感性最差。

8.4.3.3 Teton 坝溃坝案例参数敏感性分析

1. 对 Teton 坝溃坝案例的冲蚀系数 k_d 进行参数敏感性分析

溃口流量过程与溃口发展过程的对比见图 8.4-17。溃口峰值流量（Q_p）、溃口最终

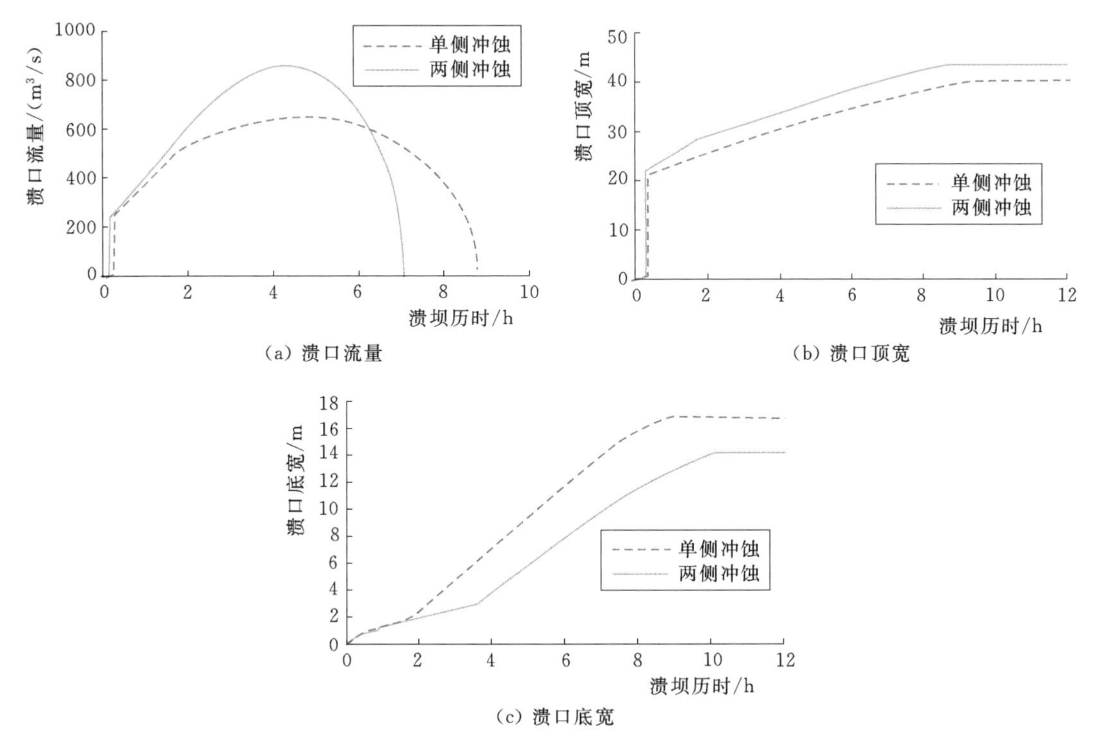

图 8.4-16　不同冲蚀模式对 French Landing 坝泄流发展过程的影响

表 8.4-12　　French Landing 坝溃坝案例冲蚀模式敏感性分析

冲　蚀　模　式		两侧冲蚀	单侧冲蚀
Q_p	数值/(m³/s)	861.3	652.4
	增量百分数		−24.3%
B_t	数值/m	47.4	43.2
	增量百分数		−8.9%
B_b	数值/m	16.6	16.4
	增量百分数		−1.2%
T_c	数值/h	0.15	0.28
	增量百分数		+86.7%
T_p	数值/h	4.30	4.73
	增量百分数		+10.0%
T_f	数值/h	6.88	8.37
	增量百分数		+21.7%

顶宽（B_t）、溃口最终底宽（B_b）、渗透通道顶部坍塌的时间（T_c）、峰值流量出现时间（T_p）和溃坝历时（T_f）的计算结果对比见表 8.4-13，表 8.4-13 还给出了冲蚀系数 k_d 乘以 2.0 和 0.5 后各输出参数计算结果的增量百分数。

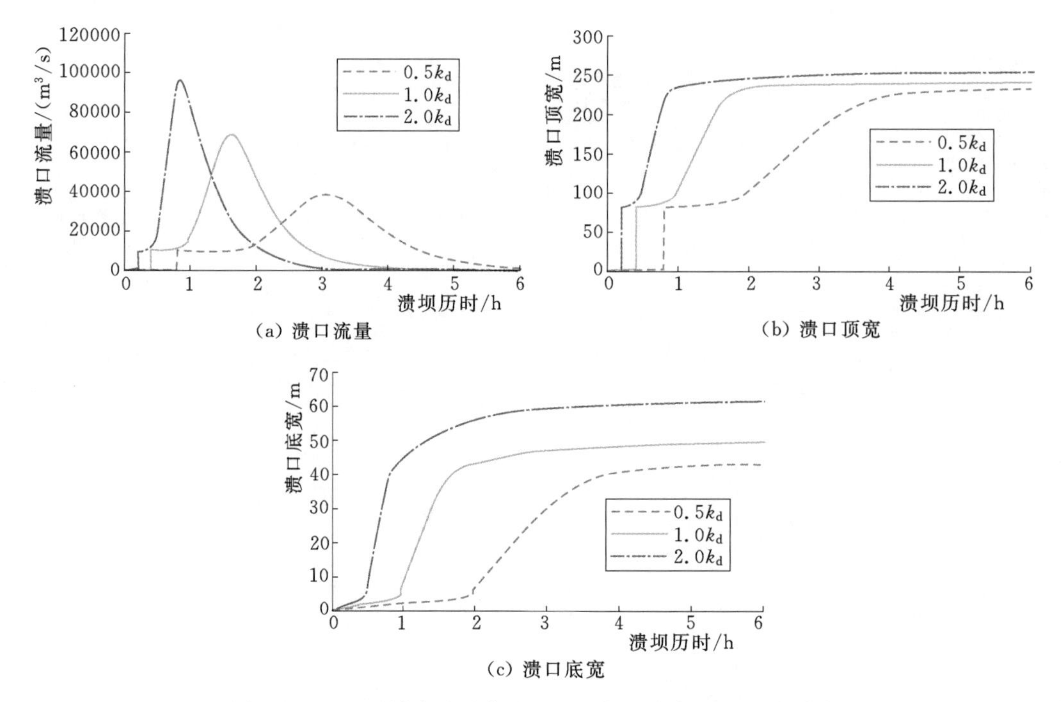

(a) 溃口流量

(b) 溃口顶宽

(c) 溃口底宽

图 8.4-17　不同冲蚀系数对 Teton 坝泄流发展过程的影响

表 8.4-13　　Teton 坝溃坝案例冲蚀系数 k_d 敏感性分析

冲　蚀　系　数		$1.0k_d$	$0.5k_d$	$2.0k_d$
Q_p	数值/(m^3/s)	68546.3	38227.2	96518.7
	增量百分数		−44.2%	+40.8%
B_t	数值/m	240.0	232.1	252.3
	增量百分数		−3.3%	+5.1%
B_b	数值/m	49.2	42.8	61.5
	增量百分数		−13.0%	+25.0%
T_c	数值/h	0.39	0.79	0.20
	增量百分数		+102.6%	−48.7%
T_p	数值/h	1.62	3.08	0.84
	增量百分数		+90.1%	−48.1%
T_f	数值/h	3.62	4.81	2.86
	增量百分数		+32.9%	−21.0%

由图 8.4-17 和表 8.4-13 可以看出，坝料的冲蚀系数 k_d 对于 Teton 坝的溃坝过程具有重要影响。随着冲蚀系数的增加，溃口峰值流量和溃口宽度逐渐增大，渗透通道顶部坍塌时间和峰值流量出现时间逐渐提前，溃坝历时逐渐缩短。其中，渗透通道坍塌时间和溃口峰值流量出现时间的敏感性最强，溃口顶宽的敏感性最差，其余参数也较为敏感。

2. 对 Teton 坝溃坝案例的初始渗透通道底部高程进行参数敏感性分析

将初始渗透通道底部高程分别设置为 20.0m、48.1m（实际溃坝的渗透通道底部高程）和 70.0m，溃口流量过程与溃口发展过程的对比见图 8.4-18；溃口峰值流量（Q_p）、溃口最终顶宽（B_t）、溃口最终底宽（B_b）、渗透通道顶部坍塌的时间（T_c）、峰值流量出现时间（T_p）和溃坝历时（T_f）的计算结果对比见表 8.4-14，表 8.4-14 还给出了初始渗透通道底部高程变化后各输出参数计算结果的增量百分数。

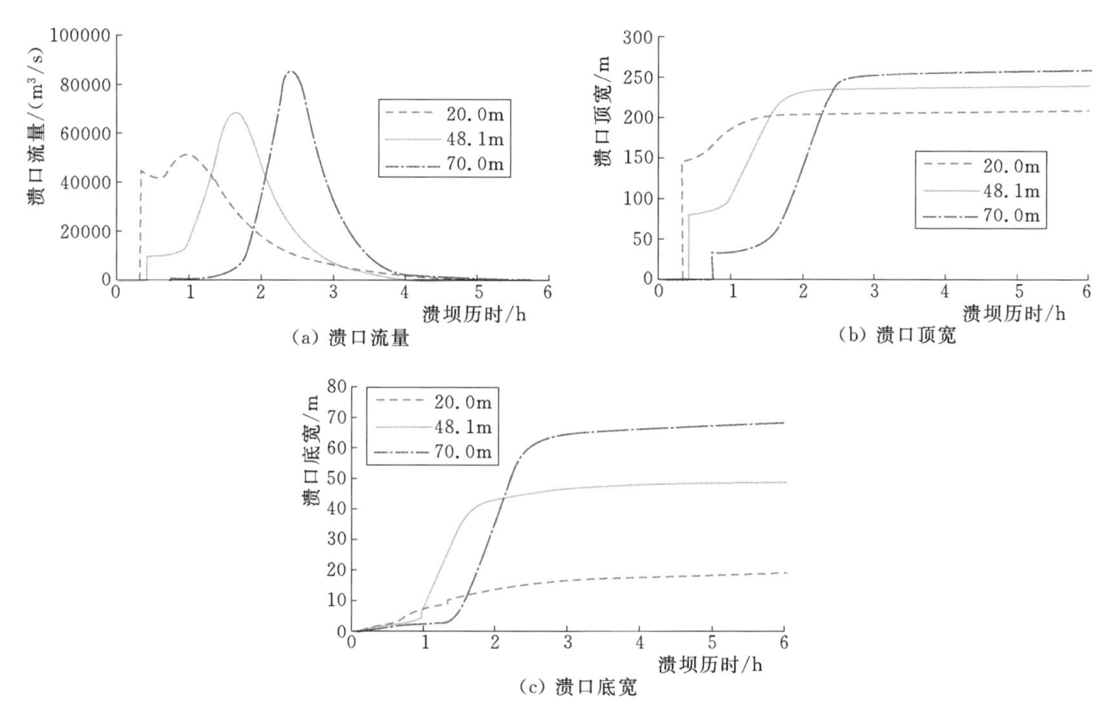

图 8.4-18 不同初始渗透通道底部高程对 Teton 坝泄流发展过程的影响

表 8.4-14 Teton 坝溃坝案例初始渗透通道底部高程敏感性分析

初始渗透通道顶部高程		20.0m	48.1m	70.0m
Q_p	数值/(m³/s)	51576.8	68546.3	85985.0
	增量百分数	−24.8%		+25.4%
B_t	数值/m	209.9	240.0	259.2
	增量百分数	−12.5%		+8.0%
B_b	数值/m	19.1	49.2	68.4
	增量百分数	−61.2%		+39.0%
T_c	数值/h	0.31	0.39	0.73
	增量百分数	−20.5%		+87.2%
T_p	数值/h	0.96	1.62	2.40
	增量百分数	−40.7%		+48.1%
T_f	数值/h	3.22	3.62	3.81
	增量百分数	−11.1%		+5.2%

由图 8.4-18 和表 8.4-14 可以看出，初始渗透通道底部高程对于 Teton 坝的溃坝过程具有重要影响。随着渗透通道底部高程的增加，通道上部的土体重量逐渐减少，因此渗透通道坍塌的时间逐渐滞后，但渗透通道坍塌后发生漫顶溃决时，通道坍塌后的残留坝高对溃坝过程具有重要影响，渗透通道底部高程越高，溃口峰值流量越大，但峰值流量出现的时间越滞后，溃坝历时也逐渐增加。其中，渗透通道坍塌时间敏感性最强，溃口顶宽与溃坝历时的敏感性较差，其余参数的敏感性较强。

3. 对 Teton 坝溃坝案例的冲蚀模式（单侧冲蚀或两侧冲蚀）进行参数敏感性分析

分别设置冲蚀模式为单侧冲蚀与两侧冲蚀（实际溃坝模式），溃口流量过程与溃口发展过程的对比见图 8.4-19。溃口峰值流量（Q_p）、溃口最终顶宽（B_t）、溃口最终底宽（B_b）、渗透通道顶部坍塌的时间（T_c）、峰值流量出现时间（T_p）和溃坝历时（T_f）的计算结果对比见表 8.4-15，表 8.4-15 还给出了初始渗透通道底部高程变化后各输出参数计算结果的增量百分数。

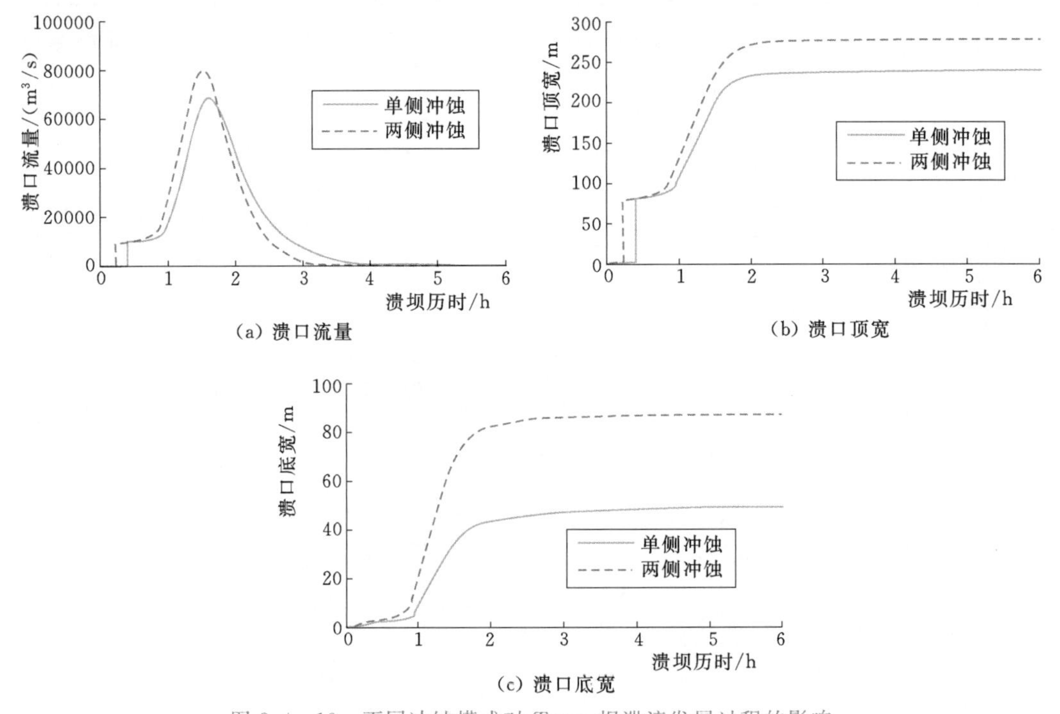

图 8.4-19 不同冲蚀模式对 Teton 坝泄流发展过程的影响

表 8.4-15 Teton 坝溃坝案例冲蚀模式敏感性分析

冲蚀模式		单侧冲蚀	两侧冲蚀
Q_p	数值/(m³/s)	68546.3	78931.3
	增量百分数		+15.2%
B_t	数值/m	240.0	278.2
	增量百分数		+15.9%
B_b	数值/m	49.2	87.4
	增量百分数		+77.6%

续表

冲 蚀 模 式		单侧冲蚀	两侧冲蚀
T_c	数值/h	0.39	0.22
	增量百分数		−43.6%
T_p	数值/h	1.62	1.52
	增量百分数		−6.2%
T_f	数值/h	3.62	3.49
	增量百分数		−3.6%

由图8.4-19和表8.4-15可以看出，冲蚀模式对于Teton坝的溃坝过程也具有重要影响。单侧冲蚀的峰值流量小于两侧冲蚀，且峰值流量出现时间滞后，相应的溃口顶宽与溃口底宽也较两侧冲蚀更小，溃坝历时也更长。其中，溃口底宽最为敏感，溃口峰值流量出现时间及溃坝历时敏感性最差，其余参数具有较强的敏感性。

综上可知，对于不同的溃坝案例，各输出参数对于坝料的冲蚀特性与初始渗透通道的位置表现出不同的敏感性，但对溃坝过程的影响较为明显，因此在进行土石坝渗透破坏溃坝分析时应注重坝料冲蚀系数及初始渗透通道位置等参数的合理性，减少计算误差。

8.4.4　基于国外同类型溃坝数学模型的4个溃坝案例分析

美国国家气象局Fread[56]开发的NWS BREACH模型是目前国内外应用最为广泛的土石坝溃坝过程分析模型，可用来模拟均质坝、心墙坝的漫顶与渗透破坏溃决过程。本节采用NWS BREACH模型对美国农业部渗透破坏溃坝模型试验P1、Apishapa坝溃坝案例、French Landing坝溃坝案例和Teton坝溃坝案例进行反馈分析，并与作者模型的计算结果进行比对。

8.4.4.1　基于NWS BREACH模型的美国农业部渗透破坏溃坝模型试验P1反馈分析

NWS BREACH采用平衡输沙公式模拟坝体材料的冲蚀，为了考虑坝料的级配特性，输入参数中包含d_{90}/d_{30}。结合前文介绍，NWS BREACH模型选用的计算参数见表8.4-16。

表8.4-16　基于NWS BREACH模型美国农业部溃坝模型试验P1计算参数

参 数 名 称	取 值	参 数 名 称	取 值
坝高/m	1.3	初始渗透通道直径/m	0.04
坝长/m	100	d_{50}/mm	0.05
坝顶宽/m	1.8	d_{90}/d_{30}	10
上游坡比（垂直/水平）	0.333	p'	0.36
下游坡比（垂直/水平）	0.333	C/kPa	15
水库库面面积/m²	A_s-h	φ/(°)	40
初始水位/m	1.1	计算时长/h	1.0
入库流量/(m³/s)	$Q_{in}-t$	时间步长/s	1
初始渗透通道底部高程/m	0.2		

利用 NWS BREACH 模型，计算获得了渗透破坏溃坝过程的各输出参数。模型计算获得的溃口流量过程及溃口发展过程与现场模型试验 P1 实测结果的对比见图 8.4-20 和图 8.4-21。模型计算获取的溃口峰值流量、峰值流量出现时间、溃口宽度等参数与实测结果的对比见表 8.4-17。

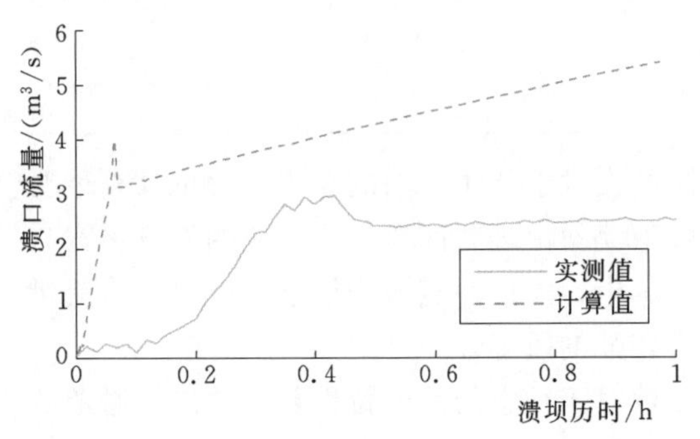

图 8.4-20 基于 NWS BREACH 模型的模型试验 P1 计算与实测溃口流量过程对比

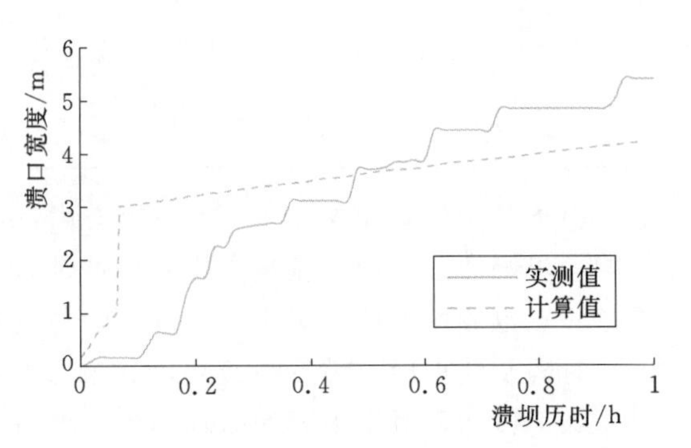

图 8.4-21 基于 NWS BREACH 模型的模型试验 P1 计算与实测溃口发展过程对比

表 8.4-17 基于 NWS BREACH 模型的模型试验 P1 计算值与实测值对比

参数	实测值	计算值	相对误差	参数	实测值	计算值	相对误差
$Q_p/(m^3/s)$	3.0	5.4	+80.0%	T_p/h	0.43	1.00	+132.6%
B_f/m	5.4	4.2	−22.2%	T_f/h	—	1.00	
T_c/h	0.22	0.07	−68.2%				

由图 8.4-20、图 8.4-21 和表 8.4-17 可知，对于美国农业部渗透破坏溃坝模型试验 P1，计算获得的峰值流量相对误差为+80.0%，溃口最终宽度的相对误差为−22.2%，渗透通道顶部发生坍塌时间的相对误差为−68.2%；峰值流量出现时间的相对误差为+132.6%，计算误差较大，尤其是溃口峰值流量，在计算时长（1h）结束时，峰值流量还没有最终出现。另外，由于渗透通道的坍塌，流量过程线表现出向下的拐弯（图 8.4-20），随后继续增长。综上可知，NWS BREACH 模型在模拟美国农业部溃坝模型试验 P1 时出现了较大的偏差。

由于在进行美国农业部渗透破坏溃坝模型试验时，溃口流量主要受上游入流量控制，因此不对本案例进行参数敏感性分析。

8.4.4.2 基于 NWS BREACH 模型的 Apishapa 坝溃坝案例反馈分析

同样采用 NWS BREACH 模型，对 Apishapa 坝溃坝案例进行反馈分析，模型的计算参数见表 8.4-18。

对于 Apishapa 坝溃坝案例，计算获取的溃口流量过程与发展过程见图 8.4-22 和图 8.4-23，计算获得的溃口峰值流量（Q_p）、溃口最终顶宽（B_t）、溃口最终底宽（B_b）、渗透通道顶部坍塌的时间（T_c）、峰值流量出现时间（T_p）和溃坝历时（T_f）与实测值的对比见表8.4-19。

表 8.4-18　　基于 NWS BREACH 模型的 Apishapa 坝溃坝案例计算参数

参 数 名 称	取 值	参 数 名 称	取 值
坝高/m	34.1	初始渗透通道底部高程/m	21.2
坝长/m	100	初始渗透通道直径/m	0.2
坝顶宽/m	6.1	d_{50}/mm	0.005
上游坡比（垂直/水平）	0.33	d_{90}/d_{30}	10
下游坡比（垂直/水平）	0.5	p'	0.3
水库库容/m^3	2.25×10^7	C/kPa	60
水库表面积/m^2	—	φ/(°)	31
初始水位/m	31.04	计算时长/h	10.0
入库流量/(m^3/s)	0	时间步长/s	1

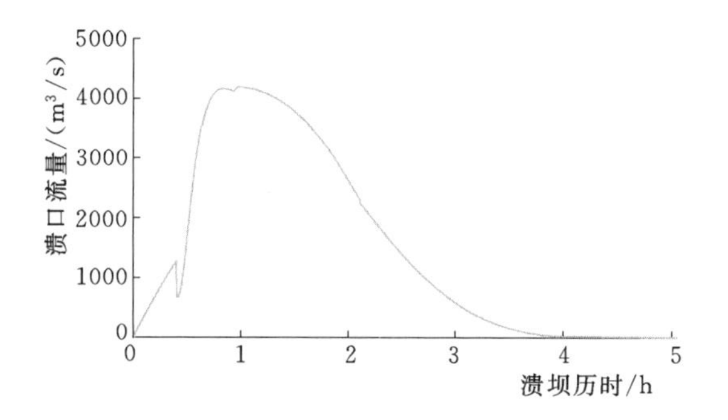

图 8.4-22　基于 NWS BREACH 模型的 Apishapa 坝溃口流量过程计算值

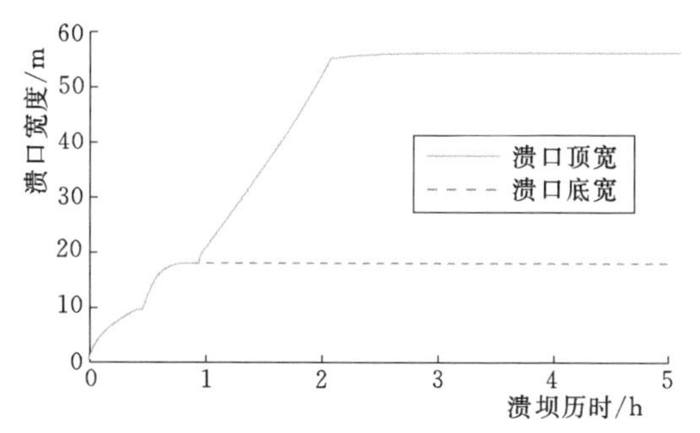

图 8.4-23　基于 NWS BREACH 模型的 Apishapa 坝溃口发展过程计算值

表 8.4-19　　基于 NWS BREACH 模型的 Apishapa 坝溃坝计算值与实测值对比

参 数	实测值	计算结果	相对误差	参 数	实测值	计算结果	相对误差
Q_p/(m^3/s)	6850	4192.0	−38.8%	T_c/h		0.41	
B_t/m	91.5	56.3	−38.5%	T_p/h		1.00	
B_b/m	81.5	18.1	−77.8%	T_f/h	2.5	2.32	−7.2%

由图 8.4-22、图 8.4-23 和表 8.4-19 可以看出，对于 Apishapa 坝溃坝案例，与实测结果对比，计算得到的溃口底宽的最大误差达−77.8%；其余变量，除溃坝历时（相对误差为−7.2%）外，相对误差也均大于±25%，其中计算获得的峰值流量的相对误差为−38.8%，溃口最终底宽的相对误差为−38.5%。另外，由于渗透通道的坍塌，流量过程线表现出向下的拐弯（图 8.4-22）。综上可知，NWS BREACH 模型虽然可模拟 Apishapa 坝的渗透破坏溃坝过程，但计算结果的误差较大。

考虑到 NWS BREACH 模型无法进行坝体单侧冲蚀的模拟，本节仅对 Apishapa 坝的坝料冲蚀特性和初始渗透通道底部高程进行参数敏感性分析。对于冲蚀特性，依据前文描述，NWS BREACH 的冲蚀量可由 d_{90}/d_{30} 控制，为了进行参数敏感性分析，分别将参数 d_{90}/d_{30} 乘以 0.03125、1.0 和 32.0，相当于 $(d_{90}/d_{30})^{0.2}$ 分别乘以 0.5、1.0 和 2.0，即坝料的冲蚀量（Q_s）分别乘以 0.5、1.0 和 2.0，其他输入参数不变，研究其对溃坝过程的影响。对于初始渗透通道底部高程，结合溃坝时的库水位，分别设置在坝体的底部、中部和上部，其他输入参数不变，研究其对溃坝过程的影响；具体的，分析 Apishapa 坝溃决时，与 8.4.3 小节中的参数敏感性分析一致，初始渗透通道底部高程分别设置为 10.0m、21.2m（实际溃坝时的渗透通道底部高程）和 30.0m，研究其对溃坝过程的影响。

首先对 Apishapa 坝溃坝案例的冲蚀量 Q_s 进行参数敏感性分析。溃口流量过程与溃口发展过程的对比见图 8.4-24。溃口峰值流量（Q_p）、溃口最终顶宽（B_t）、溃口最终底宽（B_b）、渗透通道顶部坍塌的时间（T_c）、峰值流量出现时间（T_p）和溃坝历时（T_f）的计算结果对比见表 8.4-20，表 8.4-20 还给出了冲蚀量 Q_s 乘以 0.5 和 2.0 后各输出参数计算结果的增量百分数。

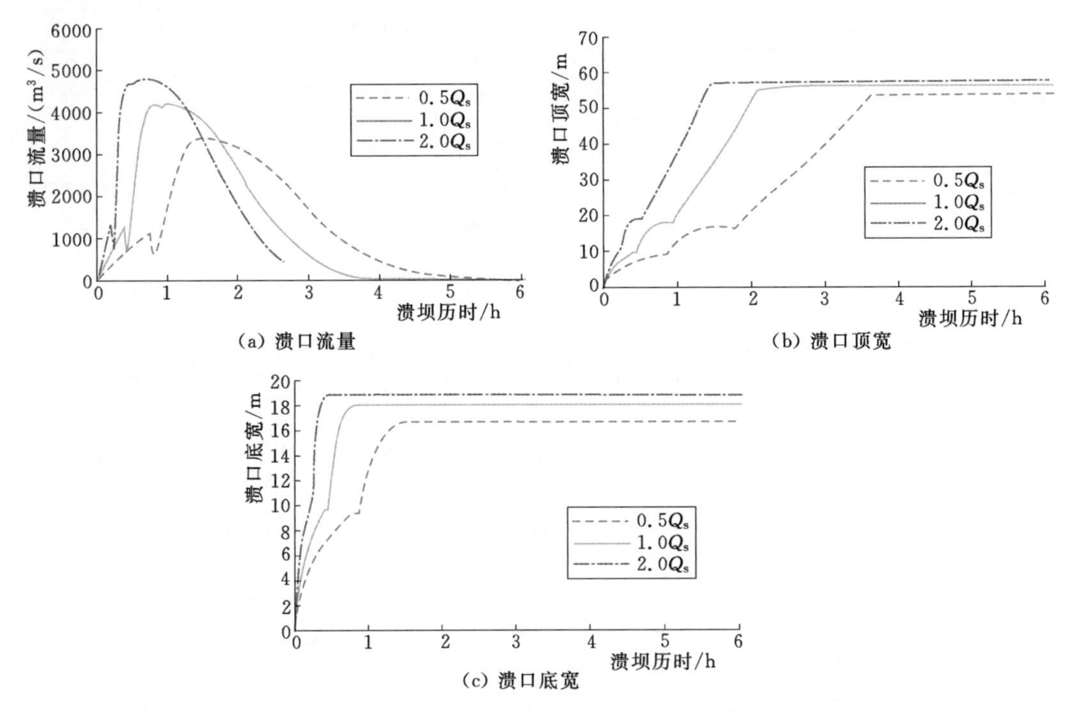

图 8.4-24 基于 NWS BREACH 的不同冲蚀量对 Apishapa 坝泄流发展过程的影响

表 8.4-20 基于 NWS BREACH 模型的 Apishapa 坝溃坝案例冲蚀量 Q_s 敏感性分析

冲 蚀 量		$1.0Q_s$	$0.5Q_s$	$2.0Q_s$
Q_p	数值/(m³/s)	4192.0	3407.1	4791.5
	增量百分数		−18.7%	+14.3%
B_t	数值/m	56.3	53.8	57.4
	增量百分数		−4.4%	+2.0%
B_b	数值/m	18.07	16.7	18.8
	增量百分数		−7.6%	+4.0%
T_c	数值/h	0.41	0.77	0.22
	增量百分数		+87.8%	−46.3%

续表

冲 蚀 量		$1.0Q_s$	$0.5Q_s$	$2.0Q_s$
T_p	数值/h	1.00	1.50	0.70
	增量百分数		+50.0%	−30.0%
T_f	数值/h	2.32	3.60	1.54
	增量百分数		+55.2%	−33.6%

由图 8.4-24 和表 8.4-20 可以看出，坝料的冲蚀量 Q_s 对于 Apishapa 坝的溃坝过程具有重要影响。其中，渗透通道坍塌时间的敏感性最强，溃坝历时与峰值流量出现时间次之，随后是溃口峰值流量的敏感性，而溃口顶宽与溃口底宽对于冲蚀量敏感性最差。

下面对 Apishapa 坝溃坝案例的初始渗透通道底部高程进行参数敏感性分析。将初始渗透通道底部高程分别设置为 10.0m、21.2m（实际溃坝时的渗透通道底部高程）和 30.0m，溃口流量过程与溃口发展过程的对比见图 8.4-25。溃口峰值流量（Q_p）、溃口最终顶宽（B_t）、溃口最终底宽（B_b）、渗透通道顶部坍塌的时间（T_c）、峰值流量出现时间（T_p）和溃坝历时（T_f）的计算结果对比见表 8.4-21，表 8.4-21 还给出了初始渗透通道底部高程变化后各输出参数计算结果的增量百分数。

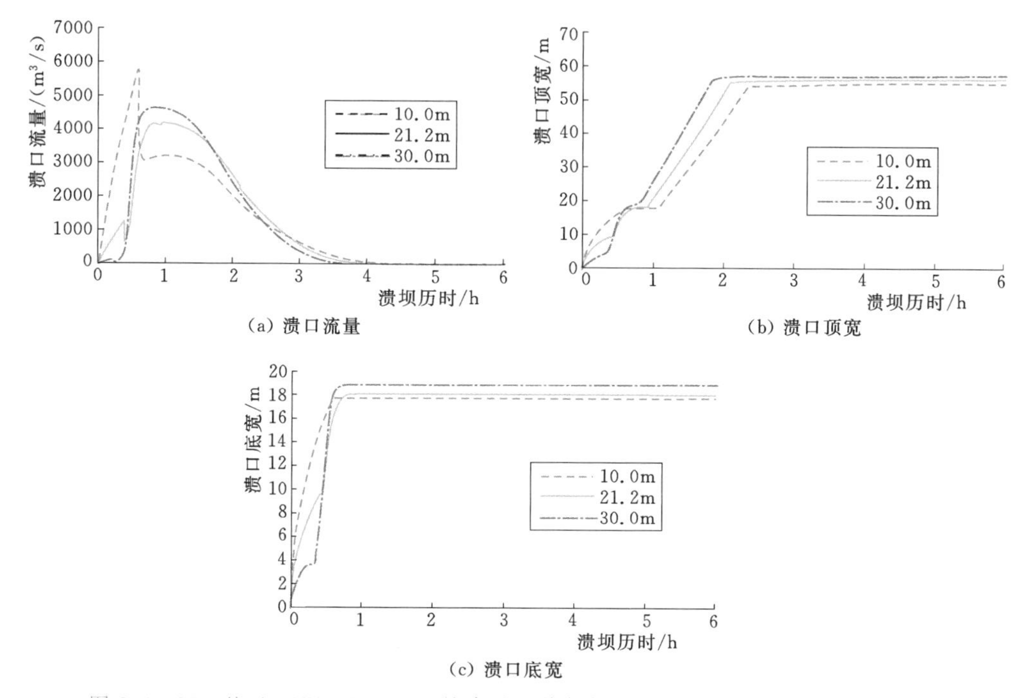

图 8.4-25 基于 NWS BREACH 的渗透通道底高程对 Apishapa 坝泄流过程的影响

由图 8.4-25 和表 8.4-21 可以看出，初始渗透通道底部高程对于 Apishapa 坝的溃坝过程具有重要影响。但由于 NWS BREACH 模型利用孔流与堰流转化公式判断渗透通道顶部的坍塌，峰值流量出现的时间及渗透通道坍塌的时间与库水位和渗透通道内的水位差相关，而与上部土体的重量及黏聚力无关。通过模拟结果可以看出，渗透通道的位置虽然对 Apishapa 坝溃坝案例有重要的影响，但却无法找到其规律。

表 8.4-21　基于 NWS BREACH 模型的 Apishapa 坝渗透通道底高程敏感性分析

渗透通道底高程		21.2m	10.0m	30.0m
Q_p	数值/(m^3/s)	4192.0	5861.5	4652.0
	增量百分数		+39.8%	+11.0%
B_t	数值/m	56.3	55.1	57.3
	增量百分数		-2.1%	+1.8%
B_b	数值/m	18.1	17.8	18.8
	增量百分数		-1.7%	+3.9%
T_c	数值/h	0.41	0.61	0.24
	增量百分数		+48.8%	-41.5%
T_p	数值/h	1.00	0.61	0.88
	增量百分数		-39.0%	-12.0%
T_f	数值/h	2.32	2.65	2.32
	增量百分数		+14.2%	0

8.4.4.3　基于 NWS BREACH 模型的 French Landing 坝溃坝案例反馈分析

同样采用 NWS BREACH 模型对 French Landing 坝溃坝案例进行反馈分析，模型的计算参数见表 8.4-22。

表 8.4-22　基于 NWS BREACH 模型的 French Landing 坝溃坝案例计算参数

参　数　名　称	取　值	参　数　名　称	取　值
坝高/m	12.2	初始渗透通道直径/m	0.2
坝长/m	271.3	不完全/坝基冲蚀	-2.0
坝顶宽/m	2.4	n_{loc}	2
上游坡比（垂直/水平）	0.5	d_{50}/mm	0.03
下游坡比（垂直/水平）	0.4	d_{90}/d_{30}	10
水库库容/m^3	2.19×10^7	p'	0.3
水库库面面积/m^2	—	C/kPa	8.5
初始水位/m	8.53	φ/(°)	35
入库流量/(m^3/s)	0	计算时长/h	8.0
初始渗透通道底部高程/m	0.7	时间步长/s	1

对于 French Landing 坝溃坝案例，计算获取的溃口流量过程与发展过程见图 8.4-26 和图 8.4-27，计算获得的溃口峰值流量（Q_p）、溃口最终顶宽（B_t）、溃口最终底宽（B_b）、渗透通道顶部坍塌的时间（T_c）、峰值流量出现时间（T_p）和溃坝历时（T_f）与实测值的对比见表 8.4-23。

表 8.4-23　基于 NWS BREACH 模型的 French Landing 坝溃坝计算值与实测值对比

参　数	实测值	计算值	相对误差	参　数	实测值	计算值	相对误差
Q_p/(m^3/s)	929	1015.1	+9.3%	T_c/h	—	0.36	
B_t/m	41	29.2	-28.8%	T_p/h	—	0.36	
B_b/m	13.8	16.5	+19.6%	T_f/h	—	8.86	

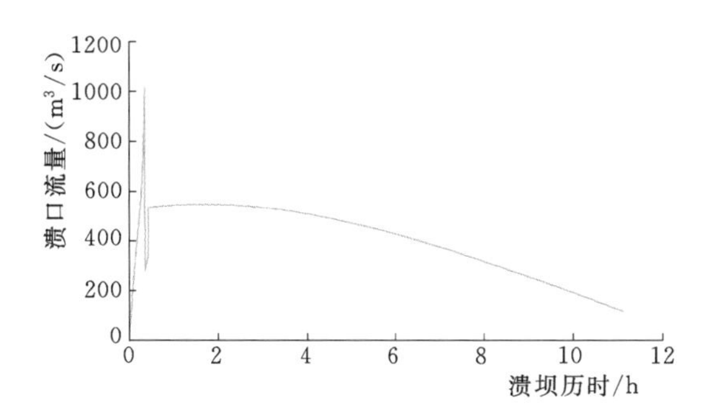

图 8.4-26　基于 NWS BREACH 模型的 French Landing 坝溃口流量过程计算值

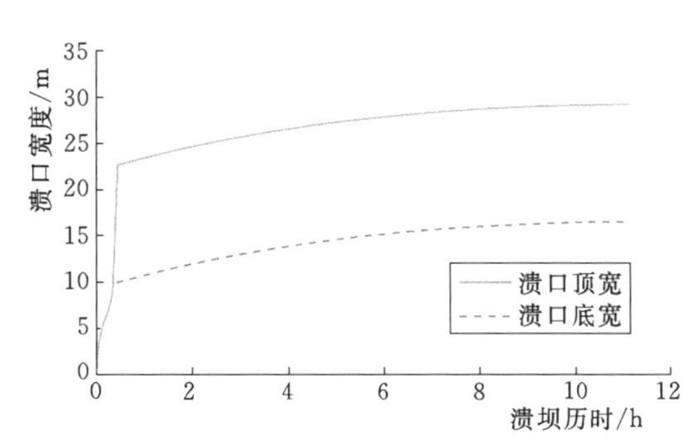

图 8.4-27　基于 NWS BREACH 模型的 French Landing 坝溃口发展过程计算值

由图 8.4-26、图 8.4-27 和表 8.4-23 可以看出，对于 French Landing 坝溃坝案例，与实测结果对比，计算得到的各变量的相对误差在±30%以内；同时，渗透通道的坍塌影响了溃口的发展，流量下跌较大，且孔流转化为堰流的时间即是峰值流量出现的时间（图 8.4-26）。

参考前文的参数敏感性分析方法，并且考虑到 NWS BREACH 模型无法进行坝体单侧冲蚀的模拟，仅对 French Landing 坝的坝料冲蚀特性和初始渗透通道底部高程进行参数敏感性分析。

同样，对于冲蚀量，分别将参数 d_{90}/d_{30} 乘以 0.03125、1.0 和 32.0，相当于 $(d_{90}/d_{30})^{0.2}$ 分别乘以 0.5、1.0 和 2.0，即坝料的冲蚀量 Q_s 分别乘以 0.5、1.0 和 2.0，其他输入参数不变，研究其对溃坝过程的影响。对于初始渗透通道底部高程，结合溃坝时的库水位，分别设置在坝体的底部、中部和上部，其他输入参数不变，研究其对溃坝过程的影响；具体的，分析 French Landing 坝溃决时，初始渗透通道底部高程分别设置为 0.7m（实际溃坝时的渗透通道底部高程）、4.0m 和 7.0m，研究其对溃坝过程的影响。

1. 对 French Landing 坝溃坝案例的冲蚀量 Q_s 进行参数敏感性分析

溃口流量过程与溃口发展过程的对比见图 8.4-28。溃口峰值流量（Q_p）、溃口最终顶宽（B_t）、溃口最终底宽（B_b）、渗透通道顶部坍塌的时间（T_c）、峰值流量出现时间（T_p）和溃坝历时（T_f）的计算结果对比见表 8.4-24，表 8.4-24 还给出了冲蚀量 Q_s 乘以 0.5 和 2.0 后各输出参数计算结果的增量百分数。

表 8.4-24　基于 NWS BREACH 模型的 French Landing 坝冲蚀量 Q_s 敏感性分析

冲　蚀　量		$1.0Q_s$	$0.5Q_s$	$2.0Q_s$
Q_p	数值/(m³/s)	1015.1	984.8	1121.2
	增量百分数		−3.0%	+10.5%
B_t	数值/m	29.2	26.1	33.0
	增量百分数		−10.6%	+13.0%

续表

冲 蚀 量		$1.0Q_s$	$0.5Q_s$	$2.0Q_s$
B_b	数值/m	16.5	13.4	19.0
	增量百分数		−18.8%	+15.2%
T_c	数值/h	0.36	0.71	0.28
	增量百分数		+97.2%	−22.2%
T_p	数值/h	0.36	0.71	0.28
	增量百分数		+97.2%	−22.2%
T_f	数值/h	8.86	9.23	7.92
	增量百分数		+4.2%	−10.6%

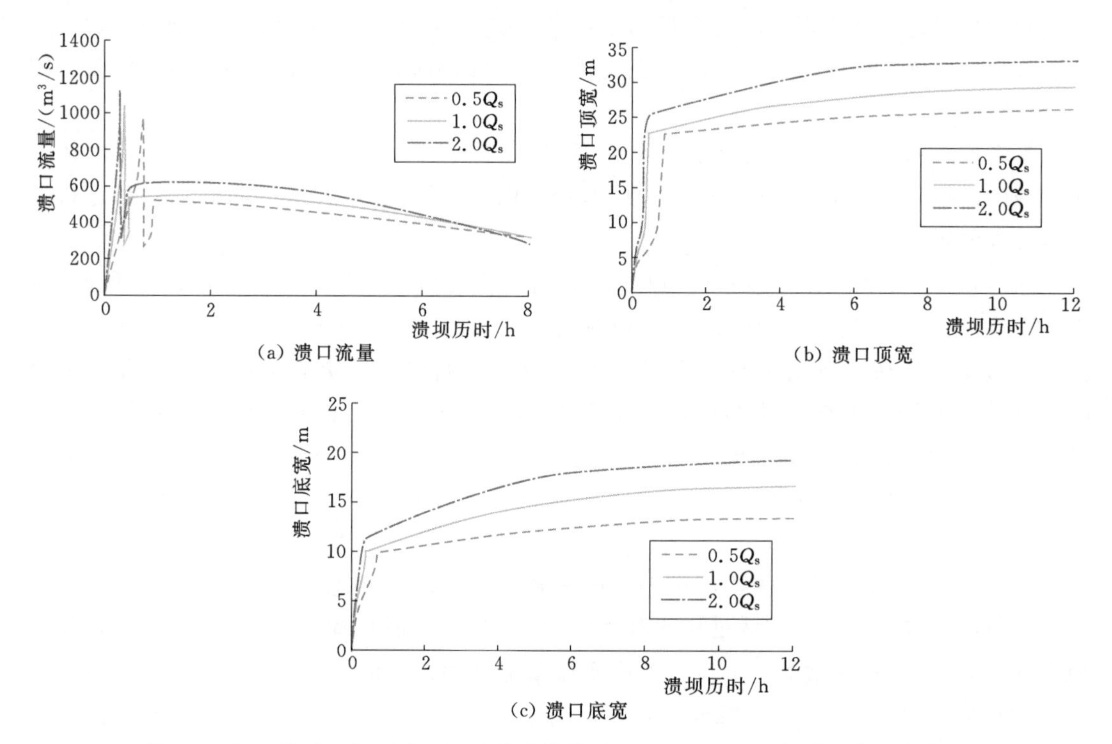

图 8.4-28 基于 NWS BREACH 的冲蚀量对 French Landing 坝泄流发展的影响

由图 8.4-28 和表 8.4-24 可以看出，坝料的冲蚀量 Q_s 对于 French Landing 坝的溃坝过程具有重要影响。其中，渗透通道坍塌时间与峰值流量出现时间的敏感性最强，溃口顶宽与溃口底宽对于冲蚀量的敏感性次之，再次是溃坝历时的敏感性，溃口峰值流量的敏感性最差。

2. 对 French Landing 坝溃坝案例的初始渗透通道底部高程进行参数敏感性分析

初始渗透通道底部高程分别设置为 0.7m（实际溃坝时的渗透通道底部高程）、4.0m 和 7.0m，溃口流量过程与溃口发展过程的对比见图 8.4-29。溃口峰值流量（Q_p）、溃口最终顶宽（B_t）、溃口最终底宽（B_b）、渗透通道顶部坍塌时间（T_c）、峰值流量出现时间（T_p）和溃坝历时（T_f）的计算结果对比见表 8.4-25，表 8.4-25 还给出了初始渗透通道底部高程变化后各输出参数计算结果的增量百分数。

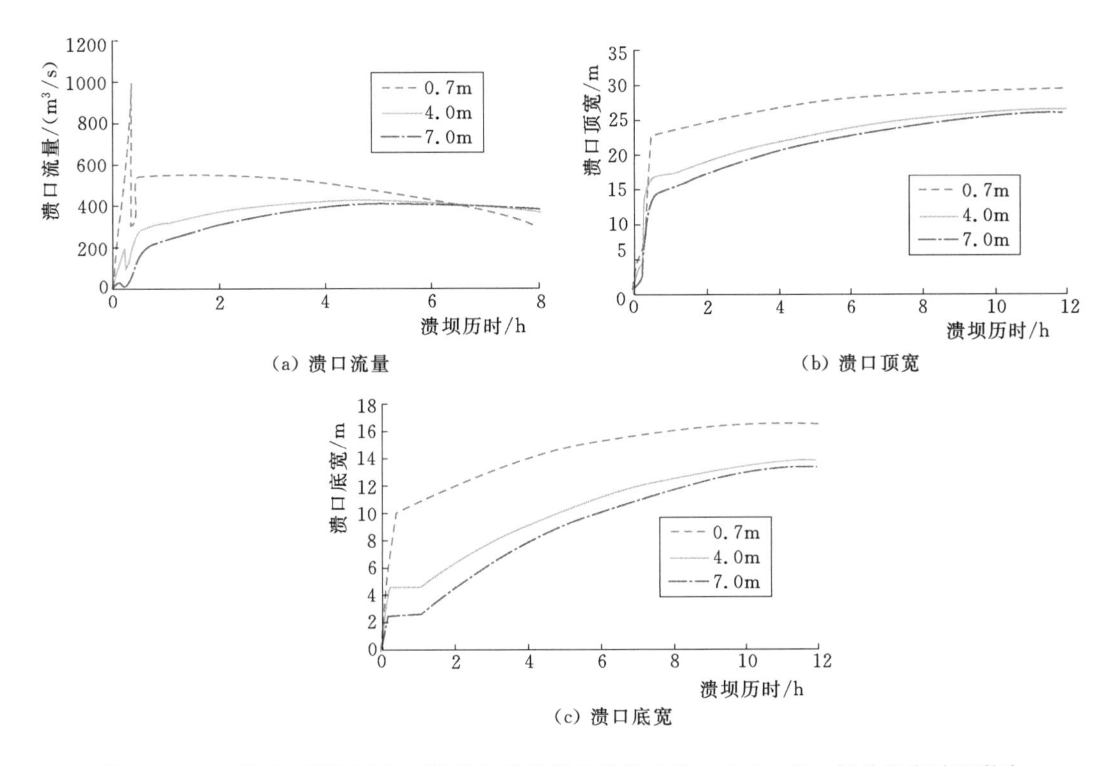

图 8.4-29　基于 NWS BREACH 的渗透通道底高程对 French Landing 坝的泄流过程影响

表 8.4-25　基于 NWS BREACH 模型的 French Landing 坝渗透通道底高程敏感性分析

渗透通道底高程		0.7m	4.0m	7.0m
Q_p	数值/(m^3/s)	1015.1	422.1	407.7
	增量百分数		−58.4%	−59.8%
B_t	数值/m	29.2	26.5	26.0
	增量百分数		−9.2%	−11.0%
B_b	数值/m	16.5	13.8	13.3
	增量百分数		−16.4%	−19.4%
T_c	数值/h	0.36	0.25	0.20
	增量百分数		−30.6%	−44.4%
T_p	数值/h	0.36	4.75	5.66
	增量百分数		+1219.4%	+1472.2%
T_f	数值/h	8.86	10.24	10.72
	增量百分数		+15.6%	+21.0%

由图 8.4-29 和表 8.4-25 可以看出，初始渗透通道底部高程对于 French Landing 坝的溃坝过程具有重要影响。但由于 NWS BREACH 模型利用孔流与堰流转化公式判断渗透通道顶部的坍塌，因此峰值流量出现时间及渗透通道坍塌时间与库水位和渗透通道内的水位差相关，而与上部土体的重量及黏聚力无关，且上部坍塌土体堆积在溃口，溃坝水流冲蚀土体需要相当的时间。通过模拟结果可以看出，渗透通道的位置虽然对 French Landing 坝溃坝案例有重要的影响，但规律不明显。

8.4.4.4 基于 NWS BREACH 模型的 Teton 坝溃坝案例反馈分析

同样采用 NWS BREACH 模型对 Teton 坝溃坝案例进行反馈分析，计算参数见表 8.4-26。

表 8.4-26　基于 NWS BREACH 模型的 Teton 坝溃坝案例计算参数

参数名称	取值	参数名称	取值
坝高/m	93	初始渗透通道底部高程/m	48.1
坝长/m	250	初始渗透通道直径/m	0.2
坝顶宽/m	10.5	d_{50}/mm	0.03
上游坡比（垂直/水平）	0.33	d_{90}/d_{30}	10
下游坡比（垂直/水平）	0.4	p'	0.3
水库库容/m³	3.56×10^8	C/kPa	25
水库表面积/m²	A_s-h	φ/(°)	35
初始水位/m	83.5	计算时长/h	6.0
入库流量/(m³/s)	0	时间步长/s	1

对于 Teton 坝溃坝案例，计算获取的溃口流量过程与发展过程见图 8.4-30 和图 8.4-31，计算获得的溃口峰值流量（Q_p）、溃口最终顶宽（B_t）、溃口最终底宽（B_b）、渗透通道顶部坍塌时间（T_c）、峰值流量出现时间（T_p）和溃坝历时（T_f）与实测值的对比见表 8.4-27。

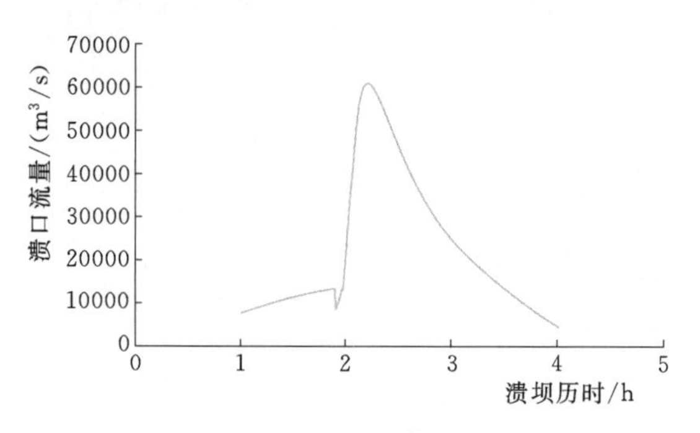

图 8.4-30　基于 NWS BREACH 模型的 Teton 坝溃口流量过程计算值

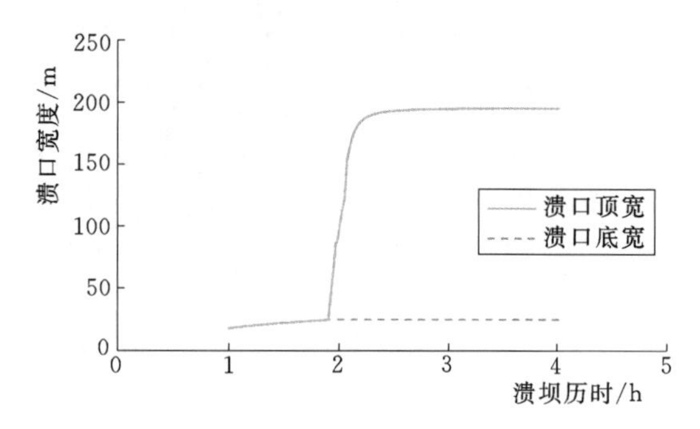

图 8.4-31　基于 NWS BREACH 模型的 Teton 坝溃口发展过程计算值

表 8.4-27 基于 NWS BREACH 模型的 Teton 坝溃坝模拟计算值与实测值对比

参 数	实测值	计算结果	相对误差	参 数	实测值	计算结果	相对误差
$Q_p/(m^3/s)$	65120	60944.8	−6.4%	T_c/h	—	1.91	
B_t/m	237.9	195.5	−17.8%	T_p/h	—	2.21	
B_b/m	64.1	25.0	−61.0%	T_f/h	4	2.54	−36.5%

由图 8.4-30、图 8.4-31 和表 8.4-27 可以看出，对于 Teton 坝溃坝案例，与实测结果对比，溃口峰值流量和溃口最终顶宽的相对误差在±25%以内，溃坝历时的相对误差在±25%以内，但溃口最终底宽的误差较大，超过±50%。另外，由于渗透通道坍塌影响溃坝水流的冲蚀，因此在流量过程线上表现出向下的拐弯（图 8.4-30）。综上可知，NWS BREACH 模型可较为合理地模拟 Teton 坝的渗透破坏溃坝过程。

考虑到 NWS BREACH 模型无法进行坝体单侧冲蚀的模拟，仅对 Teton 坝的坝料冲蚀特性和初始渗透通道底部高程进行参数敏感性分析。

对于冲蚀特性，采用前文描述的方法，分别将参数 d_{90}/d_{30} 乘以 0.03125、1.0 和 32.0，相当于 $(d_{90}/d_{30})^{0.2}$ 分别乘以 0.5、1.0 和 2.0，即坝料的冲蚀量 Q_s 分别乘以 0.5、1.0 和 2.0，其他输入参数不变，研究其对溃坝过程的影响。对于初始渗透通道底部高程，结合溃坝时的库水位，分别设置在坝体的底部、中部和上部，其他输入参数不变，研究其对溃坝过程的影响；具体的，分析 Teton 坝溃决时，初始渗透通道底部高程分别设置为 20.0m、48.1m（实际溃坝时的渗透通道底部高程）和 70.0m，研究其对溃坝过程的影响。

1. 对 Teton 坝溃坝案例的冲蚀量 Q_s 进行参数敏感性分析

溃口流量过程与溃口发展过程的对比见图 8.4-32。溃口峰值流量（Q_p）、溃口最终顶宽（B_t）、溃口最终底宽（B_b）、渗透通道顶部坍塌时间（T_c）、峰值流量出现时间（T_p）和溃坝历时（T_f）的计算结果对比见表 8.4-28，表 8.4-28 还给出了冲蚀量 Q_s 乘以 0.5 和 2.0 后各输出参数计算结果的增量百分数。

表 8.4-28 基于 NWS BREACH 模型的 Teton 坝溃坝案例冲蚀量 Q_s 敏感性分析

冲 蚀 量		$1.0Q_s$	$0.5Q_s$	$2.0Q_s$
Q_p	数值/(m^3/s)	60944.8	56107.1	70394.7
	增量百分数		−7.9%	+15.5%
B_t	数值/m	195.5	194.4	197.8
	增量百分数		−0.6%	+1.2%
B_b	数值/m	25.0	23.9	27.3
	增量百分数		−4.4%	+9.2%
T_c	数值/h	1.91	2.45	1.09
	增量百分数		+28.3%	−42.9%
T_p	数值/h	2.21	2.85	1.29
	增量百分数		+29.0%	−41.6%
T_f	数值/h	2.54	3.20	1.58
	增量百分数		+26.0%	−37.8%

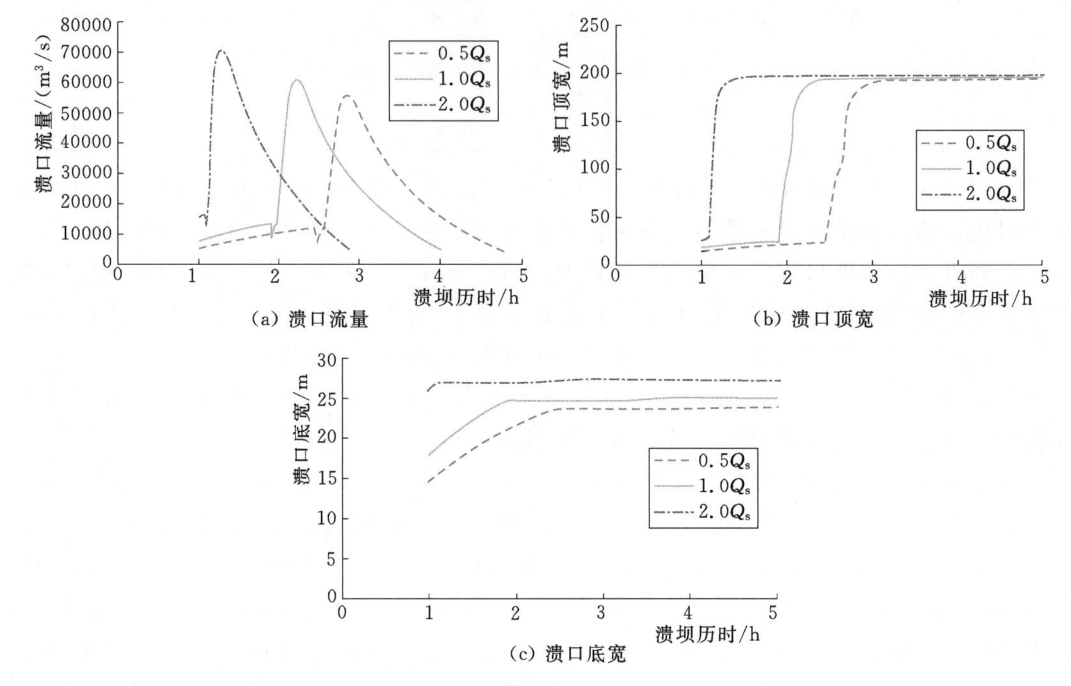

图 8.4-32 基于 NWS BREACH 模型的冲蚀量对 Teton 坝泄流发展的影响

由图 8.4-32 和表 8.4-28 可以看出，坝料的冲蚀量 Q_s 对于 Teton 坝的溃坝过程具有重要影响。其中，渗透通道坍塌时间与峰值流量出现时间的敏感性最强，溃坝历时次之，再次是溃口峰值流量，溃口顶宽与溃口底宽对于冲蚀量的敏感性最差。

2. 对 Teton 坝溃坝案例的初始渗透通道底部高程进行参数敏感性分析

初始渗透通道底部高程分别设置为 20.0m、48.1m（实际溃坝时的渗透通道底部高程）和 70.0m。溃口流量过程与溃口发展过程的对比见图 8.4-33。溃口峰值流量（Q_p）、溃口最终顶宽（B_t）、溃口最终底宽（B_b）、渗透通道顶部坍塌时间（T_c）、峰值流量出现时间（T_p）和溃坝历时（T_f）的计算结果对比见表 8.4-29，表 8.4-29 还给出了初始渗透通道底部高程变化后各输出参数计算结果的增量百分数。

表 8.4-29 基于 NWS BREACH 模型的 Teton 坝初始渗透通道底部高程敏感性分析

初始渗透通道底部高程		20.0m	48.1m	70.0m
Q_p	数值/(m³/s)	28374.9	60944.8	67888.2
	增量百分数	−53.4%		+11.4%
B_t	数值/m	199.8	195.5	182.2
	增量百分数	+2.2%		−6.8%
B_b	数值/m	34.1	25.0	11.7
	增量百分数	+36.4%		−53.2%
T_c	数值/h	2.36	1.91	1.02
	增量百分数	+23.6%		−46.6%

续表

初始渗透通道底部高程		20.0m	48.1m	70.0m
T_p	数值/h	2.00	2.21	1.38
	增量百分数	−9.5%		−37.6%
T_f	数值/h	5.10	2.54	1.96
	增量百分数	+100.8%		−22.8%

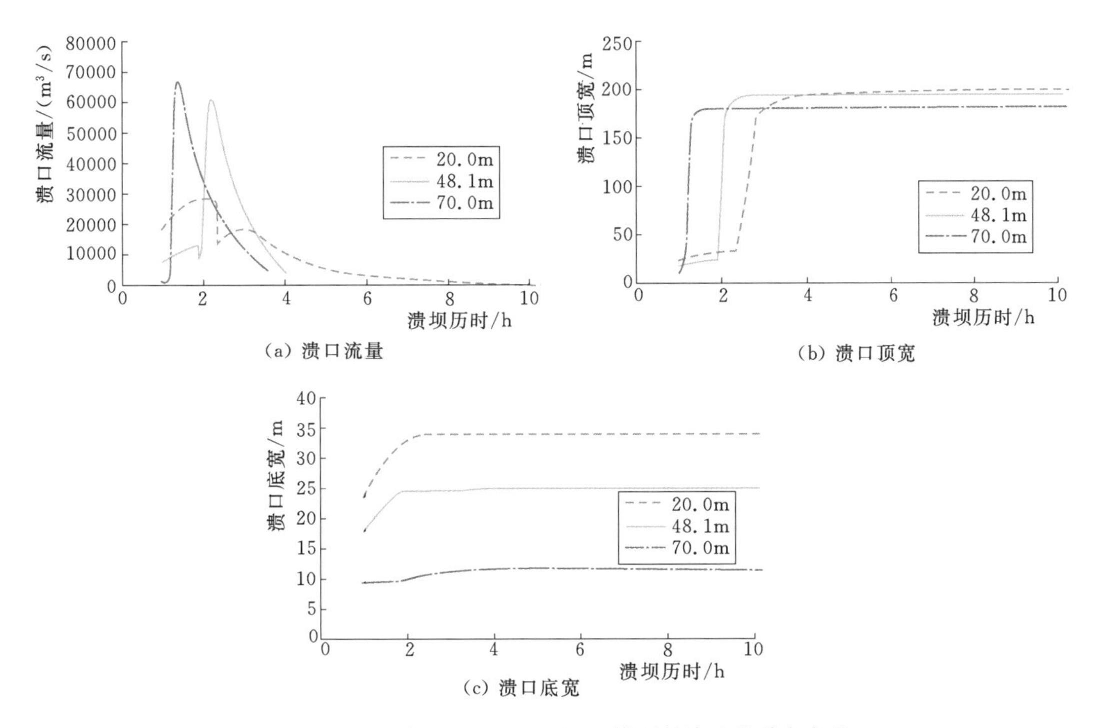

图 8.4-33　基于 NWS BREACH 模型的渗透通道底高程对 Teton 坝泄流发展的影响

由图 8.4-33 和表 8.4-29 可以看出，初始渗透通道底部高程对于 Teton 坝的溃坝过程具有重要影响。但由于 NWS BREACH 模型利用孔流与堰流转化公式判断渗透通道顶部的坍塌，因此峰值流量出现的时间及渗透通道坍塌时间与库水位和渗透通道内的水位差相关，而与上部土体的重量及黏聚力无关，且上部坍塌土体堆积在溃口，溃坝水流冲蚀土体需要相当长的时间。通过模拟结果可以看出，渗透通道的位置虽然对 Teton 坝溃坝案例有重要的影响，但规律不明显。

8.4.5　作者模型与国外同类型溃坝数学模型 NWS BREACH 的比较

基于 4 个渗透破坏溃坝案例，将作者建立的模型与国外同类型的溃坝数学模型 NWS BREACH 的计算结果进行比较分析，表 8.4-30～表 8.4-33 分别给出了两个模型对美国农业部渗透破坏溃坝模型试验 P1、美国 Apishapa 坝、美国 French Landing 坝和美国 Teton 坝共 4 个溃坝案例的计算结果对比分析情况。

表 8.4-30　美国农业部渗透破坏溃坝模型试验 P1 计算结果对比分析

参数		实测值	作者模型计算值	NWS BREACH 模型计算值
Q_p	数值/(m^3/s)	3.0	3.0	5.4
	相对误差		0	+80.0%
B_f	数值/m	5.4	5.2	4.2
	相对误差		−3.7%	−22.2%
T_c	数值/h	0.22	0.25	0.07
	相对误差		+13.6%	−68.2%
T_p	数值/h	0.43	0.46	1.00
	相对误差		+7.0%	+132.6%
T_f	数值/h	—	1.00	1.00
	相对误差			

由表 8.4-30 可以看出，对于美国农业部渗透破坏溃坝模型试验 P1 的反馈分析，作者模型计算值的相对误差均控制在±15%以内，而 NWS BREACH 模型的计算结果的最大误差超过±100%，最小误差也超过±20%，从而表明作者模型对于本溃坝案例的反馈分析结果更合理。

表 8.4-31　美国 Apishapa 坝溃坝计算结果对比分析

参数		实测值	作者模型计算值	NWS BREACH 模型计算值
Q_p	数值/(m^3/s)	6850	8514.0	4192.0
	相对误差		+24.3%	−38.8%
B_t	数值/m	91.5	80.4	56.3
	相对误差		−12.1%	−38.5%
B_b	数值/m	81.5	67.2	18.1
	相对误差		−17.6%	−77.8%
T_c	数值/h	—	0.99	0.41
	相对误差			
T_p	数值/h	—	1.86	1.00
	相对误差			
T_f	数值/h	2.5	2.22	2.32
	相对误差		−11.2%	−7.2%

由表 8.4-31 可以看出，对于美国 Apishapa 坝溃坝案例的反馈分析，作者模型计算值的相对误差均控制为±25%以内，而 NWS BREACH 模型对于溃口底宽的计算结果的最大误差超过±75%，其余各参数的计算结果的误差控制在±40%以内。综合来看，作者模型对于本溃坝案例的反馈分析结果更合理。

表 8.4-32　　美国 French Landing 坝溃坝计算结果对比分析

参数		实测值	作者模型计算值	NWS BREACH 模型计算值
Q_p	数值/(m^3/s)	929	861.3	1015.1
	相对误差		−7.3%	+9.3%
B_t	数值/m	41	47.4	29.2
	相对误差		+15.6%	−28.8%
B_b	数值/m	13.8	16.6	16.5
	相对误差		+20.3%	+19.6%
T_c	数值/h	—	0.15	0.36
	相对误差			
T_p	数值/h	—	4.30	0.36
	相对误差			
T_f	数值/h	—	6.88	8.86
	相对误差			

由表 8.4-32 可以看出，对于美国 French Landing 坝溃坝案例的反馈分析，作者模型计算值的相对误差均控制在±25%以内，NWS BREACH 模型的相对误差也控制在±30%，两个模型对于该溃坝案例的反馈分析结果均较为合理。

表 8.4-33　　美国 Teton 坝溃坝计算结果对比分析

参数		实测值	作者模型计算值	NWS BREACH 模型计算值
Q_p	数值/(m^3/s)	65120	68546.3	60944.8
	相对误差		+5.3%	−6.4%
B_t	数值/m	237.9	240.0	195.5
	相对误差		+0.9%	−17.8%
B_b	数值/m	64.1	49.2	25.0
	相对误差		−23.2%	−61.0%
T_c	数值/h	—	0.39	1.91
	相对误差			
T_p	数值/h	—	1.62	2.21
	相对误差			
T_f	数值/h	4.0	3.62	2.54
	相对误差		−9.5%	−36.5%

由表 8.4-33 可以看出，对于美国 Teton 坝溃坝案例的反馈分析，作者模型计算值的相对误差均控制在±25%以内，而 NWS BREACH 模型除了溃口底宽计算值的相对误差大于±60%外，其余各参数的计算结果误差在±40%以内。综合来看，作者模型对于本溃坝案例的反馈分析结果更合理。

8.4.6 作者模型与国内外常用的参数模型的比较

8.4.6.1 基于USBR模型的4个溃坝案例反馈分析

USBR模型计算相关变量时仅需要输入溃坝时溃口以上水深（h_w），4个溃坝案例的输入参数[38,52]见表8.4-34。

表8.4-34 基于USBR模型的4个溃坝案例输入参数

案例名称	h_w/m	案例名称	h_w/m
美国农业部渗透破坏溃坝模型试验P1	1.1	French Landing坝	8.53
Apishapa坝	28.0	Teton坝	77.4

利用本书第2章介绍的USBR模型的计算公式，4个溃坝案例的溃口峰值流量（Q_p）、溃口最终平均宽度（B_{ave}）和溃坝历时（T_f）的计算结果及相对误差见表8.4-35。

表8.4-35 基于USBR模型的4个溃坝案例的计算值与实测值比较

参数		实测值	计算值	相对误差
美国农业部溃坝模型试验P1	$Q_p/(m^3/s)$	3.0	22.8	+660.0%
	B_{ave}/m	5.4	3.3	−38.9%
	T_f/h	—	0.04	
Apishapa坝溃坝案例	$Q_p/(m^3/s)$	6850	9084.0	+32.6%
	B_{ave}/m	86.5	84.0	−2.9%
	T_f/h	2.5	0.92	−63.2%
French Landing坝溃坝案例	$Q_p/(m^3/s)$	929	1007.6	+8.5%
	B_{ave}/m	27.4	25.6	−6.6%
	T_f/h	—	0.28	
Teton坝溃坝案例	$Q_p/(m^3/s)$	65120	59594.2	−8.5%
	B_{ave}/m	151.0	232.2	+53.8%
	T_f/h	4.0	2.55	−36.3%

由计算结果可以看出，对于美国农业部渗透破坏溃坝模型试验P1，模型对峰值流量的预测值相对误差较大（大于±100%），对溃口最终平均宽度的预测值相对误差在±50%以内；对于Apishapa坝溃坝案例，溃口最终平均宽度的预测精度较高（相对误差在±25%以内），峰值流量的相对误差为±25%～±50%，溃坝历时的相对误差大于±50%；对于French Landing坝溃坝案例，模型的预测精度较高，变量的相对误差均在±25%以内；对于Teton坝溃坝案例，模型对于溃口峰值流量的预测精度较高（相对误差在±25%以内），模型对于溃坝历时的相对误差为±25%～±50%，溃口最终平均宽度的相对误差大于±50%。

8.4.6.2 基于Froehlich模型的4个溃坝案例反馈分析

Froehlich模型计算相关变量时需要输入溃口以上库容（V_w）、溃坝时溃口以上水深（h_w）和溃口深度（h_b）。4个溃坝案例的输入参数[38,52]见表8.4-36。

表 8.4-36　　基于 Froehlich 模型的 4 个溃坝案例输入参数

案例名称	$V_w/(m^3/s)$	h_w/m	h_b/m
美国农业部渗透破坏溃坝试验 P1	2074	1.1	1.3
Apishapa 坝	22200000	28.0	31.1
French Landing 坝	3870000	8.53	14.2
Teton 坝	310000000	77.4	86.9

利用本书第 2 章介绍的 Froehlich 模型的计算公式，4 个溃坝案例的溃口峰值流量、溃口最终平均宽度和溃坝历时的计算结果及相对误差见表 8.4-37。

表 8.4-37　　基于 Froehlich 模型的 4 个溃坝案例的计算值与实测值比较

参数		实测值	计算值	相对误差
美国农业部溃坝模型试验 P1	$Q_p/(m^3/s)$	3.0	6.5	+116.7%
	B_{ave}/m	5.4	2.2	−59.3%
	T_f/h	—	0.11	—
Apishapa 坝溃坝案例	$Q_p/(m^3/s)$	6850	5557.0	−18.9%
	B_{ave}/m	86.5	77.7	−10.2%
	T_f/h	2.5	0.89	−64.4%
French Landing 坝溃坝案例	$Q_p/(m^3/s)$	929	760.2	−18.2%
	B_{ave}/m	27.4	38.3	+39.8%
	T_f/h	—	0.71	—
Teton 坝溃坝案例	$Q_p/(m^3/s)$	65120	42675.6	−34.5%
	B_{ave}/m	151.0	219.6	+45.4%
	T_f/h	4.0	1.42	−64.5%

由计算结果可以看出，对于美国农业部渗透破坏溃坝模型试验 P1，模型对峰值流量的预测值相对误差较大（大于±100%），对溃口最终平均宽度的预测值相对误差在±50%以上；对于 Apishapa 坝溃坝案例，溃口峰值流量与溃口最终平均宽度的预测精度较高（相对误差均在±25%以内），溃坝历时的相对误差大于±50%；对于 French Landing 坝溃坝案例，溃口峰值流量的预测精度较高（相对误差在±25%以内），溃口最终平均宽度的相对误差在±50%以内；对于 Teton 坝溃坝案例，溃口峰值流量和溃口最终平均宽度的相对误差在±50%以内，溃坝历时的相对误差大于±50%。

8.4.6.3　基于 Xu 与 Zhang 模型的 4 个溃坝案例反馈分析

Xu 与 Zhang 模型计算相关变量时需要输入溃口以上库容（V_w）、溃坝时溃口以上水深（h_w）和溃口深度（h_b）。4 个溃坝案例的输入参数[38,52]见表 8.4-38。

利用本书第 2 章介绍的 Xu 与 Zhang 模型的计算公式，4 个溃坝案例的溃口峰值流量、溃口最终平均宽度和溃坝历时的计算结果及相对误差见表 8.4-39。

表 8.4-38　　基于 Xu 与 Zhang 模型的 4 个溃坝案例输入参数

案例名称	h_d/m	V_w/(m³/s)	h_w/m	h_b/m	冲蚀能力
美国农业部渗透破坏溃坝试验 P1	1.3	2074	1.1	1.3	高
Apishapa 坝	34.1	22200000	28.0	31.1	高
French Landing 坝	12.2	3870000	8.53	14.2	高
Teton 坝	93	310000000	77.4	86.9	中

表 8.4-39　　基于 Xu 与 Zhang 模型的 4 个溃坝案例的计算值与实测值比较

参数		实测值	计算值	相对误差
美国农业部溃坝试验 P1	Q_p/(m³/s)	3.0	1.6	−46.7%
	B_{ave}/m	5.4	2.6	−51.9%
	T_f/h	—	0.15	—
Apishapa 坝溃坝案例	Q_p/(m³/s)	6850	8339.6	+21.8%
	B_{ave}/m	86.5	88.8	+2.7%
	T_f/h	2.5	1.24	−50.4%
French Landing 坝溃坝案例	Q_p/(m³/s)	929	731.9	−21.2%
	B_{ave}/m	27.4	52.5	+91.6%
	T_f/h	—	1.26	—
Teton 坝溃坝案例	Q_p/(m³/s)	65120	75644.5	+16.2%
	B_{ave}/m	151.0	168.4	+11.5%
	T_f/h	4.0	4.04	+1.0%

由计算结果可以看出，对于美国农业部渗透破坏溃坝模型试验 P1，模型对峰值流量的预测值相对误差在±50%以内，对溃口最终平均宽度的预测值相对误差在±50%以上；对于 Apishapa 坝溃坝案例，溃口峰值流量与溃口最终平均宽度的预测精度较高（相对误差均在±25%以内），溃坝历时的相对误差大于±50%；对于 French Landing 坝溃坝案例，溃口峰值流量的预测精度较高（相对误差在±25%以内），溃口最终平均宽度的相对误差在±50%以上；对于 Teton 坝溃坝案例，溃口峰值流量、溃口最终平均宽度的预测精度均较高（相对误差均在±25%以内）。

8.5 模型应用

现将作者建立的模型应用到其他土石坝溃坝案例之中，选择了包括美国 Apishapa 坝、美国 French Landing 坝和美国 Teton 坝在内的共计 25 个实际溃坝案例。各溃坝案例的计算参数，如坝的轮廓信息、土体物理力学指标、水库特征信息等见表 8.5-1 和表 8.5-2[42,52,54-55]。

表 8.5-1 土石坝溃坝案例的大坝特征参数

坝名	坝高/m	坝长/m	顶宽/m	上游坡比	下游坡比	库面面积/m^2
Apishapa	34.1	100.0	6.1	0.3	0.5	2.59×10^6
Baldwin Hills	47.2	198.0	19.2	0.5	0.6	7.69×10^4
Bradfield	29.0	400.0	3.7	0.4	0.4	A_s-h
Bullock Draw Dike	5.8	100.0	4.3	0.5	0.3	A_s-h
Davis Reservoir	11.9	21.3	6.1	0.5	0.5	A_s-h
French Landing	12.2	271.3	2.4	0.5	0.4	A_s-h
Frenchman Creek	12.5	200.0	6.1	0.3	0.5	A_s-h
Hatchtown	19.2	237.7	6.1	0.5	0.4	A_s-h
Hell Hole	67.1	200.0	21.3	0.7	0.7	A_s-h
Horse Creek	12.2	700.0	4.9	0.7	0.6	4.86×10^6
IMPACT Field 5	4.3	40.0	2.8	0.7	0.7	A_s-h
Johnston City	4.3	100.0	1.8	0.2	0.4	A_s-h
Kelly Barnes	11.6	400.0	6.1	1.0	1.0	1.70×10^5
La Fruta	14.0	400.0	4.9	0.4	0.4	A_s-h
Lake Avalon	14.6	400.0	10.4	2.0	0.7	A_s-h
Lake Frances	15.2	300.0	4.9	0.3	0.5	1.74×10^5
Lake Latonka	8.7	400.0	6.1	0.6	0.6	A_s-h
Lawn Lake	7.9	100.0	2.4	0.7	0.3	A_s-h
Little Deer Creek	26.2	100.0	6.1	0.4	0.4	A_s-h
Lower Latham	7.0	200.0	4.6	0.3	0.3	A_s-h
Lower Two Medicine	11.3	400.0	3.7	0.4	0.4	A_s-h
Rito Manzanares	7.3	100.0	3.7	0.7	0.7	A_s-h
Sheep Creek	17.1	100.0	6.1	0.3	0.5	3.44×10^5
Spring Lake	5.5	100.0	2.4	1.3	1.3	7.28×10^4
Teton	93.0	250.0	10.5	0.3	0.4	A_s-h

表 8.5-2 土石坝溃坝案例的溃坝特征参数

坝名	溃坝水位/m	初始通道高度/m	坝基冲蚀深度/m	d_{50}/mm	p'	C/kPa	$\tan\varphi$	黏粒含量
Apishapa	31.0	21.1	0.0	0.005	0.30	60.0	0.60	40%
Baldwin Hills	43.0	22.2	0.0	0.03	0.30	60.0	0.70	40%
Bradfield	24.0	7.0	0.0	50.0	0.21	2.0	1.00	0
Bullock Draw Dike	3.1	0.8	0.0	0.03	0.35	18.0	0.55	20%
Davis Reservoir	11.6	0.9	0.0	0.03	0.30	36.0	0.55	30%
French Landing	8.5	0.7	−2.0	0.03	0.30	8.5	0.55	30%
Frenchman Creek	10.8	8.5	0.0	0.03	0.30	22.0	0.55	30%

续表

坝　　名	溃坝水位/m	初始通道高度/m	坝基冲蚀深度/m	d_{50}/mm	p'	C/kPa	$\tan\varphi$	黏粒含量
Hatchtown	17.7	13.2	0.0	0.07	0.30	4.0	0.25	18%
Hell Hole	31.0	14.1	0.0	50.00	0.20	2.0	1.00	0
Horse Creek	8.2	1.2	−0.6	0.03	0.35	7.0	0.50	20%
IMPACT Field 5	4.0	0.2	0.0	7.00	0.244	20.0	1.00	0
Johnston City	3.1	0.3	−0.9	0.03	0.30	4.0	0.45	30%
Kelly Barnes	11.3	0.1	−1.2	0.03	0.35	8.0	0.50	10%
La Fruta	7.9	1.0	0.0	0.03	0.30	39.0	0.55	40%
Lake Avalon	13.7	10.6	0.0	0.03	0.35	24.0	0.55	20%
Lake Frances	14.0	1.2	−1.9	0.03	0.35	20.5	0.55	20%
Lake Latonka	6.3	0.7	0.0	0.03	0.35	4.0	0.45	20%
Lawn Lake	7.9	1.9	0.0	0.25	0.30	3.0	0.65	0
Little Deer Creek	22.9	6.2	−0.9	0.03	0.30	25.0	0.50	40%
Lower Latham	5.79	2.5	0.0	0.03	0.35	15.0	0.50	20%
Lower Two Medicine	11.3	1.3	0.0	0.03	0.35	3.5	0.40	20%
Rito Manzanares	4.6	0.3	0.0	0.03	0.35	7.5	0.50	20%
Sheep Creek	14.0	1.1	0.0	0.03	0.35	29.0	0.55	20%
Spring Lake	5.5	0.5	0.0	0.30	0.35	4.0	0.45	20%
Teton	83.5	48.0	0.0	0.30	0.30	25.0	0.65	30%

表8.5-3列举了25个溃坝案例的模型计算值与实测值的对比，比较的模型参数主要包括溃口峰值流量（Q_p）、溃口最终顶宽（B_t）、溃口最终底宽（B_b）、峰值流量出现时间（T_p）及溃坝历时（T_f）。

表8.5-3　　渗透破坏溃坝案例模型计算值与实测值比较

坝　　名	实　测　值					模　型　计　算　值				
	Q_p/(m³/s)	B_t/m	B_b/m	T_p/h	T_f/h	Q_p/(m³/s)	B_t/m	B_b/m	T_p/h	T_f/h
Apishapa	6850	91.5	81.5	—	2.50	7657.9	77.2	46.6	2.14	2.41
Baldwin Hills	1130	23	—	—	1.30	1352.7	23.9	6.0	0.54	1.84
Bradfield	1150	—	—	—	0.75	1102.8	39.4	2.0	0.05	1.41
Bullock Draw Dike	—	13.6	—	—	—	65.4	15.1	12.6	5.42	8.61
Davis Reservoir	510	21.3	15.4	—	7.00	553.8	21.0	15.0	3.82	8.58
French Landing	929	41.0	13.8	—	—	787.5	48.7	21.9	4.61	7.33
Frenchman Creek	1420	67.0	—	—	—	1373.0	50.0	37.3	3.17	7.62
Hatchtown	3080	180	—	—	3.00	3113.2	107.5	12.5	1.39	2.95

续表

坝　　名	实　测　值					模型计算值				
	Q_p /(m^3/s)	B_t /m	B_b /m	T_p /h	T_f /h	Q_p /(m^3/s)	B_t /m	B_b /m	T_p /h	T_f /h
Hell Hole	7360	175.1	66.9	—	5.00	7188.3	133.8	55.6	1.31	4.10
Horse Creek	—	76.2	70.0	—	—	577.4	54.1	27.5	3.73	8.32
IMPACT Field 5	171	—	—	—	—	156.2	10.2	10.2	0.41	0.54
Johnston City	—	13.4	—	—	—	40.9	14.1	3.7	2.11	3.55
Kelly Barnes	680	35.0	18.0	—	0.50	568.5	25.0	14.5	0.08	0.80
La Fruta	—	58.8	—	—	—	1029.7	67.4	59.1	16.49	30.7
Lake Avalon	2320	—	—	—	2.00	2043.0	43.0	28.0	1.42	2.67
Lake Frances	—	30.0	10.4	—	1.00	742.4	25.7	7.5	0.36	0.91
Lake Latonka	290	49.5	28.9	—	3.00	247.7	37.4	16.9	2.65	5.98
Lawn Lake	510	29.6	—	—	—	489.6	26.7	14.5	0.43	0.97
Little Deer Creek	1330	49.9	9.3	—	0.33	1499.9	37.5	6.8	0.25	0.81
Lower Latham	340	—	—	—	—	320.4	34.9	28.8	4.90	9.04
Lower Two Medicine	1800	84.0	50.0	—	—	1788.4	84.8	50.9	2.44	5.95
Rito Manzanares	—	19.0	7.6	—	—	57.9	12.6	4.2	0.16	0.30
Sheep Creek	—	30.5	13.5	—	—	688.0	26.7	10.7	0.31	3.70
Spring Lake	—	20.0	9.0	—	—	95.6	16.7	7.8	0.14	0.75
Teton	65120	237.9	64.1	—	4.00	66252.9	239.3	48.5	1.54	4.36

为了更好地定量研究模型的计算误差，采用相对误差和均方根相对误差衡量25个溃坝案例模型计算结果与实测值之间的差异。相对误差衡量单个案例的误差，均方根相对误差衡量所有案例的整体误差。

相对误差可表示为

$$\delta=\frac{A_{i,\text{calculated}}-A_{i,\text{measured}}}{A_{i,\text{calculated}}}\times 100\% \tag{8.5-1}$$

式中：δ 为相对误差；$A_{i,\text{calculated}}$为参数 A_i 的计算值；$A_{i,\text{measured}}$为参数 A_i 的实测值。

均方根相对误差可表示为

$$E_{\text{rms}}=\sqrt{\frac{1}{N}\sum_{i=1}^{N}\left[\lg\left(\frac{A_{i,\text{calculated}}}{A_{i,\text{measured}}}\right)\right]^2} \tag{8.5-2}$$

式中：E_{rms}为均方根相对误差；N 为案例数。

表8.5-4给出了各参数计算结果与实测结果之间的误差情况，主要包括各参数相对误差±25%以内和±50%以内的溃坝案例数占有实测值的案例数的比例，以及各参数的均方根相对误差。

表 8.5-4　　模型各参数计算结果误差统计

参　　数	Q_p	B_t	B_b	T_f
有实测结果案例数	17	21	14	12
相对误差±25%以内案例的比例	100%	76.2%	50%	50%
相对误差±50%以内案例的比例	100%	100%	85.7%	66.7%
各参数均方根相对误差	0.045	0.102	0.183	0.187

注　一般溃坝案例无溃口峰值流量出现时间（T_p）的记载，本次只衡量溃坝历时（T_f）的相对误差。

通过表 8.5-4 发现，溃口峰值流量的计算误差较小，溃口最终宽度和溃坝历时的计算误差较大，这主要与坝料性质的复杂性和溃坝历时的统计有关，对于年代久远的大坝，坝料的实测资料较少，因此常采用假设的参数；溃坝历时往往是在溃坝以后通过反馈分析或者实地调查获取，也可能存在较大误差。通过比较 25 个溃坝案例的计算值与实测值，发现作者建立的模型可较好地模拟土石坝渗透破坏的溃坝过程。

8.6　本章小结

本章基于不同尺度溃坝模型揭示的土石坝渗透破坏溃坝机理，建立了一个可模拟土石坝渗透破坏溃坝过程的数学模型，并提出了相应的数值计算方法。通过 1 组大尺度溃坝模型试验和 3 个实体坝溃坝案例验证了模型的合理性。选择国外同类型的溃坝模型 NWS BREACH 及国内外常用的溃坝参数模型 USBR 模型、Froehlich 模型及 Xu 与 Zhang 模型，通过 4 个溃坝案例的对比，证明了作者模型在模拟土石坝渗透破坏溃坝过程中的优势。另外，共计选择 25 个具有实测数据的土石坝溃坝案例，采用作者建立的模型进行模拟，通过比较计算值与实测值，发现该模型可较好地反映溃口峰值流量、溃口最终宽度与溃坝历时等重要参量，并可通过每个时间步长溃口洪水流量的计算，得到溃口流量过程线，为溃坝洪水演进的模拟提供初始输入。另外，由于历史溃坝调查数据较为稀缺，且坝料物理力学特性及冲蚀过程复杂，作者模型计算获得的最终溃口宽度及溃坝历时与历史统计资料存在一定的误差，下一步可通过开展模型试验等手段深入研究坝料的冲蚀特性与溃口的发展规律，进一步提升模型预测结果的精度。

参　考　文　献

[1] 中华人民共和国水利部，中华人民共和国国家统计局．第一次全国水利普查公报［M］．北京：中国水利水电出版社，2013.

[2] 水利部大坝安全管理中心．全国水库垮坝登记册［R］．南京：水利部大坝安全管理中心，2018.

[3] COSTA J E. Floods from dam failures［R］. Denver：USGS，1985.

[4] NPDP. National Performance of Dams Program：Dam Incident Query［DB/OL］. http：//ce-npdp-serv2. stanford. edu/DamDirectory/DamIncidentQuery/IncidentForm. jsp.

[5] FOSTER M，FELL R，Spannagle M. The statistics of embankment dam failures and accidents［J］. Canadian Geotechnical Journal，2000，37（5）：1000-1024.

[6] RICHARDS K S，REDDY K R. Critical appraisal of piping phenomena in earth dams［J］. Bulletin

of Engineering Geology and the Environment，2007，66（4）：381-402.
[7] ZHANG L M，XU Y，Jia J S. Analysis of earth dam failures-A database approach [J]. Georisk，2009，3（3）：184-189.
[8] PONCE V M. Documented cases of earth dam breaches [R]. San Diego：San Diego State University，1982.
[9] 李君纯. 沟后面板坝溃决的研究 [J]. 水利水运科学研究，1995（4）：425-434.
[10] 陈生水. 土石坝溃决机理与溃坝过程模拟 [M]. 北京：中国水利水电出版社，2012.
[11] 盛金保，刘嘉炘，张士辰，等. 病险水库除险加固项目溃坝机理调查分析 [J]. 岩土工程学报，2008，30（11）：1620-1625.
[12] 沙金煊. 多孔介质中的管涌研究 [J]. 水利水运科学研究，1981，3（3）：89-93.
[13] KHILAR K C，FOLGER H S，GRAY D H. Model for piping-plugging in earthen structure [J]. Journal of Geotechnical Engineering，1985，117（7）：833-846.
[14] KOENDERS M A，SELLMEIJER J B. Mathematical model for piping [J]. Journal of Geotechnical Engineering，1992，118（6）：941-948.
[15] 刘杰. 土的渗透稳定与渗流控制 [M]. 北京：水利电力出版社，1992.
[16] OJHA C S P，SINGH V P，DTRIAN D D. Determination of critical head in soil piping [J]. Journal of Hydraulic Engineering，2003，129（7）：511-518.
[17] 周健，张刚. 管涌现象研究的进展与展望 [J]. 地下空间，2004，24（4）：536-542.
[18] 周晓杰，介玉新，李广信. 基于渗流和管流耦合的管涌数值模拟 [J]. 岩土力学，2009，36（10）：3154-3159.
[19] 胡亚元，马攀. 二维堤坝管涌的数值模拟研究 [J]. 工程力学，2015，32（3）：110-118.
[20] 王霜，陈建生，周鹏. 三层堤基中细砂层厚度对管涌影响的试验研究 [J]. 岩土力学，2015，36（10）：2847-2854.
[21] 姚志雄，周健，张刚，等. 颗粒级配对管涌发展的影响试验研究 [J]. 水利学报，2016，47（2）：200-208.
[22] ASCE/EWRI Task Committee on Dam/Levee Breaching. Earthen embankment breaching [J]. Journal of Hydraulic Engineering，2011，137（12）：1549-1564.
[23] ZHONG Q M，WU W M，CHEN S S，et al. Comparison of simplified physically based dam breach models [J]. Natural Hazards，2016，84（2）：1385-1418.
[24] FRISHFELDS V，HELLSTRÖM J G I，LUNDSTRÖM T S，et al. Fluid flow induced internal erosion within porous media：modelling of the no erosion filter test experiment [J]. Transport in Porous Media，2011，89（3）：441-457.
[25] CATALANO E，CHAREYRE B，CORTIS A，et al. A pore-scale hydro-mechanical coupled model for geomaterials [C]//II International Conference on Particle-based Methods-fundamentals & Applications Particles，2011：1-12.
[26] SHIRE T，O'SULLIVAN C. Micromechanical assessment of an internal stability criterion [J]. Acta Geotechnica，2013，8（1）：81-90.
[27] SHIRE T，O'SULLIVAN C，HANLEY K，et al. Fabric and effective stress distribution in internally unstable soils [J]. Journal of Geotechnical and Geoenvironmental Engineering，2014，140（12）：04014072.
[28] ABDELHAMID Y，SHAMY U E. Pore-scale modeling of fine-particle migration in granular filters [J]. International Journal of Geomechanics，2015，16（3）：04015086.
[29] MOFFAT R，HERRERA P. Hydromechanical model for internal erosion and its relationship with the stress transmitted by the finer soil fraction [J]. Acta Geotechnica，2015，10（5）：643-650.

[30] TAO H, TAO J L. CFD - DEM modelling of piping erosion considering the properties of sands [C]// Geo - Chicago 2016 Conference, Chicago, 2016, 641 - 650.

[31] HARSHANI H M D. Micro - scale flow and induced contact erosion in granular media[D]. Queensland: The University of Queensland, 2017.

[32] FELL R, WAN C F, CYGANIEWICZ J, et al. Time for development of internal erosion and piping in embankment dams [J]. Journal of Geotechnical and Geoenvironmental Engineering, 2003, 129 (4): 307 - 314.

[33] 汝乃华，牛运光. 大坝事故与安全·土石坝 [M]. 北京：中国水利水电出版社，2001.

[34] MORRIS M W, HASSAN M A A M, VASKINN K A. Breach formation: Field test and laboratory experiments [J]. Journal of Hydraulic Research, 2007, 45 (sup1): 9 - 17.

[35] HANSON G J, TEJRAL R D, HUNT S L, et al. Internal erosion and impact of erosion resistance [C]// Proc. of the United State Society on Dams, 30th Annual USSD Conf. Sacramento: USSD, 2010, 773 - 784.

[36] MORRIS M W, HASSAN M A A M, Vaskinn K A. Conclusion and recommendations from the IMPACT project WP2: Breach formation [R]. Oxfordshire: HR Wallingford Ltd., 2004.

[37] MORRIS M W. FLOODsite: IMPACT project field tests data analysis [R]. Oxfordshire: HR Wallingford Ltd., 2008.

[38] HANSON G J, TEJRAL R D, HUNT S L, et al. Internal erosion and impact of erosion resistance [C]// Proc. of the United States Society on Dams, 30th Annual USSD Conf., Sacramento, 2010.

[39] HANSON G J, COOK K R. Apparatus, test procedures, and analytical methods to measure soil erodibility in - situ [J]. Applied Engineering in Agriculture, 2004, 20 (4): 455 - 462.

[40] HANSON G J, HUNT S L. Lessons learned using Laboratory JET method to measure soil erodibility of compacted soils [J]. Applied Engineering in Agriculture, 2007, 23 (3): 304 - 312.

[41] SHARIF Y A, ELKHOLY M, CHAUDHRY M H, et al. Experimental study on the piping erosion process in earthen embankments [J]. Journal of Hydraulic Engineering, 2015, 141 (7): 04025012.

[42] WU W M. Simplified physically based model of earthen embankment breaching [J]. Journal of Hydraulic Engineering, 2013, 139 (8): 837 - 851.

[43] FREAD D L. DAMBREAK: The NWS dam break flood forecasting model [R]. Silver Spring: National Oceanic and Atmospheric Administration, 1984.

[44] U. S. Dept. of Agriculture, Natural Resources Conservation Service. Earth spillway erosion model [M]. Washington DC: NRCS, 1997.

[45] WU W M. Computational river dynamics [M]. London: Taylor & Francis, 2007.

[46] BRIAUD J L, TING F C K, CHEN H C, et al. Erosion function apparatus for scour rate prediction [J]. Journal of Geotechnical and Geoenvironmental Engineering, 2001, 127 (2): 105 - 113.

[47] WAN C F, FELL R. Investigation of rate of erosion of soils in embankment dams [J]. Journal of Geotechnical and Geoenvironmental Engineering, 2004, 130 (4): 373 - 380.

[48] TEMPLE D M, Hanson G J. Headcut development in vegetated earth spillways [J]. Applied Engineering in Agriculture, 1994, 10 (5): 677 - 682.

[49] CHOW V T. Open channel hydraulics [M]. New York: McGraw - Hill, Inc., 1959.

[50] SZECHY K. The art of tunneling [M]. Budapest: Akademiai Kaido, 1973.

[51] WAHL T L, ERDOGAN Z. Erosion indices of soils used in ARS piping breach tests [R]. Hydraulic Laboratory Report HL - 2008 - 04, Denver: Bureau of Reclamation, 2008.

[52] XU Y, ZHANG L M. Breaching parameters for earth and rock - fill dams [J]. Journal of Geotech-

nical and Geoenvironmental Engineering, 2009, 135 (12): 1957-1969.

[53] SINGH V P. Dam breach modelling technology [M]. Dordrecht: Kluwer Academic Publishes, 1996.

[54] JUSTIN J D. Earth Dam Projects [M]. New York: John Wiley & Sons, Inc., 1932.

[55] WAHL T L. Prediction of embankment dam breach parameters: A literature review and needs assessment [R]. Denver: Bureau of Reclamation, 1998.

[56] FREAD D L. BREACH: an erosion model for earthen dam failure [R]. Silver Spring: National Weather Service, 1988.

索　引

《中国水电关键技术丛书》
编辑出版人员名单

总 责 任 编 辑：营幼峰
副总责任编辑：黄会明　王志媛　王照瑜
项 目 负 责 人：刘向杰　吴　娟
项 目 执 行 人：李忠良　冯红春　宋　晓
项 目 组 成 员：王海琴　刘　巍　任书杰　张　晓　邹　静
　　　　　　　　李丽辉　夏　爽　郝　英　范冬阳

《土石坝溃坝数学模型及应用》

责任编辑：吴　娟　王海琴
文字编辑：王海琴
审稿编辑：吴　娟　孙春亮　冯红春
索引制作：钟启明　王海琴
封面设计：芦　博
版式设计：芦　博
责任校对：梁晓静　杨文佳
责任印制：崔志强　焦　岩　冯　强
排　　版：吴建军　孙　静　郭会东　丁英玲　聂彦环

Contents

most recent up-to-date development concepts and practices of hydropower technology of China.

As same as most developing countries in the world, China is faced with the challenges of the population growth and the unbalanced and inadequate economic and social development on the way of pursuing a better life. The influence of global climate change and extreme weather will further aggravate water shortage, natural disasters and the demand & supply gap. Under such circumstances, the dam and reservoir construction and hydropower development are necessary for both China and the world. It is an indispensable step for economic and social sustainable development.

The hydropower engineering technology is a treasure to both China and the world. I believe the publication of the *Series* will open a door to the experts and professionals of both China and the world to navigate deeper into the hydropower engineering technology of China. With the technology and management achievements shared in the *Series*, emerging countries can learn from the experience, avoid mistakes, and therefore accelerate hydropower development process with fewer risks and realize strategic advancement. The *Series*, hence, provides valuable reference not only to the current and future hydropower development in China but also world developing countries in their exploration of rivers.

As one of the participants in the cause of hydropower development in China, I have witnessed the vigorous development of hydropower industry and the remarkable progress of hydropower technology, and therefore I am truly delighted to see the publication of the *Series*. I hope that the *Series* will play an active role in the international exchanges and cooperation of hydropower engineering technology and contribute to the infrastructure construction of B&R countries. I hope the *Series* will further promote the progress of hydropower engineering and management technology. I would also like to express my sincere gratitude to the professionals dedicated to the development of Chinese hydropower technological development and the writers, reviewers and editors of the *Series*.

Ma Hongqi
Academician of Chinese Academy of Engineering
October, 2019

river cascades and water resources and hydropower potential. 3) To develop complete hydropower investment and construction management system with the aim of speeding up project development. 4) To persist in achieving technological breakthroughs and resolutions to construction challenges and project risks. 5) To involve and listen to the voices of different parties and balance their benefits by adequate resettlement and ecological protection.

With the support of H. E. Mr. Wang Shucheng and H. E. Mr. Zhang Jiyao, the former leaders of the Ministry of Water Resources, China Society for Hydropower Engineering, Chinese National Committee on Large Dams, China Renewable Energy Engineering Institute, and China Water & Power Press in 2016 jointly initiated preparation and publication of *China Hydropower Engineering Technology Series*. This work was warmly supported by hundreds of experienced hydropower practitioners, discipline leaders, and directors in charge of technologies, dedicated their precious research and practice experience and completed the mission with great passion and unrelenting efforts. With meticulous topic selection, elaborate compilation, and careful reviews, the volumes of the *Series on the Hydropower Engineering Technology of China* (hereinafter referred to as "the *Series*") was finally published one after another.

Entering 21st century, China continues to lead in world hydropower development. The hydropower engineering technology with Chinese characteristics will hold an outstanding position in the world. This is the reason for the preparation of the *Series*. The *Series* illustrates the achievements of hydropower development in China in the past 30 years and a large number of R&D results and projects practices, covering the latest technological progress. The *Series* has following characteristics. 1) It makes a complete and systematic summary of the technologies, providing not only historical comparisons but also international analysis. 2) It is concrete and practical, incorporating diverse disciplines and rich content from the theories, methods, and technical roadmaps and engineering measures. 3) It focuses on innovations, elaborating the key technological difficulties in an in-depth manner based on the specific project conditions and background and distinguishing the optimal technical options. 4) It lists out a number of hydropower project cases in China and relevant technical parameters, providing a remarkable reference. 5) It has distinctive Chinese characteristics, implementing scientific development outlook and offering

General Preface

China has witnessed remarkable development and world-known achievements in hydropower development over the past 70 years, especially the 4 decades after Reform and Opening-up. There were a number of high dams and large reservoirs put into operation, showcasing the new breakthroughs and progress of hydropower engineering technology. Many nations worldwide played important roles in the development of hydropower engineering technology, while China, emerging after Europe, America, and other developed western countries, has risen to become the leader of world hydropower engineering technology in the 21st century.

By the end of 2018, there were about 98,000 reservoirs in China, with a total storage volume of 900 billion m^3 and a total installed hydropower capacity of 350GW. China has the largest number of dams and also of high dams in the world. There are nearly 1000 dams with the height above 60m, 223 high dams above 100m, and 23 ultra high dams above 200m. There are also 4 mega-scale hydropower stations with an individual installed capacity above 10 GW, such as Three Gorges Hydropower Station, which has an installed capacity of 22.5 GW, the largest in the world. Hydropower development in China has been endeavoring to support national economic development and social demand. It is guided by strategic planning and technological innovation and aims to promote project construction with the application of R&D achievements. A number of tough challenges have been conquered in project construction and management, realizing safe and green development. Hydropower projects in China have played an irreplaceable role in the governance of major rivers and flood control. They have brought tremendous social benefits and played an important role in energy security and eco-environmental protection.

Referring to the successful hydropower development experience of China, I think the following aspects are particularly worth mentioning 1) To constantly coordinate the demand and the market with the view to serve the national and regional economic and social development. 2) To make sound planning of the

Informative Abstract

This book introduces the main research achievements of the authors' research group in the aspects of the earth-rock dams' breach mechanisms and numerical modeling in recent years. After collecting and arranging dam breach cases with measured data around the world, a rapid assessment model for earth-rock dams' breaching parameters is established by investigating the breach geometric and hydraulic parameters of failed dams. The centrifugal model test system for earth-rock dam breaching is independently developed, as well as the similarity criterion. According to the centrifugal model tests, the breach mechanisms of homogeneous dam, core wall dam, concrete-face rockfill dam, and landslide dam are revealed. On this basis, the numerical models for earth-rock dams of different types due to overtopping and seepage failures are established. These provide theoretical and technical supports for improving the prediction accuracy of dam breach hydrograph and formulating scientific and reasonable emergency plan of earth-rock dams.

This book can be used as references by teachers and students majored in water resources and hydropower engineering in colleges and universities, as well as those who are engaged in the research and safety management of earth-rock dam engineering.

China Hydropower Engineering Technology Series

Numerical Models for Earth-rock Dam Breaching and Their Applications

Chen Shengshui   Zhong Qiming

中国水利水电出版社
China Water & Power Press
· BeiJing ·